普通高等教育规划教材

Mechanical Behavior of Materials

材料力学性能

陈永楠　周　亮　主　编

张荣军　袁战伟
王红波　张凤英　副主编

人民交通出版社股份有限公司

北　京

内 容 提 要

《材料力学性能》为材料类专业的基础课教材。本书阐述了材料在外载荷作用下或载荷与环境因素(如温度、介质和加载速率等)联合作用下所表现的变形与断裂行为、物理本质及其评定方法。全书共9章,内容包括:材料在单向静拉伸载荷下的力学性能,材料在其他静载荷下的力学性能,材料在冲击载荷下的力学性能,材料的断裂韧性,材料在变动载荷下的力学性能,材料在环境条件下的力学性能,材料高温力学性能,材料的摩擦与磨损。

本书可作为材料科学与工程专业和材料成型及控制工程专业本科生教材,也可作为近材料类和近机械类专业的本科生及研究生教学参考用书。

图书在版编目(CIP)数据

材料力学性能 / 陈永楠, 周亮主编. — 北京 : 人民交通出版社股份有限公司, 2020.9

ISBN 978-7-114-16667-9

Ⅰ. ①材… Ⅱ. ①陈… ②周… Ⅲ. ①材料力学性质 Ⅳ. ①TB303.2

中国版本图书馆 CIP 数据核字(2020)第 110313 号

普通高等教育规划教材

Cailiao Lixue Xingneng

书 名: 材料力学性能
著 作 者: 陈永楠 周 亮
责任编辑: 卢俊丽 李 瑞
责任校对: 刘 芹
责任印制: 刘高彤
出版发行: 人民交通出版社股份有限公司
地 址: (100011)北京市朝阳区安定门外外馆斜街3号
网 址: http://www.ccpcl.com.cn
销售电话: (010)59757973
总 经 销: 人民交通出版社股份有限公司发行部
经 销: 各地新华书店
印 刷: 北京鑫正大印刷有限公司
开 本: 787×1092 1/16
印 张: 12.5
字 数: 304 千
版 次: 2020 年 9 月 第 1 版
印 次: 2020 年 9 月 第 1 次印刷
书 号: ISBN 978-7-114-16667-9
定 价: 40.00 元

前言

近年来,随着金属材料、无机非金属材料和高分子材料等材料学科在高等院校的建立,材料力学性能课程已由原来的金属材料力学性能扩展为材料力学性能。本书是在教育部最新颁布的课程教学基本要求和国家提出的创新型人才培养要求的基础上,根据高等学校材料科学与工程专业和材料成型及控制工程专业的教学需求,为适应当前"厚基础、宽专业、多方向、强能力"的教育要求而组织编写的。

"材料力学性能"是高等院校材料类、机械类、近材料类和近机械类专业的一门重要的专业基础课。本教材主要内容包括:材料在单向静拉伸载荷下的力学性能、材料在其他静载荷下的力学性能、材料在冲击载荷下的力学性能、材料的断裂韧性、材料在变动载荷下的力学性能、材料在环境条件下的力学性能、材料在高温条件下的力学性能和材料的摩擦与磨损性能等。全书共分为9章,系统阐述了材料在静载荷、冲击载荷和变动载荷下的力学性能、断裂韧性和摩擦与磨损性能,以及在环境条件和高温条件下的力学性能,主要研究材料在载荷作用下或载荷和环境因素(温度、介质和加载速率)联合作用下所表现的变形,损伤与断裂的行为规律,及其物理本质和评定方法。

本书由陈永楠、周亮担任主编,张荣军、袁战伟、王红波、张凤英担任副主编。其中:第1章、第2章由张荣军编写,绪论、第3章、第5章由周亮编写,第4章由袁战伟编写,第 6 章由张凤英编写,第 7 章由陈永楠编写,第 8 章由王红波编写。

在本书编写过程中,参考并引用了国内外相关的著作、教材和文献资料,在此向有关作者表示衷心感谢。

由于编者水平有限,加之时间仓促,书中难免有不当之处,敬请广大读者批评指正。

编　者

2018 年 9 月

目录

绪论……………………………………………………………………………… 1
0.1　材料科学与工程的基本要素 ………………………………………… 1
0.2　材料的力学性能 ………………………………………………………… 2
0.3　材料力学性能研究的内容 …………………………………………… 3
0.4　材料力学性能研究的目的和意义 ………………………………… 3
本章参考文献……………………………………………………………………… 4
第 1 章　材料在单向静拉伸载荷下的力学性能……………………………… 5
1.1　材料在静拉伸时的力学行为概述 ………………………………… 5
1.2　材料的弹性变形 ……………………………………………………… 8
1.3　金属材料的塑性变形………………………………………………… 16
1.4　金属材料的断裂……………………………………………………… 30
1.5　聚合物的静强度……………………………………………………… 42
1.6　陶瓷材料的静强度…………………………………………………… 48
本章习题 ……………………………………………………………………… 51
本章参考文献 ………………………………………………………………… 51
第 2 章　材料在其他静加载下的力学性能 ………………………………… 53
2.1　扭转试验……………………………………………………………… 53
2.2　弯曲试验……………………………………………………………… 56
2.3　材料压缩……………………………………………………………… 57
2.4　硬度…………………………………………………………………… 59
本章习题 ……………………………………………………………………… 65
本章参考文献 ………………………………………………………………… 66

第 3 章　材料在冲击载荷下的力学性能 …… 67
3.1　冲击载荷下材料变形与断裂的特点 …… 67
3.2　冲击弯曲和冲击韧性 …… 69
3.3　低温脆性 …… 71
3.4　韧脆转变温度的测定及影响因素 …… 76
本章习题 …… 80
本章参考文献 …… 80
第 4 章　材料的断裂韧性 …… 81
4.1　概述 …… 81
4.2　Griffith 断裂理论 …… 81
4.3　裂纹尖端的应力场 …… 85
4.4　断裂韧性和断裂判据 …… 90
4.5　几种常见裂纹的应力强度因子 …… 93
4.6　裂纹尖端的塑性区 …… 94
4.7　塑性区及应力强度因子的修正 …… 97
4.8　裂纹扩展的能量判据 G_{I} …… 98
4.9　G_{I} 和 K_{I} 的关系 …… 100
4.10　金属材料断裂韧性 K_{I} 的测定 …… 102
4.11　影响断裂韧性的因素 …… 105
4.12　弹塑性条件下的断裂韧性 …… 108
本章习题 …… 111
本章参考文献 …… 112
第 5 章　材料在变动载荷下的力学性能 …… 113
5.1　变动载荷和疲劳破坏的特征 …… 113
5.2　高周疲劳 …… 116
5.3　低周疲劳 …… 120
5.4　热疲劳 …… 124
5.5　疲劳裂纹扩展 …… 125
5.6　疲劳裂纹萌生及扩展机理 …… 131
本章习题 …… 135
本章参考文献 …… 135
第 6 章　材料在环境条件下的力学性能 …… 137
6.1　应力腐蚀断裂 …… 137
6.2　氢脆 …… 145
6.3　腐蚀疲劳 …… 151

本章习题……………………………………………………………………………… 154
第 7 章　材料高温力学性能…………………………………………………………… 156
7.1　金属的蠕变 ……………………………………………………………………… 157
7.2　金属高温力学性能指标 ………………………………………………………… 160
7.3　聚合物的黏弹性与蠕变 ………………………………………………………… 166
本章习题……………………………………………………………………………… 170
本章参考文献………………………………………………………………………… 170
第 8 章　材料的摩擦与磨损…………………………………………………………… 171
8.1　摩擦与磨损的基本概念 ………………………………………………………… 171
8.2　磨损模型 ………………………………………………………………………… 175
8.3　摩擦磨损性能测试方法 ………………………………………………………… 187
8.4　摩擦磨损的控制 ………………………………………………………………… 190
本章习题……………………………………………………………………………… 191
本章参考文献………………………………………………………………………… 191

绪　论

材料是人类赖以生存和发展、征服自然和改造自然的物质基础与先导,是人类社会进步的里程碑。历史学家曾用材料来划分时代,如石器时代、青铜器时代、铁器时代、水泥时代、钢时代、硅时代和新材料时代等,可见材料对人类文明发展的重要作用。每一种重要的新材料的发现和应用,都使人类支配自然的能力提高到一个新的水平,给社会生产和人们生活带来巨大的变化,从而将人类物质文明推向前进。

在科学技术迅猛发展的今天,材料仍然是现代文明的一个重要标志。20 世纪 70 年代,人们把信息、材料和能源誉为当代文明的三大支柱。80 年代以高技术群为代表的新技术革命,又把新材料、信息技术和生物技术并列为新技术革命的重要标志。这主要是因为材料尤其是新型材料或先进材料的研究、开发与应用,反映了一个国家的科学技术与工业化水平,并且与国民经济建设、国防建设和人民的生活密切相关。可见,新材料的开发与应用,对人类社会的文明与经济的发展有着不可估量的作用。

0.1　材料科学与工程的基本要素

材料科学与工程是关于材料成分与结构、制备合成与加工工艺,材料性能和使用效能之间相互关系和应用的学科。换言之,材料科学与工程是研究材料组成、结构、生产过程、材料性能与使用性能以及它们之间的关系。因此,材料科学与工程的组成要素如图 0-1 所示。

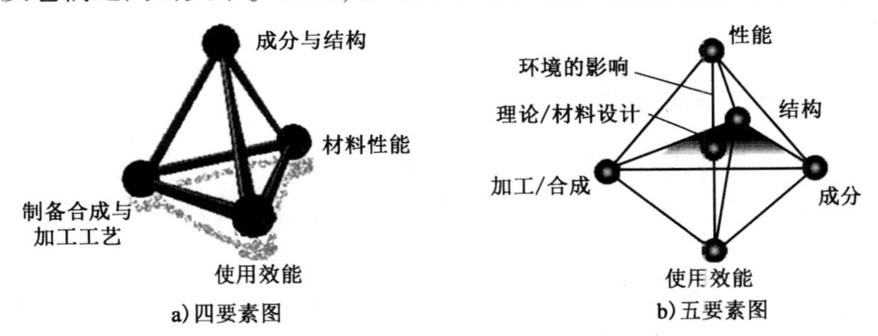

图 0-1　材料科学与工程的基本要素

由图 0-1a)可以看出,材料科学与工程学科由 4 方面的基本要素组成:成分与结构(Composition/Structure)、制备合成与加工工艺(Synthesis/Processing)、性能(Properties)和使用效能(Performance)。

(1)材料的成分与结构是指材料的原子类型和排列方式,其包含 4 个层次:原子结构、结合键、原子排列方式(晶体与非晶体)和组织。材料的性能取决于材料的成分及其组织类型。

(2)制备合成与加工工艺是指实现特定原子排列的演变过程,相对性能的影响随材料种类的不同而不同。

(3)材料性能是指对材料功能特性和效用(如电、磁、光、热、力学等性质)、化学性能(如抗氧化和抗腐蚀、聚合物的降解等)和力学性能(如强度、塑性、韧性等)的定量描述。

(4)使用效能是指材料性质在使用条件(如受力状态、气氛、介质与温度等)下的表现。它把材料的固有性能和产品设计、工程应用能力联系起来。度量使用性能的指标有寿命、速度、能量利用率、安全可靠程度、利用成本等综合因素,在利用物理性能时包括能量转换效率、灵敏度等。

在四要素的基础上,又有人将材料的成分和结构分开,提出了五要素模型,即成分(Composition)、加工/合成(Synthesis/Processing)、结构(Structure)、性能(Properties)和使用效能(Performance)。如果把它们连接起来,并考虑到材料的理论和设计工艺,则形成一个六面体[图0-1b)]。

0.2 材料的力学性能

0.2.1 材料力学性能的概念

材料的性能是一种参量,用于表征材料在给定外界条件下的行为。性能必须参量化,即材料的性能需要定量表述。多数的性能都有单位,通过对单位的分析(量纲分析)可以加深对性能的理解。在不同的外界条件(如应力、温度、化学介质、磁场、电场、辐照等)下,同一材料也会有不同的性能。

材料力学性能是关于材料强度的一门学科,即是关于材料在外加载荷(外力)作用下或载荷和环境因素(如温度、介质和加载速率等)联合作用下表现的变形、损伤与断裂的行为规律,及其物理本质和评定方法的学科。

0.2.2 材料力学性能指标

材料的力学性能,通常用材料的力学性能指标来表述。材料的力学性能指标是材料在载荷和环境因素作用下所发生的力学行为的量化因子,是评定材料质量的主要依据和结构设计时选材的根据。

材料的力学性能指标作为表征材料力学行为特征的参量,其反映的是材料的某种力学行为发生的能力或材料对某种力学行为发生的抗力的大小。材料的力学性能指标主要包括弹性、强度、塑性、韧性、硬度、耐磨性、缺口敏感性、裂纹扩展速率和寿命等。

(1)弹性是指材料在外力作用下发生一定的变形,在外力去除后恢复固有形状尺寸的能力,如比例极限和弹性极限等。

(2)强度是指材料对塑性变形和断裂的抗力,如屈服强度、抗拉强度、疲劳强度、断裂强度等。

(3)塑性是指材料在外力作用下发生不可逆的永久变形的能力,如延伸率δ、断面收缩率

φ 等。

(4)韧性是指材料在断裂前吸收塑性变形功和断裂功的能力,如静力韧性、冲击韧性、断裂韧性等。

(5)硬度是指材料的软硬程度,如布氏硬度(HB)、洛氏硬度(HRC)、维氏硬度(HV)、努氏硬度(HK)、莫氏硬度等。

(6)耐磨性是指材料抵抗磨损的能力,如线(质量、体积)磨损量、相对耐磨性等。

(7)缺口敏感性是指材料对缺口截面变化的力学响应,如应力集中系数 K_t、静拉伸缺口敏感性(NSR)、疲劳缺口系数 K_f、疲劳缺口敏感系数 q_f 等。

(8)裂纹扩展速率是表征裂纹试样在外力和环境作用下演化行为的参量,如应力腐蚀裂纹扩展速率 $\mathrm{d}a/\mathrm{d}t$、疲劳裂纹扩展速率 $\mathrm{d}a/\mathrm{d}N$ 等。

(9)寿命是指材料或构件在外加应力和环境作用下能够安全、有效使用(运行)的期限,如疲劳裂纹扩展寿命 N_f 等。

0.3　材料力学性能研究的内容

材料的力学性能取决于材料的化学成分、组织结构、残余应力、表面和内部的缺陷等因素,但如果外在的因素如载荷的性质、应力状态、工作温度、环境介质等条件发生变化,也会极大地影响材料力学性能。因此,综合分析各种内在和外在因素对材料力学性能的影响,掌握各种因素对材料力学性能影响的规律,对于正确选择材料,提出改善材料力学性能的措施,制定和改进材料的加工工艺,提高零件(构件)的使用寿命具有重要的意义。

此外,材料的力学性能是建立在试验的基础之上的,各种力学性能指标需要根据相应的国家标准通过试验来测定,所以在材料力学性能研究过程中,必须高度重视力学性能指标的测试技术。

综上所述,材料力学性能课程主要研究内容包括:

(1)各种服役条件下材料的力学行为及其微观机理。

(2)各种力学性能指标的本质、物理概念、应用意义及各种力学性能指标间的关系。

(3)影响力学性能的因素,提高材料力学性能的方法和途径。

(4)力学性能指标的测试技术及方法。

0.4　材料力学性能研究的目的和意义

首先,通过对材料力学性能的学习和研究,可以正确地使用材料。在进行构件设计时,可根据构件的服役条件,并按力学性能理论确定满足使用要求的性能指标(如强度、塑性、韧性、硬度、脆性转化温度等),然后再挑选合适的材料,这样就可以基本保证构件在服役期内的安全运行。

其次,通过对材料力学性能的研究可以评价材料合成与加工工艺的有效性,并通过控制材料的加工工艺,提高材料的力学性能。如细晶强化、固溶处理等能有效地提高材料的强度;回火处理等能使材料的韧性得到改善;表面喷丸处理、挤压等可大大提升材料的疲劳强度和耐磨性等。

此外,通过对材料力学性能的研究,还可在材料力学性能理论的指导下,采用新的材料成分和结构,或新的加工和合成工艺,设计和研发出新材料,以满足对材料的更高需求。

本章参考文献

[1] 时海芳,任鑫. 材料力学性能[M]. 北京:北京大学出版社,2010.

[2] 王吉会,郑俊萍,刘家臣,等. 材料力学性能[M]. 天津:天津大学出版社,2006.

[3] 郑修麟. 材料的力学性能[M]. 西安:西北工业大学出版社,2000.

[4] 石德珂,金志浩. 材料力学性能[M]. 西安:西安交通大学出版社,1998.

第 1 章　材料在单向静拉伸载荷下的力学性能

1.1　材料在静拉伸时的力学行为概述

单向静拉伸是材料力学性能试验中最基本的试验方法之一。用静拉伸试验可以揭示材料在静载荷作用下常见的三种失效形式,即弹性变形过量、塑性变形和断裂。还可以通过得到的应力-应变曲线标定出材料的许多重要性能指标,如屈服强度 σ_s、抗拉强度 σ_b、伸长率 δ 和断面收缩率 φ 等。本章将介绍这些性能指标的物理概念与实用意义,讨论材料弹性变形、塑性变形以及断裂的基本规律和原理,以便在此基础上探讨改变性能指标的途径和方法。

1.1.1　拉伸曲线和应力-应变曲线

根据《金属材料室温拉伸试验方法》(GB/T 228—2002)的规定,金属材料静拉伸试样一般分为光滑圆柱试样或板状试样,如图 1-1 所示。静拉伸试验通常是在室温、空气介质以及轴向加载条件下进行的,并规定加载速率为$\frac{\mathrm{d}\sigma}{\mathrm{d}t}=1\sim10\mathrm{MPa}$。由于加载速率低,静拉伸试验俗称静拉伸。

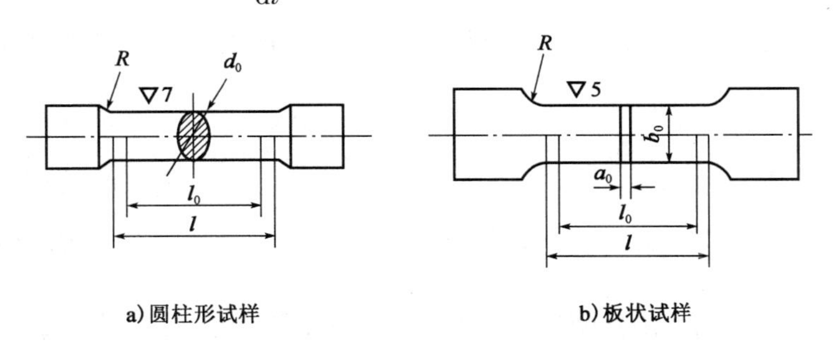

图 1-1　常用拉伸试样形状

拉伸曲线是拉伸试验机自动记录的载荷-伸长量关系曲线。图 1-2 所示为退火低碳钢的拉伸曲线。曲线的纵坐标为拉伸载荷 P,横坐标是绝对伸长 Δl。载荷 P 在 e 点以下阶段时,试样受力发生变形,载荷去除后变形能完全恢复,称为弹性变形阶段。当拉伸载荷到达 e 点后,试样在继续产生弹性变形的同时,开始发生塑性变形。最初是试样局部区域产生不均匀塑性变形,在曲线上出现平台或锯齿,到 s 点结束,继而进入均匀塑性变形阶段。当载荷到达最大值 b 点处时,试样再次发生不均匀塑性变形,在局部产生颈缩。最后,在拉伸载荷到达 k 点时,试样发生断裂。由此可知,退火低碳钢在静拉伸载荷下的力学行为可分为弹性变形、塑性变形和断裂 3 个阶段。

1.1.2 应力和应变

材料的许多力学性能都是用应力表示的。将图1-2所示拉伸曲线的纵、横坐标分别用拉伸试样的原始截面面积 A_0、原始标距长度 l_0 去除，就得到应力-应变曲线，如图1-3所示。由于纵、横坐标均除以相应的常数，故应力-应变曲线形状与拉伸曲线相似。这样的曲线称为工程应力(σ)-应变(ε)曲线，简称应力-应变曲线。

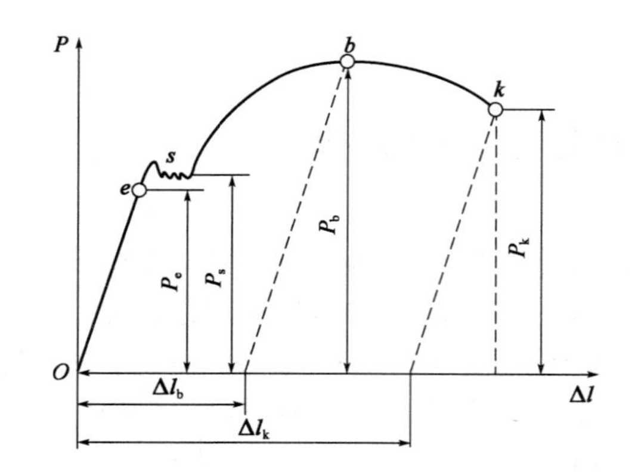

图1-2　退火低碳钢拉伸曲线

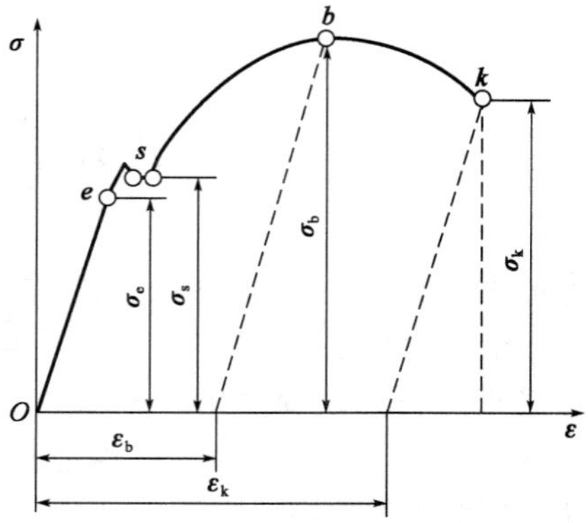

图1-3　退火低碳钢应力-应变曲线

物体受外载荷作用时单位截面面积上的内力即为应力。通常，载荷并不垂直于其所在的平面，此时可将载荷分解为垂直于该平面的法向载荷和平行于该平面的切向载荷，前者产生正应力，后者产生切应力。

在单向拉伸条件下，正应力 $\sigma = \frac{P}{A}$，P 为拉伸载荷，A 为垂直拉伸试样轴线的截面面积。工程上一般忽略加载过程中截面面积的变化，而以原始截面面积 A_0 代替瞬时截面面积 A，这样所得的应力称为工程应力，即 $\sigma = \frac{P}{A_0}$。

在拉伸载荷 P 下，试样将产生伸长和截面面积的收缩。单位长度上(或截面面积)的伸长(或收缩)称为应变。与工程应力相似，工程应变为 $\varepsilon = \frac{l - l_0}{l_0}$，其中，$l_0$ 为试样的原始标距长度，l 为试样在载荷 P 作用下的标距长度。如果用截面面积表示，工程应变 $\varphi = \frac{A_0 - A}{A_0}$。

实际上，在拉伸过程中，试样的截面面积是逐渐减小的。载荷 P 除以试样的瞬时截面面积 A，称为真应力，即 $S = \frac{P}{A}$。

由于
$$A = A_0 - \Delta A = A_0\left(1 - \frac{\Delta A}{A_0}\right) = A_0(1 - \varphi) \tag{1-1}$$

所以
$$S = \frac{P}{A} = \sigma \cdot \frac{1}{1 - \varphi} \tag{1-2}$$

由此可见，当试样变形量较小时，工程应力与真应力区别并不明显。但当变形量较大时，尤其在塑性变形阶段，两者之间的差异就比较显著了。

与真应力类似,在拉伸过程中,试样长度和截面面积也在不断发生变化。真应变为 $e = \int_{l_0}^{l}\frac{\mathrm{d}l}{l} = \ln\frac{l}{l_0}$,如用截面面积表示,则真应变为 $\varphi_e = \int_{A_0}^{A}\frac{\mathrm{d}A}{A} = \ln\frac{A}{A_0}$。

真应变与工程应变的关系为

$$e = \ln\frac{l}{l_0} = \ln\frac{l_0 + \Delta l}{l_0} = \ln(1 + \varepsilon) \tag{1-3}$$

$$\varphi_e = \ln\frac{A}{A_0} = \ln(1 - \varphi) \tag{1-4}$$

切应力也有工程应力与真应力之分:工程切应力为 $\tau = \frac{P}{A_0}$,真实切应力为 $t = \frac{P}{A}$。

1.1.3 其他类型材料的应力-应变曲线

正火、退火碳素结构钢和一般低合金结构钢,都具有类似退火低碳钢的应力-应变曲线,只是载荷的大小和变形量不同。但是,并非所有材料或同一材料在不同条件下都具有相同类型的应力-应变曲线。

图 1-4 所示为其他几种工程用材料的应力-应变曲线。图 1-4a)为玻璃的应力-应变曲线。其特点是应力与应变成线性比例关系,只发生弹性变形,不发生塑性变形,在载荷最高点处断裂。工程上大多数的玻璃、陶瓷、岩石、碳化硅(SiC)、淬火状态下的高碳钢、普通灰口铸铁以及某些聚合物都具有此类应力-应变曲线。

图 1-4b)所示材料的行为特点与退火低碳钢相比,不同之处在于应力-应变曲线不出现屈服平台,表明材料在发生塑性变形后,屈服应力不断升高。在应力-应变曲线最高点出现“颈缩”,试样的承载能力迅速降低,随后断裂。工程上很多金属材料,如,调质钢以及一些轻合金都具有此类应力-应变行为。

图 1-4c)为拉伸时不出现颈缩的应力-应变曲线,只有弹性变形和均匀塑性变形阶段,断裂发生在均匀变形过程中。某些塑性较低的金属材料(如铝青铜等)具有此类应力-应变行为。

高分子材料,如聚氯乙烯,在拉伸开始时应力和应变就不呈线性关系,如图 1-4d)所示,而且变形表现为黏弹性。

某些低溶质固溶体的铝合金以及含杂质的铁合金具有不稳定的拉伸应力-应变曲线,如图 1-4e)所示。

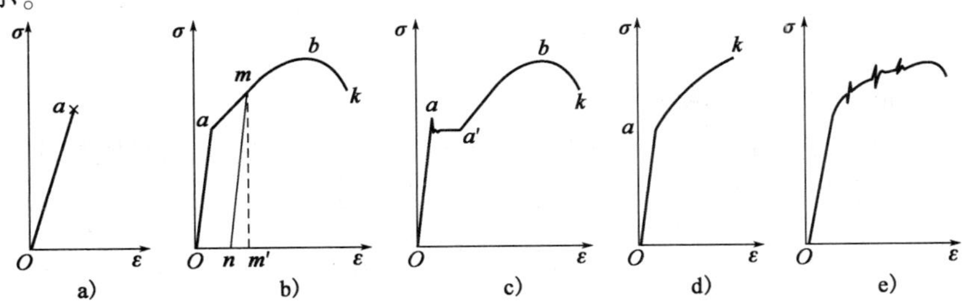

图 1-4 几种工程材料的应力-应变曲线

综上所述,根据拉伸试验得到的应力-应变曲线,不仅可以判断材料塑性的大小,还可以求出材料的许多重要性能指标,如弹性模量、屈服强度等。这些指标既是构件设计计算的依据,又是评定和选用材料以及加工工艺的主要依据。

1.2 材料的弹性变形

材料在外力(如拉伸、压缩、扭转、弯曲等)作用下会发生尺寸和形状的变化,称为变形。外力去除后,能恢复的为弹性变形,不能恢复的为塑性变形。弹性变形是可逆的,不论是加载期还是卸载期内,应力与应变之间都保持单值线性关系,变形量比较小,一般不超过1%。

1.2.1 弹性变形及其实质

弹性变形是金属晶格中原子自平衡位置产生可逆位移的反映,其过程可以用双原子模型来解释(图1-5)。在没有外加载荷作用时,金属中的原子在其平衡附近振动。相邻两个原子之间的作用力由引力与斥力叠加而成。引力与斥力都是原子间距的函数。

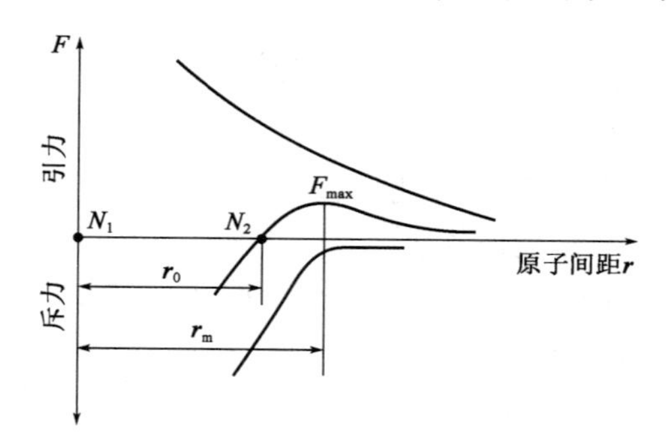

图1-5 弹性变形的双原子模型

当原子因受载荷而接近时,斥力开始缓慢增加,而后迅速增加,引力则随原子间距减小而增加缓慢。合力在原子平衡位置处为零。当原子间平衡力因受外力作用而受到破坏时,原子的位置必须作相应的调整,即产生位移,以期外力、引力和斥力三者达到新的平衡。原子的位移综合在宏观上就表现为变形。外力去除后,原子依靠彼此间的作用力又回到平衡位置,位移消失,宏观上变形也就消失,从而表现了弹性变形的可逆性。

双原子模型中,原子之间的相互作用力 F 与原子间距的变化关系为

$$F = \frac{A}{r^2} - \frac{Ar_0^2}{r^4} = \frac{A}{r^2}\left[1 - \left(\frac{r_0}{r}\right)^2\right] \tag{1-5}$$

式中:A、r_0——与原子特性和晶格类型有关的常数。

可以看出,原子间的作用力与原子间距的关系并不是线性关系,而是抛物线关系。但若原子偏离平衡位置很小时,将式(1-5)按级数展开,可得

$$\Delta F = \frac{2A}{r_0^2} \cdot \frac{\Delta r}{r_0} \tag{1-6}$$

说明小变形条件下,ΔF 与 Δr 呈线性比例关系。

对于理想弹性体，当 $r = r_m$ 时，原子间作用力的合力表现为引力，而且出现极大值 P_{max}。如果外力达到 P_{max}，就可以克服原子间的引力而将它们拉开，这就是晶体材料在弹性状态下的断裂强度，即理论断裂强度。实际上，晶体材料中含有缺陷(如位错)，对于塑性材料，在较小应力下便可激活位错运动而发生塑性变形，可以实现的弹性变形量也不会很大；对于脆性材料，由于对应力集中敏感，缺陷处的集中应力可以导致裂纹的产生与扩展，使晶体在弹性状态下断裂。

1.2.2　广义胡克定律

在单向应力状态下，应力和应变的关系为

$$\begin{aligned} \sigma &= E\varepsilon \\ \tau &= G\gamma \end{aligned} \tag{1-7}$$

材料受力后，其应力分布是不均匀的，每个点的应力状态也不相同。某点的应力变化情况称为该点的应力状态，应变变化情况则称为该点的应变状态。设一单元体上作用的有正应力 σ_x、σ_y、σ_z 和切应力 τ_{xy}、τ_{yz} 以及 τ_{zx}。根据切应力互等原理，$\tau_{xy} = \tau_{yx}$，$\tau_{yz} = \tau_{zy}$，$\tau_{zx} = \tau_{xz}$，因此表示任意一点的应力状态可以用9个应力分量来表示，但只有6个是独立的。这6个应力应变分量之间的关系，就是广义胡克定律。

$$\begin{aligned} \varepsilon_x &= \frac{1}{E}[\sigma_x - \nu(\sigma_y + \sigma_z)], \gamma_{xy} = \frac{1}{G}\tau_{xy} \\ \varepsilon_y &= \frac{1}{E}[\sigma_y - \nu(\sigma_z + \sigma_x)], \gamma_{yz} = \frac{1}{G}\tau_{yz} \\ \varepsilon_z &= \frac{1}{E}[\sigma_z - \nu(\sigma_z + \sigma_y)], \gamma_{zx} = \frac{1}{G}\tau_{zx} \end{aligned} \tag{1-8}$$

式中：E、G——材料的弹性模量与切变弹性模量；

ν——泊松比。

E、G、ν 这三个弹性常数真正独立的只有两个，其中 E 和 G 有以下关系

$$G = \frac{E}{2(1 + \nu)} \tag{1-9}$$

对完全各向同性材料，可取泊松比 $\nu = 0.25$；对大多数金属，ν 值近于0.33。

如果用主应力表示，则有

$$\begin{aligned} \varepsilon_1 &= \frac{1}{E}[\sigma_1 - \nu(\sigma_2 + \sigma_3)] \\ \varepsilon_2 &= \frac{1}{E}[\sigma_2 - \nu(\sigma_1 + \sigma_3)] \\ \varepsilon_3 &= \frac{1}{E}[\sigma_3 - \nu(\sigma_2 + \sigma_1)] \end{aligned} \tag{1-10}$$

从式(1-10)可以看出：

(1)如果三个主应力中只有一个不为零，其余两个主应力为零，如单向拉伸，则有 $\sigma_1 > 0$，$\varepsilon_1 = \frac{\sigma_1}{E}$，$\varepsilon_2 = \varepsilon_3 = -\nu\frac{\sigma_1}{E}$。

(2)如果三个主应力中有两个不为零,一个主应力为零(设 $\sigma_3=0$),此时为平面应力状态,有两个主应力和三个主应变,$\varepsilon_1=\frac{1}{E}(\sigma_1-\nu\sigma_2)$,$\varepsilon_2=\frac{1}{E}(\sigma_2-\nu\sigma_1)$,$\varepsilon_3=-\frac{\nu}{E}(\sigma_1+\sigma_2)$。薄件上的裂纹或缺口尖端即为这种应力状态。

(3)如果三个主应力都不为零,而恰好 $\sigma_3=\nu(\sigma_1+\sigma_2)$,则 $\varepsilon_3=0$。这样的三向拉伸应力状态只有两个主应变,故称平面应变应力状态。它是三向拉伸应力状态的特例,厚件上裂纹或缺口顶端就处于这样的应力状态。在这样的应力状态下,裂纹最易扩展,因此平面应变应力状态是一种危险的应力状态。

除了上述的 E、G 和 ν 以外,材料还有一个弹性常数,被称为体积弹性模量,以 K 表示。设材料的原始体积为 V_0,在一般的应力状态下变形后的体积为 V_1,则 $V_1=V_0(1+\varepsilon_x+\varepsilon_y+\varepsilon_z)$,单位体积变形 Δ 为

$$\Delta=\frac{V_1-V_0}{V_0}=\varepsilon_x+\varepsilon_y+\varepsilon_z=\frac{1-2\nu}{E}(\sigma_x+\sigma_y+\sigma_z) \tag{1-11}$$

令

$$\sigma_{\mathrm{m}}=\frac{1}{3}(\sigma_x+\sigma_y+\sigma_z)$$

则 $\Delta=\frac{1-2\nu}{E}\times 3\sigma_{\mathrm{m}}$,定义

$$K=\frac{\sigma_{\mathrm{m}}}{\Delta}=\frac{E}{3\times(1-2\nu)} \tag{1-12}$$

如 $\nu=0.33$,则 $K\approx E$。因此,在4个弹性常数中,只要已知 E 和 ν,就可求出 G 和 K。由于弹性模量 E 易于测定,因此用得最多。

1.2.3 弹性模量的技术意义

材料在弹性变形、单向应力状态下,弹性模量为

$$E=\frac{\sigma}{\varepsilon} \tag{1-13}$$

可见,当应变为一个单位时,弹性模量 E 等于弹性应力,即弹性模量是产生100%弹性变形所需的应力。这个定义对金属材料而言是没有任何意义的,因为金属所能产生的弹性变形量很小。弹性模量 E 真正的物理含义是表征材料抵抗弹性变形的能力。

在纯剪切应力状态下,有

$$G=\frac{\tau}{\gamma} \tag{1-14}$$

同理,G 表征材料抵抗剪切变形的能力。

单晶体金属的弹性模量在不同金属学方向上是不一样的,表现为各向异性。多晶体金属的弹性模量为单个晶粒弹性模量的各向统计平均值,呈现伪各向同性。

由于弹性变形是原子间距在外力作用下可逆变化的结果,应力与应变关系实际上是原子间作用力与原子间距的关系,因而弹性模量与原子间作用力和原子间距有关系。原子间作用力取决于金属原子本性和晶格类型,故弹性模量也主要取决于金属原子本性和晶格类型。

合金中溶质元素虽然可以改变合金的晶格常数,但对于常用钢铁而言,合金化对其晶格常

数改变不大,因而对弹性模量影响较小,合金钢和碳钢的弹性模数非常接近,差值不大。

热处理对弹性模数的影响不大,如晶粒大小对 E 值无影响;第二相大小和分布对 E 值影响也很小;淬火后 E 值虽略有下降,但回火后又恢复到退火状态的数值。灰口铁例外,其 E 值与组织有关。

冷塑性变形使 E 值稍有降低,当变形量很大时,因产生形变织构而使其出现各向异性。

温度升高原子间距增大,E 值降低。如碳钢加热时每升高 100℃,E 值下降 3% ~5%;但在 -50 ~50℃范围,钢的 E 值变化不大,可以不考虑温度的影响。

弹性变形的速率和声速一样快,远超过实际加载速率,因而加载速率对弹性模量也无大的影响。

弹性模量和材料的熔点成正比,越是难熔的材料,弹性模量也越高。

综上所述,材料的弹性模量是一个对组织不敏感的力学性能指标。

工程上把弹性模量 E 称作材料的刚度。在机械设计中,有时刚度是第一位的,如精密机床的主轴如果不具有足够的刚度,就不能保证零件的加工精度;如果汽车的曲轴弯曲刚度不足,就会影响活塞、连杆及轴承等重要零件的正常工作,所以曲轴的结构和尺寸常常由刚度决定,然后做强度校核。表 1-1 列出了一些材料在室温下的弹性模量。

一些材料在室温下的弹性模量　　表 1-1

材　料	$E(10^5 MPa)$	材　料	$E(10^5 MPa)$
铁	2.17	金刚石	约 9.65
铜	1.25	玻璃	0.801
铝	0.72	尼龙 66	0.012 ~0.029
低碳钢	2.0	聚碳酸酯	0.024
铸铁	1.7 ~1.9	聚乙烯	0.004 ~0.013
低合金钢	2.0 ~2.1	聚苯乙烯	0.027 ~0.042
奥氏体不锈钢	1.9 ~2.0	碳化硅	约 4.7
氧化铝	约 4.15	碳化钨	5.34

零件的刚度与材料的刚度不同,零件的刚度除了取决于材料的弹性模量外,还与零件的截面尺寸、形状,以及载荷作用的方式有关。在弹性变形范围内,零件抵抗变形的能力称为刚度。根据刚度的定义有

$$Q = \frac{P}{\varepsilon} = \frac{\sigma A}{\varepsilon} = EA \tag{1-15}$$

式中:A——零件的截面面积。

可见,要增加零件的刚度,除选用弹性模量 E 高的材料外,还可以通过增大零件截面尺寸(面积 A)的方法来实现。但对于空间受严格限制的场合,如航空、航天装置中的一些零件,往往既要求刚度高,又要求质量轻,因此加大截面面积是无论如何不可取的,只有选用高弹性模量的材料才可以提高其刚度。不仅如此,为了追求质量轻,还提出比弹性模量,用来衡量材料的弹性性能。比弹性模量为材料的弹性模量与其密度的比值,几种金属拉伸杆件常用材料的比弹性模量见表 1-2。可以看出,金属中铍的比弹性模量最大,为 16.8,因此在航空航天设备中得到广泛应用。另外,氧化铝、碳化硅等也显示出明显的优势。

几种金属拉伸杆件常用材料的比弹性模量　　表1-2

材料	铜	钼	铁	钛	铝	铍	氧化铝	碳化硅
比弹性模量	1.3	2.7	2.6	2.7	2.7	16.8	10.5	17.5

1.2.4　比例极限和弹性极限

比例极限 σ_p 是应力与应变成比例关系的最大应力，在应力-应变曲线上开始偏离直线时的应力。

$$\sigma_p = \frac{P_p}{A_0} \tag{1-16}$$

式中：P_p——比例极限时的载荷；

A_0——试样的原始截面面积。

对于要求在服役时其应力-应变关系维持严格直线关系的零件，如测力计弹簧、枪炮设计时应以比例极限为依据。

弹性极限 σ_e 是材料由弹性变形过渡到塑性变形或断裂时的应力。当应力超过弹性极限后，对塑性材料来说，便开始发生塑性变形；而对于脆性材料，直接发生断裂。

$$\sigma_e = \frac{P_e}{A_0} \tag{1-17}$$

式中：P_e——弹性极限时的载荷；

A_0——试样的原始截面面积。

理论上，弹性极限的测定应该是通过不断加载与卸载，直到能使材料变形完全恢复的极限应力。实际上在测定弹性极限时是以规定某一微量的残余变形量（如0.01%）为标准，对应此残余变形量的应力即为该材料的弹性极限，以 $\sigma_{0.01}$ 表示。

金属材料一般有塑性变形能力，当零件服役条件不允许产生微量塑性变形时，设计应该根据弹性极限来选材。

1.2.5　弹性比功

弹性比功又称为弹性比能、应变比能，表示金属材料吸收弹性变形功的能力，一般用金属在塑性变形开始前单位体积材料吸收的最大弹性变形功表示。金属拉伸时的弹性比功用应力-应变曲线图下阴影线的面积表示，如图1-6所示。因此

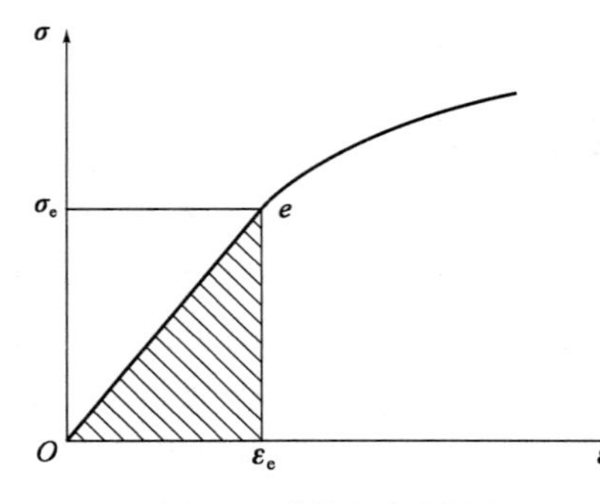

图1-6　弹性比功示意图

$$a_e = \frac{1}{2}\sigma_e\varepsilon_e = \frac{\sigma_e^2}{2E} \tag{1-18}$$

由式（1-18）可见，金属材料的弹性比功 a_e 取决于弹性模量和弹性极限。由于弹性模量对组织不敏感，因此对于一般金属材料只有用提高弹性极限的方法才能提高弹性比功。

生产中,弹簧主要是作为减振元件使用。它既要吸收大量变形功,又不允许发生塑性变形。因此,制作弹簧要求材料应具有尽可能大的弹性极限。与弹性模量 E 不同,弹性极限 σ_e 对材料的化学成分、组织及其他结构因素十分敏感,热处理以及冷加工等措施,其目的都是为了最大限度地提高弹性极限,从而提高材料的弹性比功。弹簧钢采用淬火中温回火,是为了获得回火屈氏体组织来提高其弹性极限。另外,由于形变硬化可以大幅度提高弹性极限 σ_e,所以冷拔弹簧钢丝采用直接冷拉成形和中间铅浴等温淬火再冷拔成形的工艺。弹簧钢中加入的合金元素之所以常采用硅(Si)和锰(Mn),其目的之一是由于弹簧钢的基体为铁素体,而 Si、Mn 是强化铁素体诸元素中强化作用最为强烈的元素,特别是 Si,主要以固溶体的形式存在于铁素体中,可以大幅度提高钢基体的 σ_e。至于弹簧钢的碳含量之所以确定为 0.5% ~0.7%(质量分数),一方面由于碳含量的增加,第二相数量增加,这将有利于 σ_e 的提高;另一方面考虑到过高的碳含量将对冷热加工不利。

制造某些仪表时,生产上常采用磷青铜或铍青铜,除因为它们是顺磁性的、适于制造仪表弹簧外,更重要的是因为它们既具有较高的弹性极限 σ_e,又具有较小的弹性模量 E,即从弹性模量的角度来获取较大弹性比功,这样的弹簧材料被称为软弹簧材料。

几种金属材料的弹性比功见表 1-3。

几种金属材料的弹性比功　　　　表 1-3

材　　料	E(GPa)	σ_e(MPa)	a_e(MPa)
中碳钢	210	310	0.228
高碳钢	210	965	2.217
硬铝	72.4	125	0.108
铜	110	27.5	0.0034
铍青铜	120	588	1.44
磷青铜	101	450	1.0

1.2.6　弹性不完整性

完整的弹性体应该是加载时立即变形,卸载时立即恢复原状,表现在应力应变曲线上加载线与卸载线完全重合,变形值大小与时间无关。但实际上,材料在发生弹性变形时加载线与卸载线并不重合,应变落后于应力,存在弹性后效、弹性滞后环、包申格(Bauschinger)效应等弹性不完整现象。

1)弹性后效

把一定大小的应力骤然加到多晶体试样上,试样立即产生的弹性应变仅仅是该应力应该引起总应变(OH)中的一部分(OC),其余部分的应变(CH)是在保持该应力不变的条件下逐渐产生的,此现象称为正弹性后效,或称为弹性蠕变或冷蠕变,如图 1-7 所示。当外力骤然去除后,弹性应变消失,但也不是全部应变同时消失,而是先消失一部分(DH),其余部分(OD)也是逐渐消失的,此现象称为反弹性后效。总之,这种在应力作用下应变不断随时间而发展的行为,统称

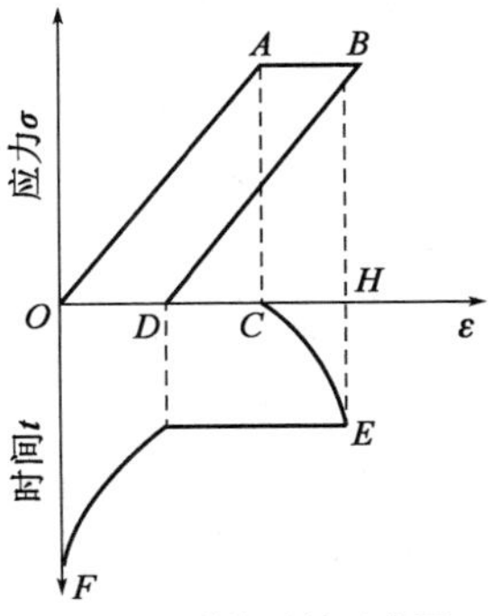

图 1-7　弹性后效示意图

为弹性后效。

弹性后效现象在仪表、精密机械制造业中极为重要。如长期承受载荷的测力弹簧材料、薄膜材料等，就应考虑正弹性后效问题；如油压表（气压表）的测力弹簧，就不允许有弹性后效现象，否则会导致测量失真甚至无法使用。

弹性后效与材料的成分、组织有关，也与试验条件有关。组织越不均匀，弹性后效越明显。钢经淬火或塑性变形，组织不均匀性增大，故弹性后效倾向增大；金属镁有强烈的弹性后效，可能和它的六方晶格结构有关。

温度升高，弹性后效速率以及弹性后效变形量都急剧增加。

切应力越大，弹性后效越强烈。弯曲下的弹性后效要比扭转下小得多，而在多向压缩状态下，完全看不到弹性后效。

产生弹性后效的原因可能与材料中点缺陷的移动有关。例如，α-Fe 中碳原子处于八面体间隙及等效位置上，施加 z 向拉应力后，x、y 轴上的碳原子就会向 z 轴扩散移动，z 方向继续伸长变形，于是产生附加弹性变形。因扩散需要时间，因此出现滞弹性现象。

对于高分子材料，滞弹性表现为黏弹性并成为材料的普遍特性，此时高分子材料的力学性能都与时间有关，其应变不再是应力的单值函数，也与时间有关。高分子材料的黏弹性主要是由于大的分子量使应变对应力的响应较慢所致。

2）弹性滞后环

从上面对弹性后效现象的讨论中可知，在弹性变形范围内，骤然加载和卸载的开始阶段，应变总要落后于应力，不同步。因此，其结果必然会使得加载线和卸载线不重合而形成一个封闭的滞后回线，称为弹性滞后环，如图 1-8 所示。

如果所加载荷不是单向的循环载荷，而是交变的循环载荷，并且加载速率比较缓慢，弹性后效现象来得及表现，那么可得到两个对称的弹性滞后环，如图 1-8a）所示；如果加载速度比较快，弹性后效来不及表现时，则得到图 1-8b）、c）所示的弹性滞后环。如果交变载荷中最大应力大于弹性极限，则得到图 1-9 所示的塑性滞后环。存在滞后环的现象说明，加载时金属消耗的变形功大于卸载时金属恢复变形释放出的功，有一部分功被金属所吸收了，这个环面积的大小相当于被金属吸收的那部分变形功的大小。

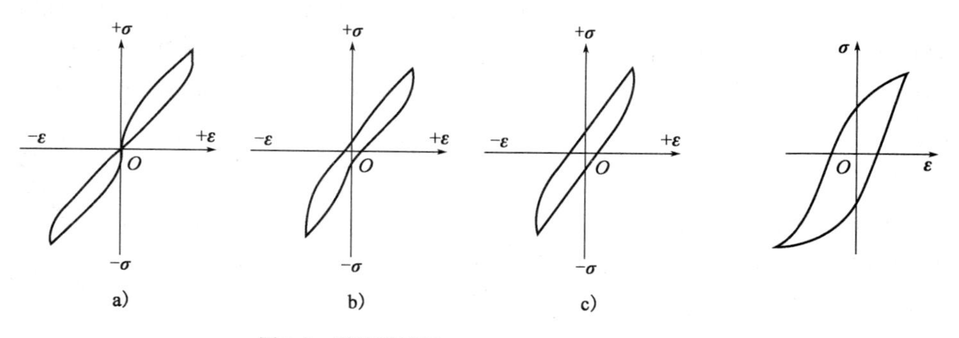

图 1-8　弹性滞后环

图 1-9　塑性滞后环

金属材料在交变载荷下吸收不可逆变形功的能力，称为循环韧性，也称作内耗。严格地说，内耗和循环韧性是有区别的：循环韧性是指在塑性区加载时材料吸收不可逆变形功的能力；内耗是指在弹性区加载时材料吸收不可逆变形功的能力。不过，这两个名词有时是混用的。

循环韧性是一个重要的机械性能指标，因为它代表金属靠自身来消除机械振动的能力大小，故又称为消振性，在生产上有很重要的意义。材料的循环韧性越高，其消振能力越强。例如，铸铁因含有石墨不易传送弹性振动，循环韧性大，因而是很好的消振材料，常用它做机床和动力机器的底座、支架，以达到机器稳定运转的目的。相反，在另外一些场合下，追求音响效果的元件音叉、簧片、钟等，希望声音持久不衰，则必须使循环韧性尽可能小；乐器所用金属材料循环韧性越小，其音质越佳。

3）包申格效应

图1-10为退火态轧制黄铜在不同加载条件下弹性极限变化的情况。曲线1为初始拉伸，$\sigma_e=240$MPa；曲线2为初始压缩，$\sigma_e=176$MPa。如果将初始压缩后的试样卸载，再进行第二次压缩，则$\sigma_e=287$MPa（曲线3）；如果将初始压缩后的试样卸载，再进行第二次拉伸，则$\sigma_e=85$MPa（曲线4）。

金属材料经过预先加载产生少量塑性变形（残余应变为1%～4%），卸载后再同向加载，弹性极限（或屈服强度）增加；反向加载，弹性极限（或屈服强度）降低的现象，称为包申格效应。几乎所有的退火或高温回火态金属或合金都有该效应。图1-11为包申格效应示例，T10钢淬火后350℃回火试样，拉伸时屈服强度为1130MPa，但如果事先经过预压缩变形再拉伸时，其屈服强度就会降低至880MPa。

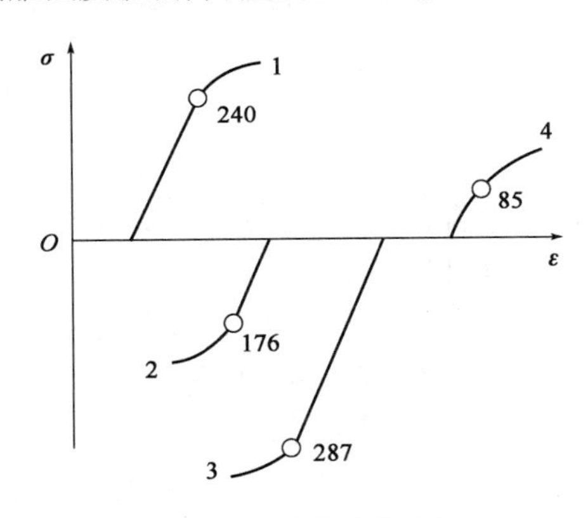

图1-10　黄铜包申格效应

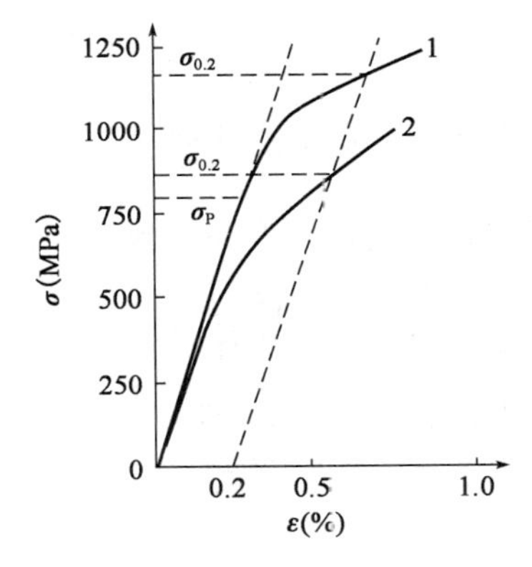

图1-11　T10钢包申格效应

包申格效应可以用位错理论解释。首先，在原先加载变形时，位错源在滑移面上产生的位错遇到障碍，位错塞积产生的背应力反作用于位错源，当背应力足够大时，可使位错源停止开动。背应力是一种长程内应力（晶粒或位错胞尺寸范围），是金属基体平均内应力的度量。因为预变形时位错运动的方向和背应力的方向相反，而当反向加载时位错运动的方向和背应力方向一致，背应力帮助位错运动，塑性变形容易了，于是，经过预变形再反向加载，其屈服强度就降低了。这一般被认为是产生包申格效应的主要原因。其次，在反向加载时，在滑移面上产生的位错与预变形的位错异号，引起异号位错抵消，也会引起材料的软化、屈服强度的降低。

包申格效应在理论上和实际上都有其重要意义。在理论上，由于它是金属变形时长程内应力的度量，可用来研究材料加工硬化的机制。在工程应用上，首先，材料加工成型工艺需要考虑包申格效应。例如,预先经受冷变形的材料以及管子用于受反向加载时就属于这种情况。其次,包申格效应大的材料,内应力较大。例如,铁素体+马氏体的双相钢对氢脆就比较敏感,其原因是双相钢中铁素体周围有高密度位错和内应力,氢原子与长程内应力交互作用导致氢脆。再者,包申格效应和材料的疲劳强度也有密切关系。在高周疲劳(详见第5章)中,包申格效应小的疲劳寿命高;包申格效应大的材料,由于疲劳软化(详见第5章)较严重,对高周疲劳寿命不利。相反,在低周疲劳中,包申格效应大的材料在拉压循环一周时回线所包围的面积小,这意味着能量损耗小,要多次循环才能萌生疲劳裂纹或者使裂纹扩展,因而疲劳寿命较高。

要消除包申格效应,可以予以较大残余塑性变形,或者在引起金属回复或再结晶的温度下退火,如钢在400~500℃以上退火,铜合金在250~270℃以上退火。

1.3 金属材料的塑性变形

金属材料在受到外力的作用时会产生变形。外力去除后,能恢复的称为弹性变形,不能恢复的称为塑性变形。塑性变形不仅可以改变金属材料的形状和尺寸,还能改善其内部组织和提高其机械性能。研究塑性变形的机制和规律,有助于分析和理解材料力学性能的本质,为发展新材料并制定新的加工工艺奠定基础。

1.3.1 塑性变形方式与特点

当外加应力超过材料的弹性极限后,对金属材料而言,在继续进行弹性变形的同时,开始发生明显的塑性变形。常见的塑性变形方式主要有滑移和孪生。

滑移是金属材料在切应力作用下,位错沿滑移面和滑移方向运动而进行的切变过程。通常滑移面是原子最密排的晶面,而滑移方向是原子最密排的方向,滑移面和滑移方向的组合称为滑移系。滑移系越多,金属的塑性越好,但滑移系的数目不是决定金属塑性的唯一因素。例如,面心立方金属(如Cu、Al等)的滑移系虽然比体心立方金属(如Fe等)的少,但因前者晶格阻力低,位错容易运动,故塑性优于后者。

孪生也是金属材料在切应力作用下的一种塑性变形方式。体心立方(bcc)、面心立方(fcc)以及密排六方(hcp)晶格的金属材料都能以孪生方式产生塑性变形,但面心立方金属只在很低的温度下才能产生孪生变形;体心立方金属及其合金,在冲击载荷或低温下也常发生孪生变形;密排六方晶格的金属及其合金滑移系少,并且在c轴方向没有滑移矢量,因而更易产生孪生变形。孪生本身提供的变形量很小,如Cd孪生变形只有7.4%的变形度,而滑移变形度可达300%。孪生变形可以调整滑移面的方向,使新的滑移系开动,有助于塑性变形的进行。

孪生变形也是沿特定晶面和特定晶向进行的。

多晶体金属中,每一晶粒滑移变形的规律与单晶体金属相同,但由于多晶体金属存在晶界,各晶粒的取向也不相同,因而其塑性变形具有如下一些特点:

（1）各晶粒变形的非同时性和不均匀性。

多晶体由于各晶粒取向不同，在受外在载荷时，某些取向有利的晶粒先开始滑移变形，而那些取向不利的晶粒可能仍处于弹性变形状态，只有继续增加载荷才能使滑移从某些晶粒传播到另外一些晶粒，并不断传播下去，从而产生宏观可见的塑性变形，这也是连续屈服材料的应力-应变曲线上弹性变形与塑性变形之间没有严格界限的原因。

塑性变形的非同时性实际上反映了塑性变形的局部性，即塑性变形量的不均匀性。这种不均匀性不仅存在于同一晶粒内部，而且还存在于晶粒之间和材料的不同区域之间。对于多相合金，变形总是首先在软相上开始，各相性质差异越大，组织越不均匀，变形不均匀性越严重。

（2）各晶粒变形的相互协调性。

多晶体金属作为一个连续的整体，不允许各晶粒在任一滑移系中的自由变形，否则必将造成晶界开裂，这就要求各晶粒之间能协调变形。为此，滑移必须在更多的滑移系上配合进行。由于物体内任一点的应变状态可用 3 个正应变分量和 3 个切应变分量表示，且可以认为塑性变形中材料体积保持不变，即

$$\varepsilon_x + \varepsilon_y + \varepsilon_z = 0 \tag{1-19}$$

因此，在 6 个应变分量中只有 5 个是独立的。由此可见，多晶体内任一晶粒可以实现任意变形的条件是同时开动 5 个滑移系。实际上，多晶体塑性变形的过程是比较复杂的，当初期的滑移系受阻或晶体转动后，原来未启动的滑移系上的切应力升高，达到其临界切应力时，便进入滑移状态。这样，一个晶粒内便有几个滑移系开动，于是形成了多系滑移的局面，多系滑移的发展必然导致滑移系的交叉和相互切割，这便是拉伸试样表面出现的滑移带交叉的情况。在塑性变形中，还可能启动孪生机制。所以，只要滑移系足够多，就可以保证变形中的协调性，适应宏观变形的要求。因此，滑移系越多，变形协调越方便，越容易适应任意变形的要求，材料塑性越好。

1.3.2　屈服现象与屈服强度

金属材料在拉伸试验时产生的屈服现象是开始产生宏观塑性变形的一种标志。我们在讨论退火低碳钢的拉伸曲线时曾经指出，这类材料从弹性变形阶段过渡到塑性变形阶段非常明显，表现在载荷增加到一定数值时突然下降，随后，在载荷不增加或在某一不变载荷附近波动的情况下，试样继续伸长变形，这就是屈服现象。

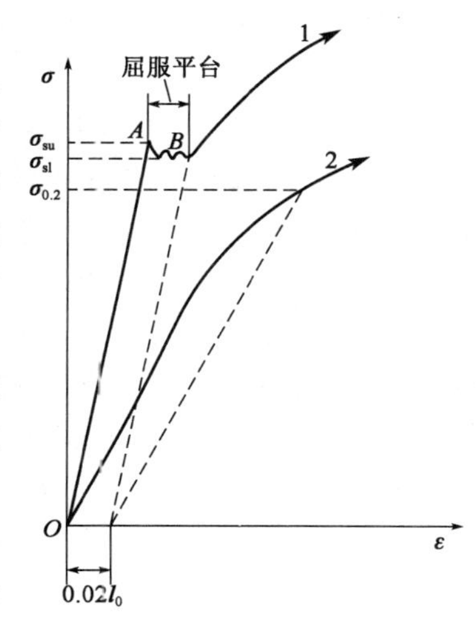

图 1-12　两种材料的应力-应变曲线
1-低碳钢；2-黄铜

呈现屈服现象的金属材料拉伸时，试样首次下降前的最大应力称为上屈服点，记为 σ_{su}（图 1-12 中的 A 点），屈服阶段中的最小应力称为下屈服点，记为 σ_{sl}（图 1-12 中的 B 点）。在屈服过程中产生的伸长称作屈服伸长，屈服伸长对应的水平线段或曲折线段称为屈服平台或屈服齿。屈服伸长变形是不均匀的，外力从上屈服点下降到下屈服点时，在试样局部区域开始形成与拉伸轴约呈 45°的吕德斯带或屈服线，随后再沿

试样长度方向逐渐扩展。当屈服线布满整个试样长度时,屈服伸长结束,试样开始进入均匀塑性变形阶段。

屈服现象不仅在退火、正火的中低碳钢和低合金钢中有,在铜、铝及其合金中也有;不仅多晶体金属能产生屈服,单晶体也能产生屈服,甚至在共价键晶体(如 Si 和 Ge)中也有屈服。

低碳钢中的碳、氮原子与刃型位错交互作用形成柯氏气团,使位错被钉扎,因此塑性变形开始时必须提高外力才能使位错启动,一旦位错启动后,塑性变形所需外力迅速下降,形成屈服现象。显然,这种位错钉扎理论不适用于其他一些晶体材料。近年来研究指出,屈服现象的产生与下述 3 个因素有关:①材料变形前可动位错密度很小(或虽有大量位错但被钉扎住,如钢中的位错为杂质原子或第二相质点所钉扎);②随塑性变形发生,位错能快速增殖;③位错运动速率与外加应力有强烈依存关系。

金属材料的塑性变形速率与位错密度及柏氏矢量成正比,即

$$\dot{\varepsilon} = b\rho\bar{v} \tag{1-20}$$

式中:$\dot{\varepsilon}$——塑性变形应变速率;

b——柏氏矢量的模;

ρ——可动位错密度;

$\bar{v}$——位错运动平均速率。

由于变形前可动位错很少,为了适应拉伸时试验机头移动速率的要求,按式(1-20)必须增大位错运动速率。但位错运动速率决定于应力的大小,它们之间的数值关系式为

$$\bar{v} = \left(\frac{\tau}{\tau_0}\right)^m \tag{1-21}$$

式中:$\bar{v}$——作用于滑移面上的切应力;

τ_0——位错以单位速度运动时所需的切应力;

m——位错运动速率的应力敏感性指数,表明位错速度对应力的依赖程度。

因此,要提高位错运动速度,就需要较高的应力。塑性变形一旦开始,位错便大量增殖,使 ρ 迅速增加,从而使 $\bar{v}$ 相应降低和所需应力下降。这就是屈服开始时观察到的上屈服点及屈服降落。

在上述过程中,位错速度的应力敏感性也是一个重要因素,m 值越小,位错运动速度变化所需的应力变化越大,屈服现象就越明显,反之亦然。如体心立方金属,$m<20$;而面心立方金属,$m>20$。因此,前者屈服现象明显。

既然屈服现象是材料开始塑性变形的标志,那么对于在弹性状态下工作的构件而言,出现屈服现象就意味着产生了过量塑性变形而失效,因此,衡量材料屈服失效的力学性能指标就是用应力表示的屈服点。由于上屈服点 σ_{su} 对试验条件的变化很敏感,波动性大,而在正常试验条件下,下屈服点 σ_{sl} 再现性较好,所以工程上采用下屈服点 σ_{sl} 作为材料抵抗屈服失效的临界应力值,称为屈服强度,记作 σ_s。

$$\sigma_s = \frac{P_s}{A_0} \tag{1-22}$$

式中:P_s——屈服载荷;

A_0——试样标距部分原始截面面积。

如果材料在拉伸试验时出现屈服平台,那么测定屈服强度就非常方便。但是,许多材料在拉伸试验时看不到明显的屈服现象,为此只好以规定发生一定残余变形量为标准,如通常以0.2%残余变形量的应力作为材料的屈服强度,记作 $\sigma_{0.2}$。

规定残余变形量可以因构件服役条件不同而异,如可以规定0.01%、0.5%、1.0%等,要求严格者取小值,要求宽者则取较大值。对于拉伸曲线上不具备线弹性阶段的材料,如工业纯铜及灰口铸铁等,则以达到某一给定总变形量(如0.5%)的应力值作为该材料的屈服强度。

屈服强度是金属材料重要的力学性能指标,工程上它是选择塑性材料的基本依据。在传统的强度设计中规定:构件的许用应力 $[\sigma = \sigma_s/n]$,其中 n 为安全系数,$n \geqslant 1$。显然,选取高屈服强度的材料,可以减轻构件的重量,减小零件的尺寸和体积。

但是随着材料屈服强度的提高,屈服强度与抗拉强度的比值(屈强比)也在增大,极易引起脆性断裂。因此,既要使材料的强度得到充分发挥,又要避免脆性断裂,材料的屈服强度就存在一个最佳值。对于具体构件,其最佳的屈服强度原则上应视构件的形状及其所受的应力状态、应变速率等因素而决定。若机件截面形状变化较大、所受应力状态较硬、应变速率较高,则应选择屈服强度数值较低的材料,以防构件发生脆性断裂。

1.3.3 影响屈服强度的因素

金属材料一般是多晶体合金,往往具有多相组织,因此,讨论影响屈服强度的因素,必须把握住以下几点:①屈服变形是位错增殖和运动的结果,凡是影响位错增殖和运动的因素必然影响屈服强度;②实际金属材料中单个晶粒的力学行为并不能决定整个材料的力学行为,要考虑晶界、相邻晶粒的约束、材料的化学成分以及第二相的影响;③各种外界因素通过影响位错的运动而影响屈服强度。由塑性变形的特点可知,材料的屈服强度是一个对化学成分、组织结构极为敏感的力学性能指标。

1)影响屈服强度的内在因素

(1)金属本性及晶格类型。

既然屈服强度是位错在晶体中增殖和运动的结果,那么屈服强度就决定于位错在晶体中运动所受的阻力。对于纯金属单晶体,屈服强度从理论上来说是位错开始运动所需要的临界切应力,其大小主要包括晶格阻力、位错间的交互作用力等。

晶格阻力,即派纳力($\tau_{\text{P-N}}$),是在只有一个位错的理想晶体中位错运动时所需克服的阻力,即

$$\tau_{\text{P-N}} = \frac{2G}{1-\nu} e^{\frac{-2\pi a}{b(1-\nu)}} = \frac{2G}{1-\nu} e^{\frac{-2\pi\omega}{b}} \tag{1-23}$$

式中:G——切变弹性模量;

ν——泊松比;

a——滑移面面间距;

ω——位错宽度,$\omega = \dfrac{a}{1-\nu}$;

$\boldsymbol{b}$——柏氏矢量。

金属原子种类不同,其原子间的结合力不同,则其切变弹性模量不同。不同的金属及晶格

类型,其面间距和原子间距不同,所以位错运动的晶格阻力$\tau_{\text{P-N}}$也不相同。通过热处理等方式,可以在不改变金属成分的前提下改变金属的晶格结构,使金属的强度得以提高的方法称为相变强化。

由位错间的交互作用产生的位错运动阻力可以分为两种类型:一是相互平行的位错间产生的阻力;二是运动位错与林位错间交互作用产生的阻力。二者都与 Gb 成正比,而与位错间的距离 L 成反比,表达式为

$$\tau = \frac{aGb}{L} \tag{1-24}$$

由于位错的密度ρ 与 $\frac{1}{L^2}$ 成正比,所以上式又可以写成

$$\tau = aGb\rho^{\frac{1}{2}} \tag{1-25}$$

在平行位错的情况下,ρ 为主滑移面中位错的密度;在林位错的情况下,ρ 为林位错的密度;a 为常数,其大小与金属的晶体结构、位错结构及其分布有关。

可见,位错密度增大,位错运动阻力增加,屈服强度提高。

(2)晶粒大小和亚结构。

晶粒大小对屈服强度的影响是晶界影响的反映。由于晶界两侧晶粒取向不同,因而某晶粒中的滑移不能直接进入另一个晶粒,所以晶界是位错运动的障碍。屈服现象是塑性变形的开始,其实质是位错在软位相的晶粒中开始滑移、增殖,但位错会在晶界处塞积引起应力集中,从而激发相邻晶粒中的位错源开动,使滑移传播到相邻晶粒中。所以,减小晶粒尺寸将增加晶粒内部位错塞积的数量,减小晶粒内位错塞积群的长度,增大塞积处的应力,结果使屈服强度提高。这种通过细化晶粒尺寸提高材料强度的方法称为细晶强化。

许多金属或合金的屈服强度与晶粒大小之间的关系符合 Hall-Petch 公式,即

$$\sigma_s = \sigma_i + k_y d^{\frac{1}{2}} \tag{1-26}$$

式中:σ_i——位错在基体金属中运动的总阻力(包括$\tau_{\text{P-N}}$),又称为摩擦阻力,取决于晶体结构和位错密度;

k_y——度量晶界对强化贡献大小的钉扎常数,表示滑移带端部的应力集中系数;

d——晶粒的平均直径。

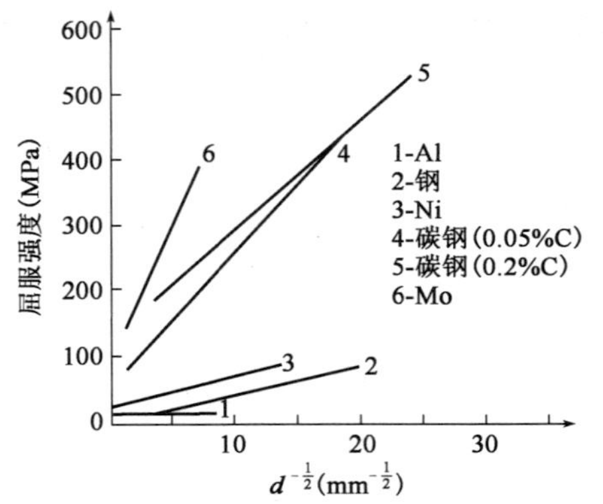

图 1-13　部分金属晶粒尺寸与其屈服强度关系曲线

对于以铁素体为基体的钢,其晶粒尺寸通常分布在 0.3 ~ 400μm 都符合这一关系。奥氏体钢也适用这一关系,体心立方(bcc)结构的金属比面心立方(fcc)和密排六方(hcp)结构的金属 k_y 值高,因此 bcc 结构的金属的细晶强化效果好。图 1-13 所示为部分金属的晶粒尺寸与其屈服强度的关系曲线。

亚晶界对屈服强度的影响与晶界类似,同样会阻碍位错的运动。Hall-Petch 公式完全适用于亚晶粒,但其 k_y 值不同。有亚晶的多晶材料与无亚晶的同一材料相比,其 k_y 值低 1/2 ~ 4/5,且 d 为亚晶粒

的直径。另外,在亚晶界上产生屈服变形所需要的应力对亚晶间的取向差不十分敏感。

(3)溶质元素。

在纯金属中加入溶质原子形成固溶体,其屈服强度会明显提高,这种提高强度的方法称为固溶强化。因为溶质原子溶入溶剂原子组成的晶格中,由于溶质原子和溶剂原子的直径不同,在溶质原子的周围引起溶剂原子组成的基体晶格的畸变,产生应力场,使系统能量增高。该应力场与金属中位错引起的应力场相互作用,形成气团,对位错具有钉扎作用,从而使屈服强度提高。

固溶强化的效果与溶质原子溶入基体金属引起的晶格畸变的大小有关,即固溶强化的效果是溶质原子与位错交互作用能的函数,同时也与溶质的浓度有关。图 1-14 为铁素体中不同溶质元素含量与屈服强度的关系。

空位对屈服强度的影响与溶质原子类似。

(4)第二相。

工程中应用的金属材料多为多相组织,第二相对金属的屈服强度也具有明显的影响。第二相质点对屈服强度的影响与其在屈服过程中是否变形有关。

对于不可以变形的第二相质点,根据位错理论,位错在运动过程中只能绕过第二相质点,如图 1-15 所示。由于第二相质点对位错的排斥作用,位错运动过程中必须克服位错弯曲所产生的线张力,使位错运动阻力增加。当位错绕过第二相质点后,在第二相质点周围留下位错环,位错环对后续位错产生斥力,提高位错的运动阻力。

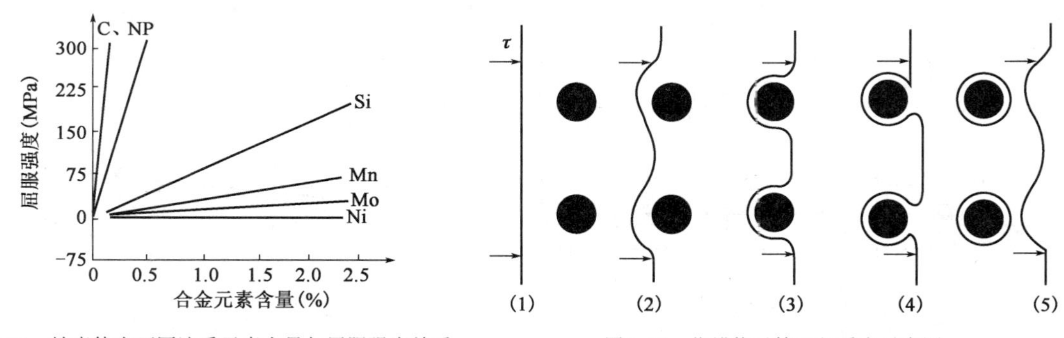

图 1-14　铁素体中不同溶质元素含量与屈服强度关系

图 1-15　位错绕过第二相质点示意图

对于可以变形的第二相质点,位错可以切过第二相质点(图 1-16),使之与基体一同变形。由于第二相质点的晶格结构与基体不同,质点与基体间存在着晶格错排,同时,位错切过第二相质点产生新的界面,需要额外做功,所以使屈服强度提高。

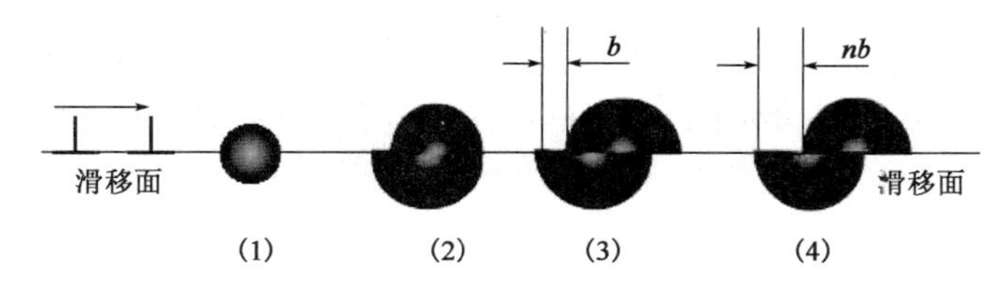

图 1-16　位错切过第二相质点示意图

金属中的第二相质点有的可以用粉末冶金等方法获得,称为弥散强化;有的可以用固溶处理加时效等方法获得,称为沉淀强化或析出强化。

第二相的强化效果与其数量、大小、形状等因素有关。在第二相质点体积分数一定的前提下，质点尺寸越小、距离越小，位错可以运动的自由行程越短，强化效果越高。当第二相质点大小一定时，体积分数越高，位错可以运动的自由行程越短，强化效果越高。在其他条件一定的前提下，长形的第二相比球形的第二相与位错交割的概率高，对位错的阻碍作用大，强化效果好。

综上所述，屈服强度是一个对成分、组织极为敏感的力学性能指标，受许多内在因素的影响，改变合金成分或改变热处理工艺都可以使屈服强度产生明显变化。

2）影响屈服强度的外在因素

影响屈服强度的外部因素有温度，应变速率以及应力状态等。

一般来说，降低温度，材料的屈服强度会提高。对于金属来讲，其晶格类型不同，屈服强度的变化趋势不同，如图 1-17 所示。

由图 1-17 可以看出，bcc 结构的金属（如 Fe）随温度的下降，其屈服强度急剧增高；而 fcc 结构的金属（如 Ni），屈服强度随温度的下降变化不明显；hcp 结构的金属温度效应与 bcc 结构的金属类似。这主要是由于温度降低，原子的运动能力下降；加之在纯金属单晶体中，位错的运动阻力主要取决于位错的晶格阻力（τ_{P-N}）的大小，bcc 结构的金属的τ_{P-N}比 fcc 结构的金属高，在屈服强度中所占比例高，而且τ_{P-N}属于短程力，对温度变化敏感。所以 bcc 结构的金属随温度下降屈服强度提高主要是由于τ_{P-N}提高引起的。

应变速率对低碳钢屈服强度的影响如图 1-18 所示。可以看出，应变速率增大，材料的屈服强度提高；而且，屈服强度随应变速率的变化比抗拉强度更明显。这种屈服强度随应变速率提高而提高的现象称为应变速率硬化。

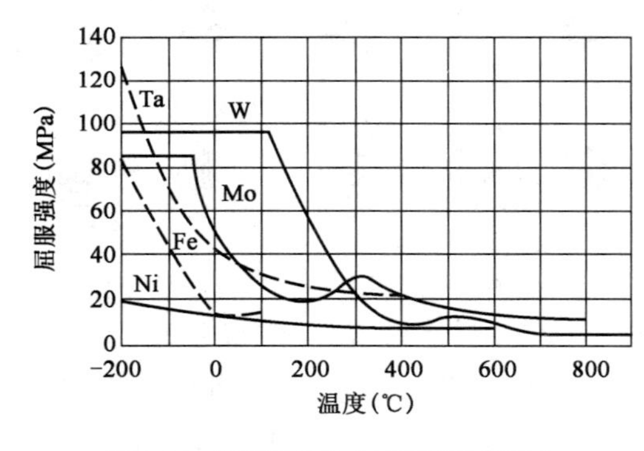

图 1-17　温度对几种金属屈服强度影响

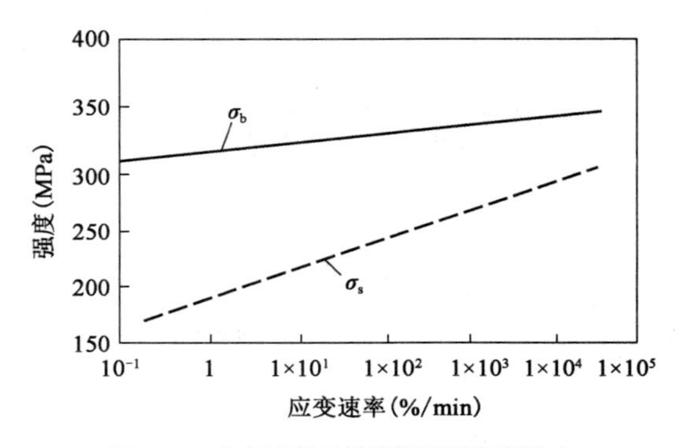

图 1-18　应变速率对低碳钢屈服强度影响

应力状态也会影响屈服强度，切应力分量越大，越有利于塑性变形，屈服强度越低，所以扭转比拉伸的屈服强度低，拉伸比弯曲的屈服强度低，三向不等拉伸下的屈服强度最高。要注意的是，不同应力状态下屈服强度不同，并非材料性质变化，而是材料在不同条件下表现的力学行为不同。

1.3.4　屈服判据

实际机件一般要求在弹性状态下工作，不允许发生塑性变形，因此屈服是一种失效现象。为了防止这种失效，建立不同应力状态下机件开始屈服的力学临界条件就具有很大的理论意义和实际意义。

如果机件受单向静拉伸作用，当最大正应力达到拉伸试验所测得材料的屈服点时就发生屈服。此时，屈服判据为

$$\sigma = \sigma_s \tag{1-27}$$

如果机件受多向应力的作用，当最大正应力达到拉伸屈服点，并不一定会产生屈服，因为其他应力分量也会对屈服产生影响。在多向应力状态下，屈服条件被广泛接受的有两种理论：一是 Tresca 最大切应力理论；二是 Mises 畸变能理论。

最大切应力理论认为，在复杂应力状态下，当最大切应力达到或超过材料的拉伸屈服强度时产生屈服，即

$$\sigma_1 - \sigma_3 \geqslant \sigma_s \tag{1-28}$$

式中：σ_1、σ_3——主应力，且 $\sigma_1 > \sigma_2 > \sigma_3$。

畸变能理论认为，在复杂应力状态下，当畸变能等于或超过材料在单向拉伸屈服时的比畸变能，将产生屈服。其数学表达式为

$$(\sigma_1 - \sigma_2)^2 + (\sigma_2 - \sigma_3)^2 + (\sigma_3 - \sigma_1)^2 \geqslant 2\sigma_s^2 \tag{1-29}$$

式中：σ_1、σ_2、σ_3——主应力，且 $\sigma_1 > \sigma_2 > \sigma_3$。

这两种屈服判据都是在一定的假设条件下导出来的，因此都有误差。Mises 判据与试验结果比较一致，但 Tresca 判据更简单实用，后面章节在分析缺口处塑性变形和计算裂纹尖端塑性区大小时都要用到屈服判据。

1.3.5　形变强化

材料屈服以后，继续变形将产生形变强化，又称为加工硬化。金属材料在整个变形过程中，当应力超过屈服强度后，塑性变形并不会连续流变下去，而是需要不断增加外力才能继续进行，说明金属材料具有明显的形变强化能力。

材料的形变强化行为，不能用条件的应力应变曲线来描述，因为条件应力 $\sigma = \dfrac{P}{A_0}$ 与条件应变 $\varepsilon = \dfrac{\Delta l}{l_0}$ 中，应力和应变的变化是以不变的原始尺寸来计量。但实际上在变形过程的每一瞬时，试样的截面面积和长度都在变化，这样，自然不能真实反映变形过程中的应力和应变的变化，而必须采用真应力-应变（S-e）曲线。

在 S-e 曲线上，从试样屈服到发生颈缩这一段均匀塑性变形范围内，真应力 S 和真应变 e 可以用 Hollomon 关系式描述，即

$$S = Ke^n \tag{1-30}$$

式中：n——形变强化指数；

K——强度系数。

对式（1-30）取对数，有

$$\ln S = \ln K + n\ln e \tag{1-31}$$

工程应力-应变曲线和真应力-应变曲线的比较如图1-19所示。

在双对数的坐标中真应力和真应变呈线性关系,直线的斜率即为 n,而 K 相当于 $e=1.0$ 时的真应力,如图1-20所示。理想的弹性体和理想的塑性体限定了一般材料加工硬化指数 n 的变化的范围,如用 $S=Ken$ 方程描述,$n=1$ 理想弹性体为一条45°斜线,$n=0$ 理想塑性体为一条水平线,$n=1/2$ 的理想塑性体为一抛物线。

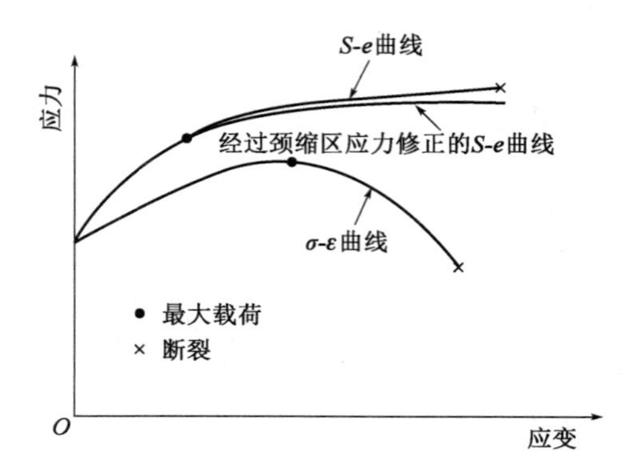

图1-19 工程应力-应变曲线和真应力-应变曲线的比较

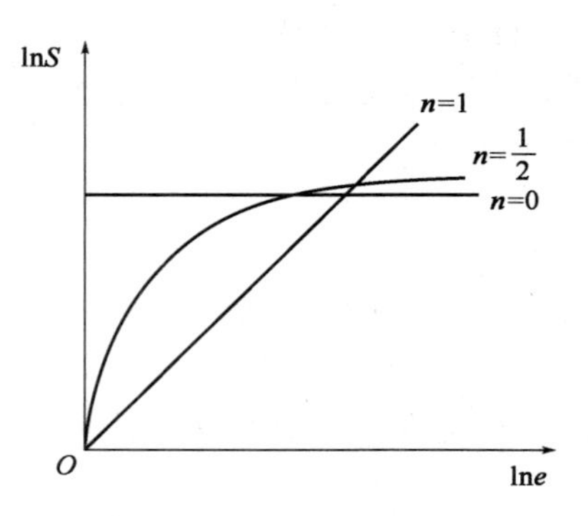

图1-20 双对数坐标上的Hollomon关系式

多数金属的 n 值在0.1~0.5之间,见表1-4。

室温下各种金属材料 n 值和 K 值 表1-4

金属材料	条件	n	K(MPa)
0.05% C碳钢	退火	0.26	530.9
40CrNiMo	退火	0.15	641.2
0.6% C碳钢	淬火+540°回火	0.10	1572
0.6% C碳钢	淬火+704°回火	0.19	1227.3
铜	退火	0.54	317.2
70/30黄铜	退火	0.49	896.3

形变强化指数 n 反映了材料开始屈服以后继续变形时材料的应变硬化情况,它决定了材料开始发生颈缩时的最大应力 σ_b(或 S_b)。另外从颈缩判据中可以知道,出现颈缩时 $n=e_b$。也就是说,n 值决定了材料能够产生的最大均匀应变量,这一数值在冷加工成型工艺(如拉拔、挤压等)中是很重要的。

金属的形变强化能力对冷加工成型工艺也是很重要的,不难理解,若金属没有形变强化能力,像理想塑性体($n=0$)那样(图1-20),任何冷加工成型的工艺都是无法进行的。对于深冲的薄板,工程上广泛采用低碳钢,就是因为低碳钢有较高的形变强化指数 n,$n\approx0.2$。在减轻汽车的质量时,人们也曾考虑过使用铝合金,但铝合金的形变强化能力不如低碳钢(或低合金高强度钢),成型困难,这是汽车车身未能应用铝合金的原因之一。

对于工作中的零件,也要求材料有一定的形变强化能力,否则,在偶然过载的情况下,会产生过量的塑性变形,甚至有局部的不均匀变形或断裂。因此材料的形变强化能力是零件安全使用的可靠保证。

形变强化是提高材料强度的重要手段。例如,不锈钢的屈服强度不高,但如用冷变形加工可以成倍地提高其屈服强度;高碳钢丝经过铅浴等温处理后拉拔,其屈服强度可以达到2000MPa以上。但是,传统的形变强化方法只能使强度提高的同时损失了很多塑性。现在研制的一些新材料中,注意到当改变了显微组织和组织的分布时,变形中既能提高强度又能提高塑性。例如,汽车工业中出现的复相钢,其组织为铁素体+15%马氏体,其屈服强度低于高强度低合金钢。但复相钢经过3%~4%的变形后,由于强烈的形变硬化,很快就赶上高强度低合金钢的流变应力,使两种钢的σ_b相同,且断裂时的总延伸率大约是后者的2倍。由于复相钢低的屈服强度,没有不连续屈服以及很大的均匀变形量,使其很适宜用作深冲的薄板。

关于形变强化指数n的物理意义以及影响因素,现在还不十分清楚,有人认为它取决于材料层错能的大小,材料的层错能越低,交滑移越困难,反映出形变强化指数n的数值就越大,表1-5给出了典型材料的层错能和形变强化指数n值大小的关系。从原理上讲这种理论是正确的,因为凡是层错能低的材料,如不锈钢、高锰钢、α-黄铜都有较大的n值。但是反过来说,层错能高的或较高的材料却未必n值就一定低,例如比较纯铜和70/30黄铜,前者的层错能比后者高很多,但n并不低于黄铜甚至略高,见表1-5。同样纯铁或低碳钢的层错能(迄今未能测出)高于纯铝,但加工硬化指数仍比纯铝高,可见,这还是需要探讨的问题。

几种典型材料的层错能和形变强化指数　　表1-5

金属材料	层错能(mJ/m³)	n
不锈钢	<10	0.45
铜	约90	约0.54
铝	约250	约0.15
黄铜(30% Zn)	约15	约0.5

要注意加工硬化速率dS/de和形变强化指数n并非等同。按照定义,$n=\frac{d(\ln S)}{d(\ln e)}=\frac{e}{S}\frac{dS}{de}$,即$\frac{dS}{de}=n\frac{S}{e}$,也就是说,在相同变形量$e$的情况下,形变强化指数$n$大的,加工硬化率也高。图1-21给出了几种典型金属的真应力-应变曲线。

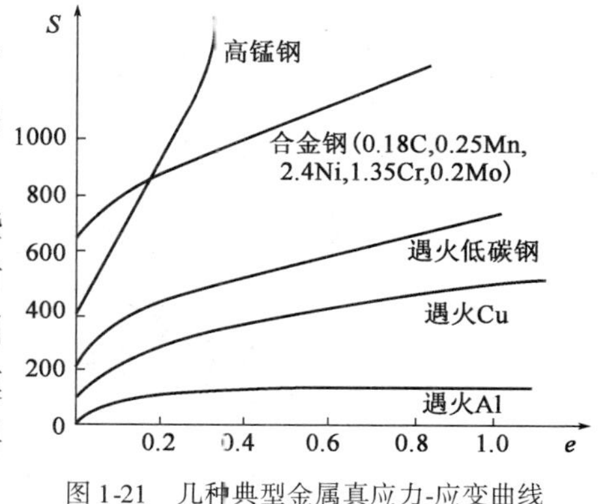

图1-21　几种典型金属真应力-应变曲线

需要指出的是,对有些金属材料,如双相钢、一些铝合金和不锈钢,用方程$S=Ke^n$不能正确描述这些材料的真应力-应变关系,在$\ln S$-$\ln e$图中会得出两段不同斜率的直线,这种情况称为双n行为,使得n的意义模糊和复杂化了,此时要寻求其他的方程式来表征材料的真应力-应变关系。

1.3.6　颈缩现象和抗拉强度

1)颈缩现象

颈缩是韧性金属材料在拉伸试验时变形集中于局部区域的特殊现象,是材料形变强化和试样截面减小共同作用的结果。应力-应变曲线上的应力达到最大值时开始颈缩。颈缩前,试样的变形在整个试样长度上是均匀分布的,因为形变强化使承载能力增加能够补偿因截面减小使承载能力下降。颈缩开始后,由于形变强化跟不上塑性变形的发展,变形集中于局部区域,从而产生颈缩。颈缩产生的条件为拉伸曲线上的最大载荷处 $\mathrm{d}P=0$,即

$$\mathrm{d}P = A\mathrm{d}S + S\mathrm{d}A = 0 \tag{1-32}$$

在塑性变形过程中,因形变强化 $\mathrm{d}S>0$,$A\mathrm{d}S$ 为正值,表示形变强化使承载力增加;$\mathrm{d}A$ 因截面面积减小而恒小于 0,$S\mathrm{d}A$ 为负值,表示截面收缩使承载力下降。

根据塑性变形过程中试样体积不变条件,即 $\mathrm{d}V=0$

故
$$-\frac{\mathrm{d}A}{A} = \frac{\mathrm{d}l}{l} = \mathrm{d}e \tag{1-33}$$

联立解式(1-32)和式(1-33),得

$$\frac{\mathrm{d}S}{\mathrm{d}e} = S \tag{1-34}$$

这就是颈缩出现的条件(图 1-22)。

由形变强化指数 n 的定义得出

$$\frac{\mathrm{d}S}{\mathrm{d}e} = n\frac{S}{e} \tag{1-35}$$

代入颈缩条件,得

$$n = e_{\mathrm{b}} \tag{1-36}$$

这表明,当金属材料的形变强化指数等于最大真实均匀塑性变形量时,颈缩便会产生。

颈缩一旦产生,拉伸试样原来所受的单向应力状态就被破坏,而在颈缩区出现三向应力状态,如图 1-23 所示,这是由于颈缩区中心部分拉伸变形的横向收缩受到约束所致。在三向应力状态下,材料的塑性变形比较困难。

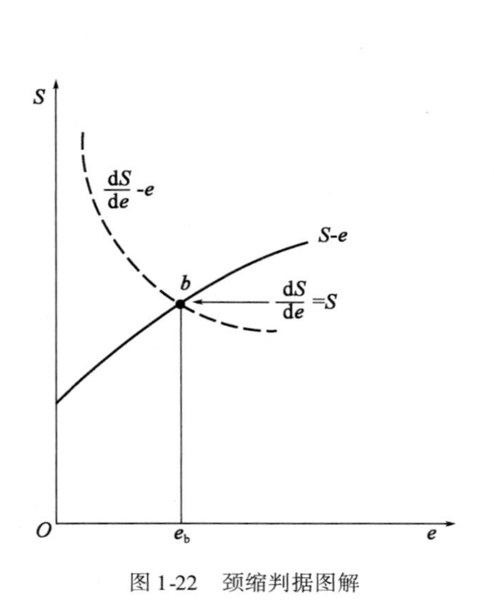

图 1-22 颈缩判据图解

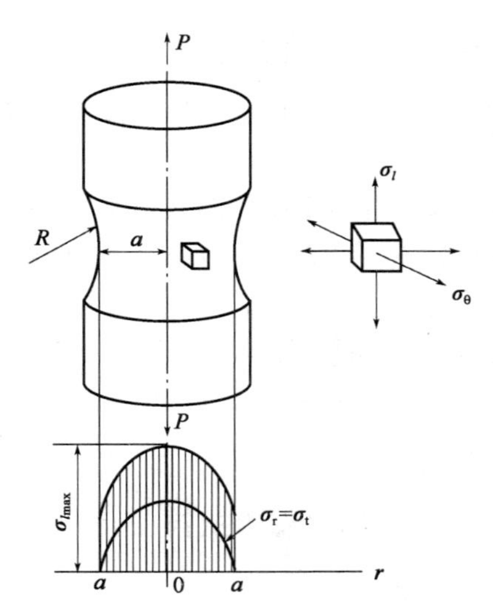

图 1-23 颈缩部三向应力

为了继续发展塑性变形,就必须提高轴向应力,因而颈缩处的轴向真应力高于单向受力时的轴向真应力,并且随着颈部进一步变细,轴向真应力还要不断增加。为了扣除颈部多向应力对轴向应力的影响,求得仍然是均匀状态下的轴向真应力,必须对颈部应力进行修正。为此,可利用 Bridgmen 关系式进行计算

$$s' = \frac{S}{\left(1 + \frac{2R}{a}\right)\ln\left(1 + \frac{a}{2R}\right)} \tag{1-37}$$

式中:S——颈部轴向真应力;

s'——修正后的真应力;

R——颈部轮廓线曲率半径;

a——颈部最小截面半径。

2)抗拉强度

抗拉强度等于拉伸曲线中最大拉伸载荷除以试样的原始截面面积,即

$$\sigma_b = \frac{P_b}{A_0} \tag{1-38}$$

式中:P_b——拉伸试样断裂前所承受的最大载荷;

A_0——试样原始截面面积。

在图 1-12 拉伸曲线中,由于 B 点前为均匀塑性变形阶段,故抗拉强度 σ_b 用来表征材料对最大均匀塑性变形的抗力。

抗拉强度的工程意义有如下几点:

(1)抗拉强度(σ_b)代表在静拉伸条件下实际工件的最大承载能力,且易测定、重现性好,因此广泛用作产品规格说明或质量控制指标,在工程上是材料的重要力学性能指标之一。

(2)对变形要求不高的机件,为了减轻自重,可以用 σ_b 作为设计的依据。

(3)σ_b 与布氏硬度 HB、疲劳强度 σ_{-1} 等之间有一定经验关系,如 $\sigma_b \approx \frac{1}{3}\text{HB}$,对淬火回火钢 $\sigma_{-1} \approx \frac{1}{2}\sigma_b$。

(4)对脆性材料而言,σ_b 就是材料的断裂抗力;对于塑性金属材料来说,真实断裂强度 $S_k\left(S_k = \frac{P_K}{A_k}\right)$ 是该类材料对断裂的抗力指标,而 σ_b 代表最大均匀塑性变形的抗力。但是由于修正的 S_k 值误差较大,往往并不那么方便有效,应用远不如 σ_b 普遍。

1.3.7　塑性

1)塑性与塑性指标

塑性是指金属材料断裂前发生塑性变形(又称为不可逆永久变形)的能力,由金属材料颈缩前产生的均匀塑性变形和颈缩后产生的集中塑性变形两部分构成。拉伸时,塑性以试样断裂后的伸长率(延伸率)和断面收缩率来表示。

(1)伸长率是试样拉断后标距的伸长量与原始标距的百分比,用δ表示,即:

$$\delta = \frac{\Delta l}{l_0} = \frac{l_k - l_0}{l_0} \times 100\% \tag{1-39}$$

式中:l_0——试样原始标距长度;

l_k——试样断裂后的标距长度。

试样拉断后,伸长量Δl为颈缩前的均匀伸长量Δl_b与集中伸长量Δl_u之和,即$\Delta l = \Delta l_b + \Delta l_u$。

根据试验结果,$\Delta l_b = \beta l_0$,$\Delta l_u = \gamma\sqrt{A_0}$。$\beta$和$\gamma$是常数,对于同一金属制成的几何形状相似的试样恒为定值,因此

$$\Delta l = \beta l_0 + \gamma\sqrt{A_0} \tag{1-40}$$

$$\delta = \beta + \frac{\sqrt{A_0}}{l_0} \tag{1-41}$$

可见,为了使不同尺寸同一金属材料的试样得到相同的δ值,要求$\frac{\sqrt{A_0}}{l_0}$为一常数。通常取$\frac{l_0}{\sqrt{A_0}} = 5.56$或11.3,对于圆柱形试样,相应的试样尺寸$l_0$分别为$5d_0$、$10d_0$。这种拉伸试样称为比例试样,并分别称为5倍、10倍试样,得到的伸长率分别以δ_5、δ_{10}表示。由于大多数金属材料的集中塑性变形量大于均匀塑性变形量,因此,比例试样的尺寸越短,伸长率越大,反映在δ_5和δ_{10}的关系上是$\delta_5 > \delta_{10}$。

(2)断面收缩率是试样拉伸断裂后,颈缩处横截面面积的最大缩减量与原始横截面面积的百分比,用φ表示,即:

$$\varphi = \frac{A_0 - A_k}{A_0} \tag{1-42}$$

式中:A_0——试样原始截面面积;

A_k——试样断裂后的最小截面面积。

δ与φ实际上都是描述金属材料总塑性的力学性能指标,其值应包括均匀变形与集中变形两部分。对于在单一拉伸条件下工作的长形件,无论其是否产生颈缩都用δ评定材料的塑性,因为颈缩时的局部塑性变形量对总伸长量没有什么影响。如果金属机件是非长形件,在拉伸时形成颈缩,则用φ作为塑性指标,因为φ反映了材料断裂前的最大塑性变形量。φ是在复杂应力状态下形成的,冶金因素的变化对φ的影响更为突出,所以φ比δ对组织变化更为敏感。

2)塑性的意义与影响因素

因为塑性与材料服役行为之间并无直接联系,因此塑性指标通常并不直接用于机件的设计,但是对于静载工作的机件,都要求材料具有一定塑性,以防止机件偶然过载时产生突然破坏。这是因为塑性变形有缓和应力集中、削减应力峰的作用。对于有裂纹的机件,塑性可以松

弛裂纹尖端的局部应力,有利于阻止裂纹扩展。从这个意义上说,塑性指标是安全力学性能指标。另外,塑性对金属成形加工很重要,金属有了塑性才能通过轧制挤压等冷热变形工序生产出合格的产品来;为使机器装配、修复工序顺利完成也需要材料有一定的塑性;塑性还能反映冶金质量的优劣,故可用以评定材料质量。

细化晶粒在提高强度的同时,可以使材料的塑性提高。由于晶粒尺寸减小,晶界面积增加,分布于晶界附近的杂质浓度降低,晶界不易开裂。同时,一定体积金属内部的晶粒数目越多,塑性变形可以被分配到更多的晶粒中去,所以塑性提高。

对固溶体而言,溶质元素降低其塑性,间隙型溶质原子降低塑性的作用比置换型大。

材料的塑性还受其内部第二相体积比及形状的影响。一般来说,第二相体积比增加,材料的塑性降低;具有球状第二相的材料,其塑性优于片状的。

在工程中,为了充分发挥材料的潜力,通常会采用各种方法(如冷挤压、热处理)尽量地提高材料的屈服强度,使材料的屈强比 σ_s/σ_b(或 $\sigma_{0.2}/\sigma_b$)提高,塑性降低。

1.3.8　静力韧度

韧性是指材料在断裂前吸收塑性变形功和断裂功的能力,或指材料抵抗裂纹扩展的能力。韧度则是度量材料韧性的力学性能指标,其中又分静力韧度、冲击韧度以及断裂韧度。习惯上,韧性与韧度这两个名词常常混用。

金属材料在静拉伸时单位体积材料断裂前所吸收的功定义为静力韧度,它的度量可以理解为应力-应变曲线下包围的面积(图1-24),也就是

$$U_T = \int_0^{\varepsilon} \sigma \mathrm{d}\varepsilon \tag{1-43}$$

静力韧度简化计算示意如图1-25所示。

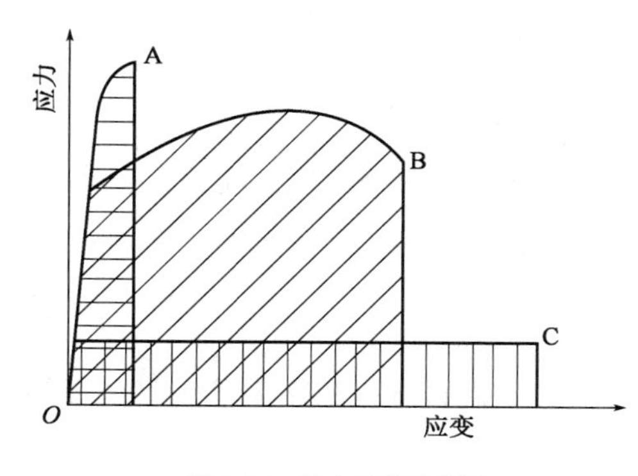

图1-24　静力韧度示意图

A-高强度,低塑性材料;B-中等强度,中等塑性材料;C-高塑性,低强度材料

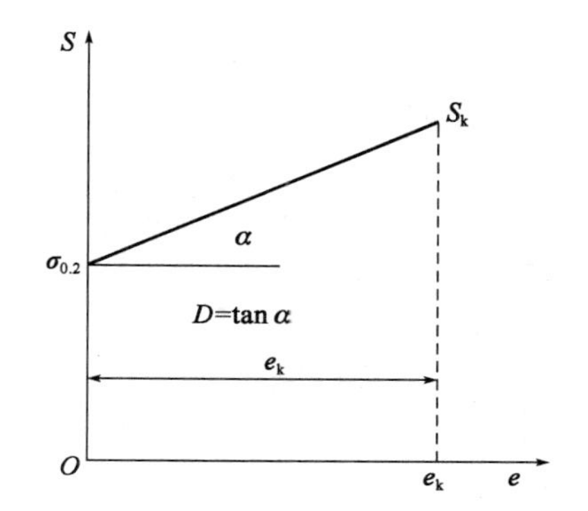

图1-25　静力韧度简化计算示意图

将曲线的弹性变形部分省略,形变强化从 $\sigma_{0.2}$ 开始至 S_k 断裂,对应的真应变为 e_k,则

$$U_T = \frac{S_k + \sigma_{0.2}}{2} e_k \tag{1-44}$$

因

$$e_{k} = \frac{S_{k} - \sigma_{0.2}}{D} \tag{1-45}$$

式中：D——形变强化模量。

有

$$U_{T} = \frac{S_{k}^{2} - \sigma_{0.2}^{2}}{2D} \tag{1-46}$$

工程上为了计算方便，可以采用下述公式近似计算

$$U_{T} \approx \sigma_{b}\delta \tag{1-47}$$

$$U_{T} \approx \frac{1}{2}(\sigma_{s} + \sigma_{b})\delta \tag{1-48}$$

可以看出，静力韧度是一个强度与塑性的综合力学性能指标。单一提高强度或塑性并不能提高其数值，只有一定的强度和塑性相配合，才能具有最高的静力韧度。最佳的静力韧度值既充分发挥了材料的强度潜力，又具有适当的安全储备。静力韧度对某些零件（如起重吊钩、链条等）是必须考虑的重要指标。

1.4　金属材料的断裂

磨损、腐蚀和断裂是机件失效的三种主要形式，其中以断裂的危害最大。材料在应力作用下（有时还兼有环境介质的作用）完全破断为两个或几个部分，称为断裂。研究金属材料断裂的宏观特征、微观特征、断裂机理、断裂的力学条件及其影响因素，对于安全设计、选材，控制断裂是非常必要的。

1.4.1　断裂类型

实践证明，金属材料的断裂过程都包括裂纹形成和扩展两个阶段。断裂类型不同，这两个阶段的机理与特征也不相同。断裂的分类方法不同，因而断裂的类型有很多种，以下介绍三种最常见的断裂分类方法。

1）韧性断裂与脆性断裂

根据断裂前有无产生明显的宏观塑性变形，可以将金属材料的断裂分为韧性断裂和脆性断裂两种。

韧性断裂是材料断裂前产生明显宏观塑性变形的断裂，常见于金属材料。这种断裂有一个缓慢的撕裂过程，在裂纹扩展过程中不断地消耗能量。韧性断裂的断裂面一般平行于最大切应力并与主应力成45°角，用肉眼或放大镜观察时，断口呈纤维状、灰暗色。

中、低强度钢的光滑圆柱试样在室温下的静拉伸断裂是典型的韧性断裂，其宏观断口呈杯锥状，由纤维区、放射区（结晶区）和剪切唇三个区域组成，称为断口特征三要素，如图1-26所示。这种断口的形成过程如图1-27所示。

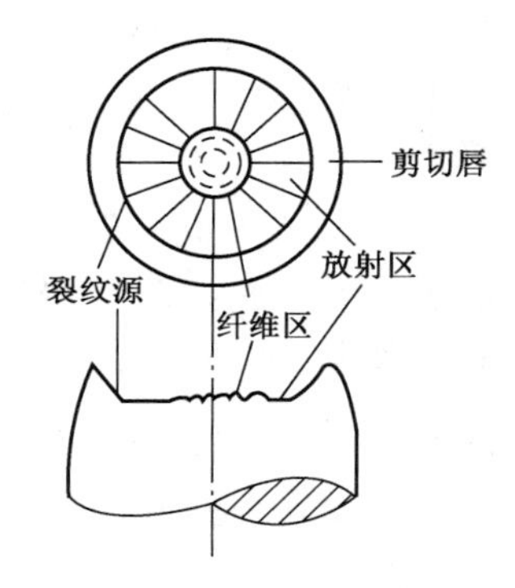

图 1-26　拉伸宏观断口示意图

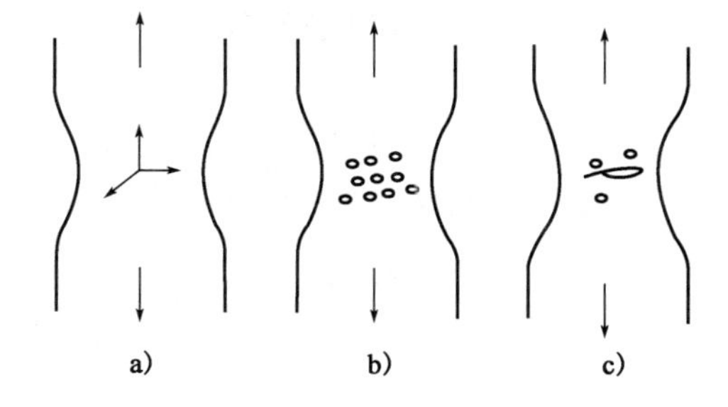

图 1-27　杯锥状断口形成过程示意图

当光滑圆柱形试样在拉伸载荷作用下出现颈缩后，就产生了三向拉应力，最大轴向拉应力位于试样中心。在此三向拉应力作用下，由于塑性变形难于进行，致使试样中的夹杂物或第二相质点本身碎裂或使夹杂物质点与基体界面脱离而形成微孔，继而长大和聚合，形成显微裂纹。早期形成的显微裂纹，其顶端部产生较大塑性变形，且塑性变形集中于极窄的变形带内。这些剪切变形带从宏观上看大致与径向成 50°～60°角，新的微孔就在变形带内成核、长大和聚合。当剪切带与裂纹贯穿后，裂纹尖端又要形成新的剪切带。在中心最大轴向应力的影响下，新剪切带又重新折回原横断面上，这样重复进行就形成锯齿形的纤维区。

纤维区裂纹扩展时伴有较大塑性变形，裂纹扩展缓慢，当裂纹长度达到临界尺寸后就快速扩展而形成放射区。放射区是裂纹快速低能撕裂形成的，有放射线花样特征，放射线平行于裂纹扩展方向，并逆指向裂纹源。撕裂时塑性变形量越大，则放射线越粗；对于几乎不产生塑性变形的极脆材料，放射线消失。随着温度的降低或强度的增加，材料的塑性降低，放射线由粗变细乃至消失。

当裂纹接近试样边缘时，由于应力状态的改变（平面应力状态），试样沿着与拉伸轴成 40°～50°方向剪切断裂，表面光滑发深灰色，称为剪切唇区。

上述断口三区域的形态、大小和相对位置，会因试样形状、尺寸和材料的性能，以及试验温度、加载速率以及受力状态不同而变化。一般来说，材料强度提高，塑性降低，放射区比例增大；试样尺寸加大，放射区增大明显，而纤维区变化不大；试样表面存在缺口，不仅改变各区所占的比例，而且裂纹的形成位置将在表面处。对板状试样，放射区呈“人”字形花样，且“人”字的尖端指向裂纹源，如图 1-28 所示。

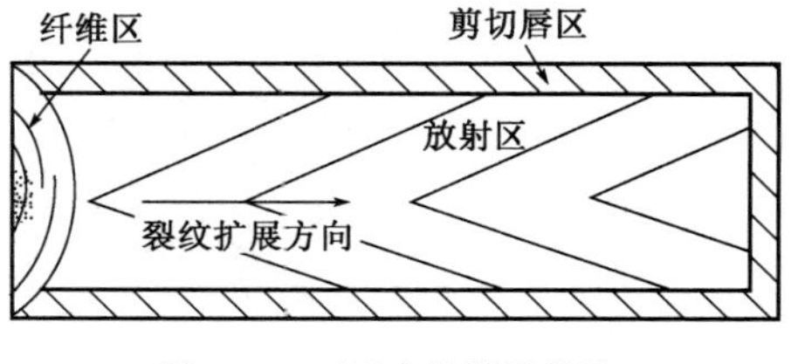

图 1-28　“人”字花样示意图

韧性断裂过程中会产生明显的塑性变形，容易被人们发现，因而危害性不大，在生产实践中也较少出现，因为许多机件在材料产生较大塑性变形后就已经失效了。研究韧性断裂对于正确制订金属压力加工工艺（如挤压、拉伸）规范还是重要的，因为在这些加工工艺中材料要产生较大的塑性变形，并且不允许产生断裂。

脆性断裂是突然发生的断裂，断裂前基本上不发生塑性变形，没有明显征兆，因而危害性极大。脆性断裂的断裂面一般与正应力垂直，断口平齐而光亮，常呈放射状或结晶状。

通常，脆性断裂前也产生微量塑性变形。一般规定光滑拉伸试样的断面收缩率小于 5%

为脆性断裂,该材料即为脆性材料;反之,大于5%者为韧性断裂。由此可见材料的韧性与脆性是根据特定条件下的塑性变形量来规定的。但是,随着条件的改变,材料的韧性与脆性行为也将随之发生变化,我们将在后面的章节中进行讨论。

2)正断与切断

力学上常根据作用力的性质将材料的断裂分为正断和切断。断裂面垂直于最大正应力或最大正应变发生的断裂称为正断,而沿着最大切应力发生的称为切断,如图1-29所示。

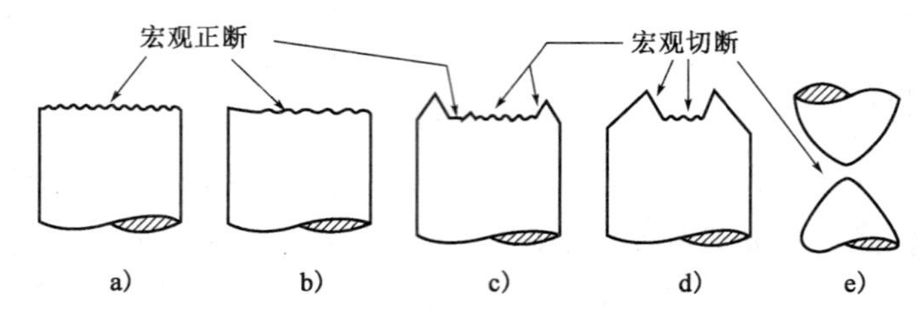

图1-29　正断与切断示意图

就宏观而言,要注意韧性断裂、脆性断裂与正断、切断是从不同的角度来讨论断裂的,其间并没有什么必然联系。正断不一定是脆断,但切断是韧断,反过来韧断就不一定是切断了,所以切断和韧断也并非完全等同。

3)沿晶断裂与穿晶断裂

韧性断裂和脆性断裂是根据产生宏观塑性变形量的大小来分类的,很显然,这种宏观上的区分并不能提供更多的断裂细节。随着电子显微镜的使用和深入观察,人们开始在断口微观形貌的基础上探讨断裂的物理实质,即断裂机制,并将断裂分为:①沿晶断裂;②微孔聚集;③解理断裂;④准解理;⑤疲劳断裂。其中②③④和⑤都属于穿晶断裂。

(1)沿晶断裂。

根据断裂过程中,裂纹的扩展路径不同,可以将断裂分为沿晶断裂和穿晶断裂。穿晶断裂的裂纹穿过晶体内部,沿晶断裂的裂纹沿晶界扩展,如图1-30所示。

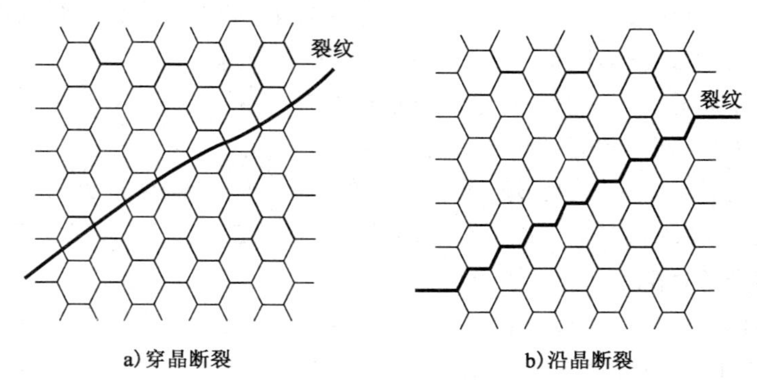

图1-30　穿晶断裂和沿晶断裂示意图

对于金属多晶体,一般认为晶界是强化因素,在变形中晶界起协调相邻晶粒变形和阻碍位错运动的作用。根据断裂能量消耗最小原理,裂纹的扩展路径总是沿着原子键合力最薄弱的表面进行,因而只有晶界被弱化时才发生沿晶断裂,通常有下列几种情况:

①晶界上有连续的脆性第二相析出,严重损伤了晶界变形能力,如过共析钢的网状二次渗

碳体析出即属此类。

②某些有害元素(如S、P、As、Sn、Sb等)在晶界上偏聚或脱溶,降低了晶界表面能。

③材料在腐蚀性环境中,与介质互相作用导致晶界脆化。

沿晶断裂的宏观断口特征是在断口表面有许多亮面,每个亮面都是一个晶粒的界面。如果进行高倍观察,就会清晰地看到每个晶粒的多面体形貌,类似于冰糖块的堆积,故称为冰糖块状断口,如图1-31所示。

(2)微孔聚集型断裂。

微孔聚集型断裂是通过微孔形核、长大聚合而导致材料分离的一种断裂类型。由于实际材料中常同时形成许多微孔,通过微孔长大互相连接而最终导致断裂,故常用金属材料一般均产生这类性质的断裂,如低碳钢室温下的拉伸断裂。在扫描电子显微镜下,微孔聚集型断裂的形貌特征是一个个的凹坑,称为韧窝花样,如图1-32所示。韧窝内大多包含着一个夹杂物或第二相,表明微孔是通过第二相(或夹杂物)本身破碎,或第二相(或夹杂物)与基体的界面脱离而萌生的。

图1-31　沿晶断裂断口形貌

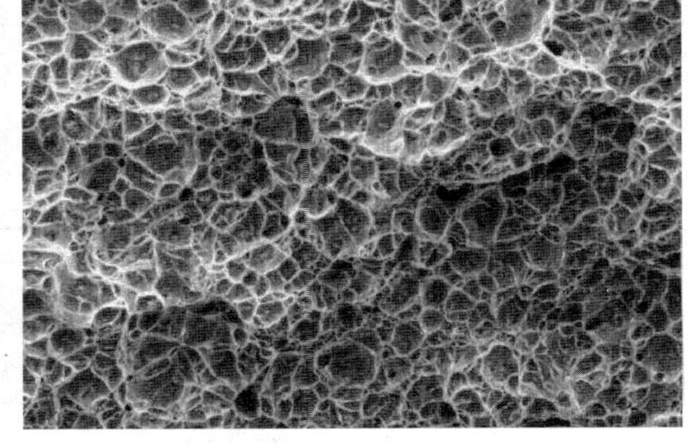

图1-32　韧窝花样

微孔形成与长大的位错模型如图1-33所示。在应力作用下,当位错线遇到第二相质点时,在其周围形成位错环[图1-33a)],这些位错环在外加应力作用下于第二相质点处堆积起来[图1-33b)]。当位错环移向质点与基体界面时,界面沿滑移面分离而形成微孔[图1-33c)]。由于微孔成核,后面位错所受的排斥力大大下降而被迅速推向微孔,并使位错源重新被激活起来,不断放出新位错。新的位错继续进入微孔,遂使微孔长大,如图1-33d)所示。如果考虑到位错可以在不同滑移面上运动和堆积,则微孔可因一个或几个滑移面上位错运动而形成,并借其他滑移面上的位错向该微孔运动而使其长大[图1-33g)、f)]。

微孔长大的同时,几个相邻微孔之间的基体横截面面积不断减小,基体被微孔分割成无数小单元,每个小单元相当于一个小拉伸试样。它们在外力作用下可能借助塑性变形产生颈缩(内颈缩)而断裂,使微孔聚合形成微裂纹。因为微裂纹尖端附近存在三向拉应力区和集中塑性变形区,所以该区域又形成新的微孔。新的微孔借助内颈缩与裂纹连通,使裂纹向前推进一定长度。如此不断进行下去直至最终断裂。

微孔连接遗留的痕迹即是断口上的韧窝,韧窝是微孔聚集断裂的基本特征。

由于应力状态或加载方式的不同,微孔聚集型断裂所形成的韧窝可以有三种类型:

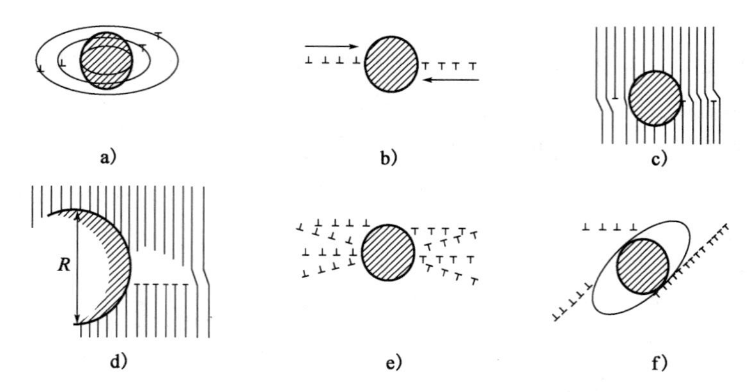

图 1-33　位错运动引起微孔成核与长大模型

①等轴韧窝。裂纹扩展方向垂直于最大主应力时，形成等轴韧窝，如图 1-34a)所示，拉伸试验呈颈缩的试样中心部分就显示这种韧窝状。

②拉长韧窝。在拉伸试样的边缘，由剪切应力切断，显示这种韧窝形状，如图 1-34b)所示，注意拉长韧窝一对相互匹配的断口所显示的韧窝方向是相反的。

③撕裂韧窝。产生这种韧窝的加载方式与图 1-34b)类似，而图 1-34c)是试样边缘加载，因而正应力不是沿截面均匀分布的，在边缘部分应力很大，裂纹由表面逐渐向内部延伸。表面有缺口的试样或者含有裂纹的试样，其断口常显示这种类型。

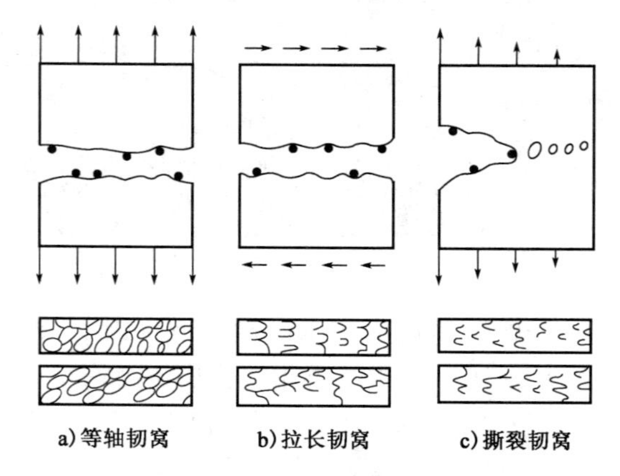

图 1-34　不同应力状态下韧窝形态

韧窝的形状取决于应力状态，而韧窝的大小和深浅取决于第二相的数量、分布以及基体的塑性变形能力。通常情况下，第二相较少、分布均匀以及基体的塑性变形能力强，则韧窝大而深；如果基体的形变强化能力很强，则得到大而浅的韧窝。

必须指出，微孔聚集断裂一定有韧窝存在，但在微观形态上出现韧窝，其宏观上不一定就是韧性断裂。因为如前所述，宏观上为脆性断裂在局部区域内也可能有塑性变形，从而显示出韧窝形态。

(3)解理断裂。

解理断裂是金属材料在正应力作用下沿着一定的晶体学平面产生的穿晶断裂。这个晶体学平面称为解理面，一般是低指数晶面或表面能最低的晶面，如体心立方金属的(100)面，密排六方金属的(0001)面。面心立方金属一般不发生解理断裂。

解理断口的宏观平面与最大拉应力垂直,断口由许多小晶面组成,这些小晶面就是解理面,其大小与晶粒尺寸相对应。在电子显微镜下,解理断裂的断口形貌为河流状花样,见图1-35,河流的流向就是裂纹扩展方向,裂纹多萌生于晶界或亚晶界。河流花样实际上是许多解理台阶(图1-36),它表明解理裂纹扩展不是在单一的晶面上,而是在若干个平行的晶面上发展。解理台阶、河流花样为解理断裂的典型微观形貌特征。

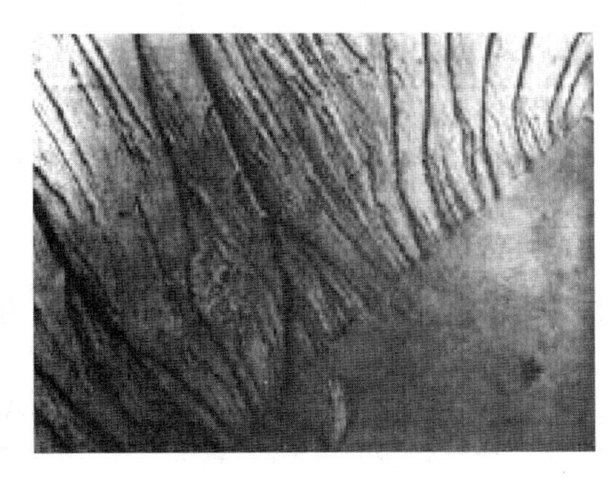

图1-35　河流花样

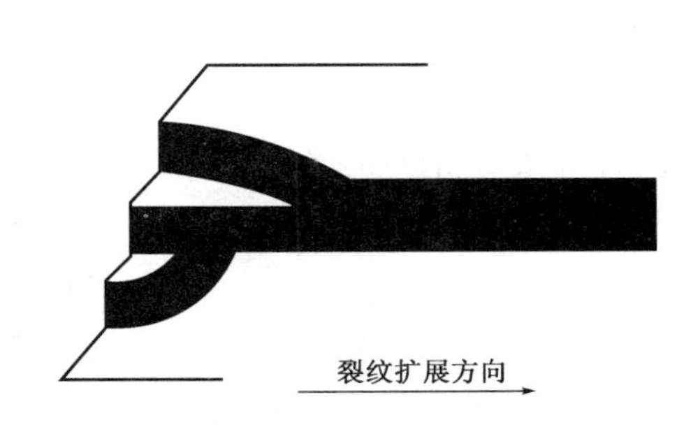

图1-36　河流花样形成示意图

解理断裂的另一微观特征是存在舌状花样,如图1-37所示,因其在电子显微镜下的形貌类似于人舌而得名。它是由于解理裂纹沿孪晶界扩展留下的舌头状凹坑或凸台,故在匹配断口上舌头为黑白对应的。解理舌是解理裂纹与形变孪晶相交,并沿孪晶与基体的界面扩展形成的。

通常,解理断裂总是表现为脆性断裂,但有时在解理断裂前也显示一定的塑性变形,所以解理断裂与脆性断裂不是同义词,前者是就断裂机理而言,后者则是表示断裂的宏观形态。

(4)准解理断裂。

在许多淬火回火钢的回火产物中会有弥散细小的碳化物质点,这些碳化物质点会影响裂纹的形成与扩展。当裂纹在晶粒内扩展时,难于严格地沿一定晶体学平面扩展,断裂路径不再与晶粒位向有关,而主要与细小碳化物质点有关。其微观形态特征似解理河流但又非真正解理,故称准解理,如图1-38所示。

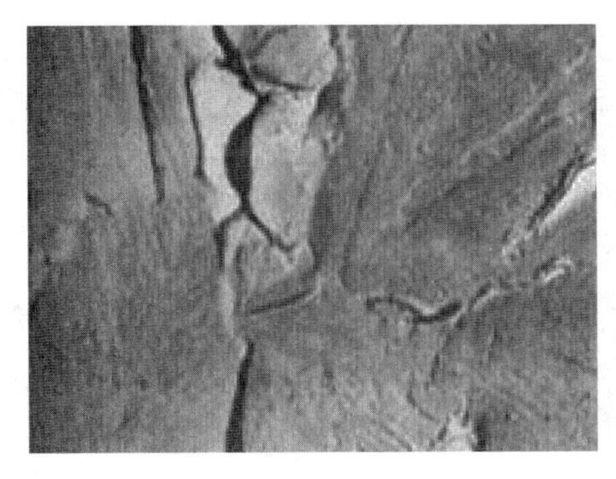

图1-37　舌状花样

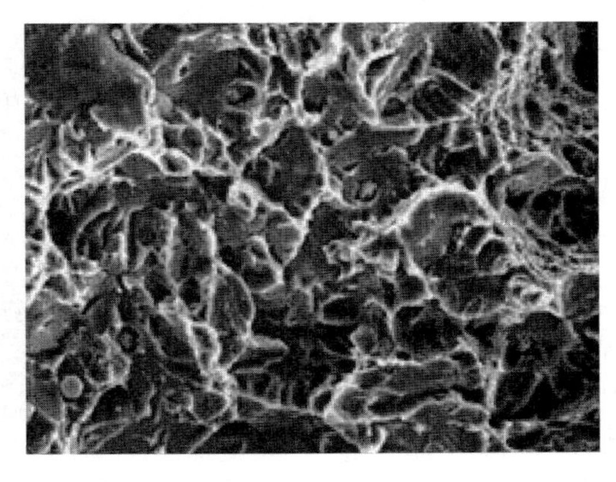

图1-38　准解理断口形貌

准解理与解理的共同点是都是穿晶断裂,都有小解理刻面和台阶或撕裂棱以及河流花样;不同点是准解理小刻面不是晶体学解理面。真正解理裂纹常源于晶界,而准解理裂纹则常源于晶内硬质点,形成从晶内某点发源的放射状河流花样。有学者认为准解理是解理断裂的变种,也有学者认为准解理是一种独立的断裂机制。

(5)疲劳断裂。

疲劳断裂将在以后章节中专门介绍。

1.4.2 金属断裂强度

1)理论断裂强度

金属材料的理论断裂强度可以用原子间结合力的图形计算得出。假设一完整晶体受拉应力作用后,原子间结合力与原子间位移的关系曲线如图1-39所示。

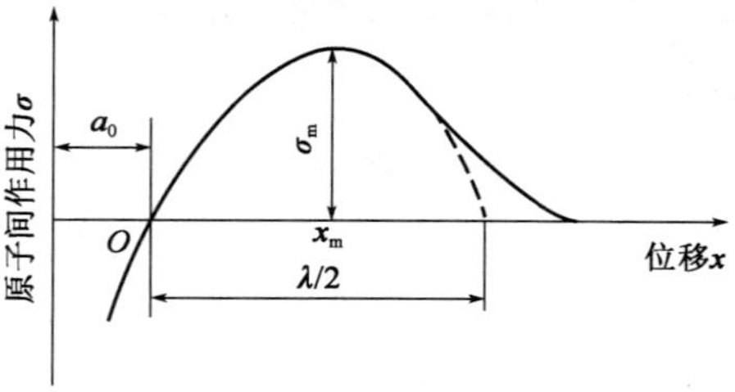

图1-39 原子间结合力与原子间位移的关系曲线

图中纵坐标表示原子间结合力,横坐标上方为引力,下方为斥力。当两原子间距为 a_0 时,原子处于平衡位置,原子间的作用力为零。金属原子受拉伸离开平衡位置,位移越大需克服的引力越大。引力和位移的关系如以正弦曲线关系表示,当位移达到 x_m 时引力最大,以 σ_m 表示。拉力超过此值以后,引力逐渐减小,在位移达到正弦周期一半 $\left(\frac{\lambda}{2}\right)$ 时,原子间作用力为零,即原子的键合完全破坏,达到完全分离的程度。可见 σ_m 代表金属晶体在弹性状态下的最大结合力,即理论断裂强度。该曲线可用正弦曲线描述为

$$\sigma = \sigma_m \sin \frac{2\pi x}{\lambda} \tag{1-49}$$

式中:λ——正弦曲线的波长;

x——原子间位移。

如果原子位移很小,则 $\sin \frac{2\pi x}{\lambda} \approx \frac{2\pi x}{\lambda}$, 于是

$$\sigma = \sigma_m \frac{2\pi x}{\lambda} \tag{1-50}$$

当原子位移很小时,根据胡克定律有

$$\sigma = E\varepsilon = \frac{Ex}{a_0} \tag{1-51}$$

式中:ε——弹性应变;

a_0——原子间平衡距离。

合并式(1-50)和式(1-51),消去 x,得

$$\sigma_{m} = \frac{\lambda}{2\pi} \cdot \frac{E}{a_0} \tag{1-52}$$

另一方面,金属晶体断裂时所消耗的功用来形成两个新表面所需的表面能。若裂纹面上单位面积的表面能为γ_s,则形成单位裂纹表面外力所做的功应为曲线下所包围的面积,即

$$\int_0^{\lambda/2} \sigma_{m} \sin \frac{2\pi x}{\lambda} dx = \frac{\lambda \sigma_{m}}{\pi} = 2\gamma_s \tag{1-53}$$

式(1-53)中,$\lambda = \frac{2\pi\gamma_s}{\sigma_m}$。

代入式(1-52),消去λ,则得

$$\sigma_{m} = \left(\frac{E\gamma_s}{a_0}\right)^{\frac{1}{2}} \tag{1-54}$$

这就是理想晶体断裂的理论断裂强度。可见,晶体弹性模量越大、表面能越大,原子间距越小,即结合越紧密,则理论断裂强度就越大。在E、a_0一定时,σ_m和γ_s有关,解理面的γ_s低,所以σ_m小而易解理。

如果将E、a_0和γ_s的具体数值代入,则可以得到σ_m实际值。如铁的$E = 2 \times 10^5$MPa,$a_0 = 2.5 \times 10^{-10}$m,$\gamma_s = 2$J/m^2,则$\sigma_m = 4.0 \times 10^4$MPa。若用$E$的百分数表示,则$\sigma_m = E/5.5$,通常$\sigma_m = E/10$。实际金属材料的断裂应力仅为理论值的1/1000~1/10,与引进位错理论以解释实际金属的屈服强度低于理论切变强度相似。人们自然想到,实际金属材料中一定存在某种缺陷,使实际断裂强度显著下降。

2)格里菲斯(Griffith)断裂理论

金属材料的实际断裂强度比理论值低得多,至少低一个数量级,即$\sigma_f = \frac{1}{100}E$,而陶瓷、玻璃等脆性材料的实际断裂强度则更低。导致实际断裂强度低的原因是因为材料内部存在有裂纹。

早在1921年,格里菲斯(Griffith)首先研究了含裂纹的玻璃的强度。假设有一单位厚度、无限宽的板材,在载荷从零增加至P后,将板材两端固定,这时板材不再伸长,外力不做功,可视为隔离系统。板材单位体积储存的弹性能为$\frac{\sigma^2}{2E}$。因为是单位厚度,故$\frac{\sigma^2}{2E}$实际上也代表单位面积的弹性能。如在板材内制造一条垂直于应力σ、长度为$2a$的椭圆形穿透裂纹,由于系统与外界无能量交换,裂纹的扩展所需的能量只能来自系统内部弹性能的释放,释放的弹性能为

$$U_e = \frac{\pi\sigma^2 a^2}{E} \tag{1-55}$$

因为这是系统释放的弹性能,故应该为负值,即

$$U_e = -\frac{\pi\sigma^2 a^2}{E} \tag{1-56}$$

格里菲斯裂纹模型如图1-40所示。

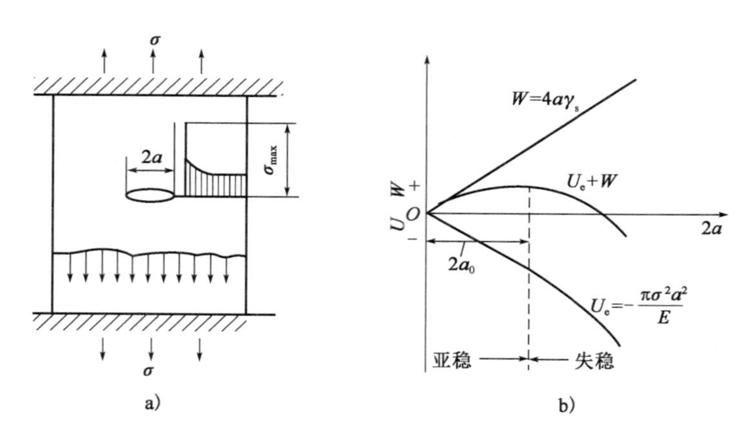

图 1-40　格里菲斯裂纹模型

另外，裂纹扩展时产生新表面需要做功，设裂纹面的比表面能为 γ_s，则表面功为

$$W = 4a\gamma_s \tag{1-57}$$

整个系统的能量变化为

$$U_e + W = -\frac{\pi\sigma^2 a^2}{E} + 4a\gamma_s \tag{1-58}$$

由于 γ_s 和 σ 是一定的，则系统总能量变化及每一项能量均与裂纹半长度 a 有关。在平衡点处，系统总能量对裂纹半长度的一阶偏导数应等于 0，即

$$\frac{\partial\left(-\dfrac{\pi\sigma^2 a^2}{E} + 4a\gamma_s\right)}{\partial a} = 0 \tag{1-59}$$

于是，裂纹失稳扩展的临界应力为

$$\sigma_c = \left(\frac{2E\gamma_s}{\pi a}\right)^{\frac{1}{2}} \tag{1-60}$$

这就是著名的格里菲斯（Griffith）公式。它表明，材料的断裂应力和其内部裂纹尺寸的平方根成反比。因为 $\left(\frac{2}{\pi}\right)^{\frac{1}{2}} \approx 1$，故 $\sigma_c \approx \left(\frac{E\gamma_s}{a}\right)$。将此公式与理论断裂强度公式相比较，可以看出二者在形式上完全相同，只是以裂纹尺寸代替了点阵常数。如果取 $a = 1.0 \times 10^4 a_0$，则实际断裂强度只有理论值的 1/100。

格里菲斯公式只适用于那些裂纹尖端塑性变形可以忽略的脆性固体，如玻璃、金刚石、超高强度钢等。对工程金属材料，如钢等，裂纹尖端产生较大塑性变形，裂纹扩展中要消耗大量的塑性变形功，因而需对格里菲斯公式进行修正。奥罗万（E. Orowan）和欧文（G. R. Irwin）认为，金属材料的格里菲斯公式应代之以下列形式

$$\sigma_c = \left[\frac{E(2\gamma_s + \gamma_p)}{\pi a}\right]^{\frac{1}{2}} \tag{1-61}$$

式中：γ_p——单位面积裂纹所消耗的塑性功。

3)甄纳-斯特罗位错塞积理论

根据格里菲斯(Griffith)公式,材料自身含有的裂纹是导致材料实际断裂强度大幅度下降的根本原因。很显然,对于金属材料,如果结晶良好且随后的热加工工艺正常,那么内部应该是不含有裂纹或类似裂纹的缺陷。为什么金属材料的实际断裂强度和理论断裂强度相比,也是很低的呢?

事实上,金属材料发生绝对脆性断裂是不存在的,在其断口附近总是存在塑性变形的痕迹。因此在金属材料断裂过程中,裂纹的形成必然与塑性变形有关,而金属的塑性变形是位错运动的反映,因而裂纹的形成可能与位错运动有关,这就是裂纹形成的位错理论的出发点。

该理论是甄纳(G. Zener)1948 年提出的,其模型如图 1-41 所示。在滑移面上切应力的作用下,位错运动在晶界附近受阻,刃型位错互相靠近形成位错塞积。当切应力达到某一临界值时,塞积头处位错聚合成为高为 nb、长为 r 的楔形裂纹或孔洞型位错。斯特罗(A. N. Stroh)指出,如果塞积头处的应力集中不能为塑性变形所松弛,则塞积头处的最大拉应力达到理论断裂强度而形成裂纹。

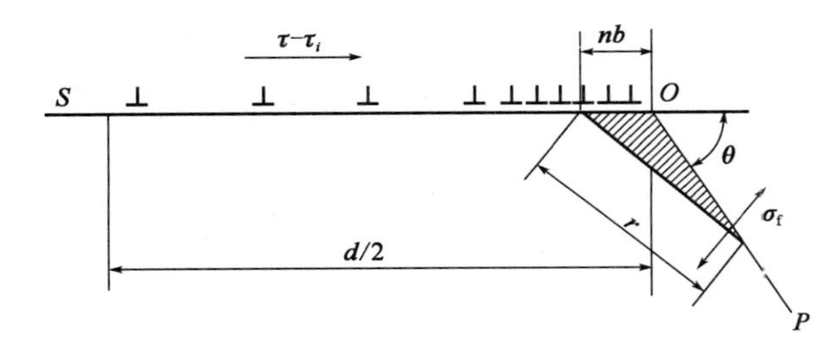

图 1-41　位错塞积形成裂纹

塞积头处的拉应力在与滑移面呈 $\theta = 70.5°$时达到最大值,且近似为

$$\sigma_{\max} = (\tau - \tau_i)\left(\frac{d/2}{r}\right)^{\frac{1}{2}} \tag{1-62}$$

式中:$\tau - \tau_i$——滑移面上的有效切应力;

$d/2$——位错源到塞积头的距离;

r——位错塞积头到裂纹形成点的距离。

理论断裂强度为

$$\sigma_{\mathrm{m}} = \left(\frac{E\gamma_{\mathrm{S}}}{a_0}\right)^{\frac{1}{2}}$$

如此,形成裂纹的条件为

$$(\tau - \tau_i)\left(\frac{d/2}{r}\right)^{\frac{1}{2}} \geqslant \left(\frac{E\gamma_{\mathrm{S}}}{a_0}\right)^{\frac{1}{2}} \tag{1-63}$$

$$\tau_{\mathrm{f}} = \tau_i + \left(\frac{2Er\gamma_{\mathrm{s}}}{da_0}\right)^{\frac{1}{2}} \tag{1-64}$$

式中:τ_{f}——形成裂纹所需的切应力。

如果 r 与晶面间距 a_0 相当,且 $E = 2G(1+\nu)$,ν 为泊松系数,则上式可以写为

$$\tau_f = \tau_i + [4G\gamma_s(1+\nu)]^{\frac{1}{2}} d^{-\frac{1}{2}} \tag{1-65}$$

甄纳-斯特罗理论存在的问题是,在那样大的位错塞积下,将同时产生很大的切应力集中,完全可以使相邻晶粒内的位错源开动,产生塑性变形而将应力松弛,使裂纹难以形成。

4)柯垂尔位错反应理论

该理论是柯垂尔(A. H. Cottrell)为了解释 bcc 结构晶体的解理而提出来的。如图 1-42 所示,在 bcc 结构晶体中,有两个相交滑移面$(10\bar{1})$和(101),与解理面(001)相交,三面交线为$[010]$。现沿(101)面有一柏氏矢量为$\frac{\boldsymbol{a}}{2}[\bar{1}\bar{1}1]$的刃型位错,而沿$(10\bar{1})$面有一柏氏矢量为$\frac{\boldsymbol{a}}{2}[111]$的刃型位错,两者于$[010]$轴相遇,并发生下列反应

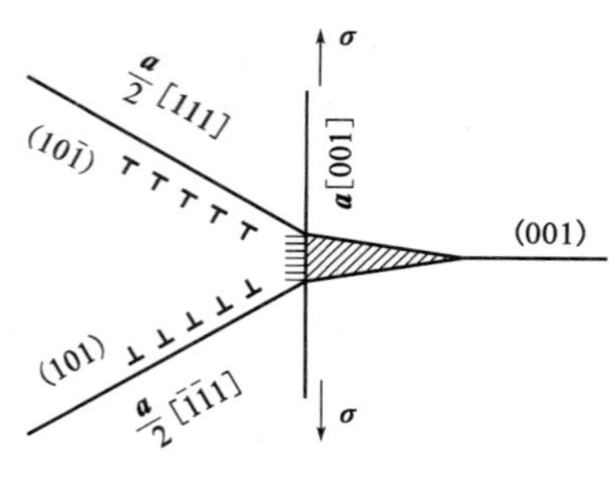

图 1-42　位错反应形成裂纹

$$\frac{\boldsymbol{a}}{2}[\bar{1}\bar{1}1] + \frac{\boldsymbol{a}}{2}[111] \rightarrow \boldsymbol{a}[001] \tag{1-66}$$

新形成的位错线在解理面(001)内,其柏氏矢量 $\boldsymbol{a}[001]$ 与(001)垂直。因为(001)面不是 bcc 结构晶体的固有滑移面,因而 $\boldsymbol{a}[001]$ 为不动位错,位错反应的结果就在该不动位错附近产生塞积。当塞积位错较多时,其多余半原子面就如同楔子一样插入解理面中形成高度为 $n\boldsymbol{b}$($\boldsymbol{b}$ 为柏氏矢量)的裂纹。

综上所述,格里菲斯理论认为材料中存在的裂纹是导致实际断裂强度大幅低于理论断裂强度的原因,并未涉及裂纹的来源问题。裂纹可能是在原材料冶炼中或加工过程中产生的,也可能是材料在受载过程中因塑性变形诱发而产生的(如位错塞积模型与位错反应模型)。在裂纹扩展中,如果这些裂纹前沿区域能产生显著塑性变形或受某种障碍所阻,表面能增大,材料显示为韧性的。反之,材料显示为脆性的。

1.4.3　力学状态图的断裂分析

1)应力状态软性系数 α

一种材料是塑性还是脆性并不是绝对的,它受应力状态的影响。例如,铸铁通常被认为是脆性材料,但是在压缩载荷下则可有较大变形并发生剪切断裂;如果在光滑的低碳钢试样上开一尖锐缺口,造成三向不等拉伸,也可引起脆性断裂。为了表示应力状态对材料塑性变形的影响,引入应力状态软性系数 α,定义为

$$\alpha = \frac{\tau_{max}}{S_{max}} = \frac{\sigma_1 - \sigma_3}{2[\sigma_1 - \nu(\sigma_2 + \sigma_3)]} \tag{1-67}$$

式中:τ_{max}——最大切应力,按第三强度理论计算,即$\tau_{max} = \frac{1}{2}(\sigma_1 - \sigma_3)$;

S_{max}——最大正应力,按第二强度理论计算,即 $S_{max} = \sigma_1 - \nu(\sigma_2 + \sigma_3)$;

ν——泊松系数。

对单向拉伸,$\sigma_1 + \sigma, \sigma_2 = \sigma_3 = 0, \alpha = 0.5$。

对单向压缩，$\sigma_1 = \sigma_2 = 0, \sigma_3 = -\sigma$，取 $\nu = 0.25, \alpha = 2$。

众所周知，金属材料在断裂的过程中，切应力和正应力所起的作用是不同的。切应力引起塑性变形和导致韧性断裂，正应力一般导致脆性断裂。因此，应力状态软性系数 α 越大，表示应力状态越软，金属越易产生塑性变形然后发生韧性断裂；反之，α 值越小，表示应力状态越硬，金属材料越易发生脆性断裂。常见几种加载方式的应力状态软性系数 α 值如表 1-6 所示。

常见几种加载方式的应力状态软性系数($\mu = 0.25$) 表 1-6

加载方式	主应力			α
	σ_1	σ_2	σ_3	
三向不等拉伸	σ	$8/9\sigma$	$8/9\sigma$	0.1
单向拉伸	σ	0	0	0.5
扭转	σ	0	$-\sigma$	0.8
二向等压缩	0	$-\sigma$	$-\sigma$	1
单向压缩	0	0	$-\sigma$	2
三向不等压缩	$-\sigma$	$-1/3\sigma$	$-7/3\sigma$	4

2）力学状态图

屈服和断裂是材料所受外加载荷达到其强度极限而发生的。同一材料受载后所表现出来的行为与应力状态、材料性能、温度和加载速率有关。其中，应力状态、温度和加载速率是外在因素，它们通过影响材料的性能而起作用。力学状态图则是把这 4 个因素综合表达于同一图中，从而定性判断材料发生何种断裂。

力学状态图以联合强度理论为基础，即以第二强度理论和第三强度理论两者的联合为基础，其纵坐标按第三强度理论计算最大切应力，横坐标按第二强度理论计算最大正应力，自原点作不同斜率的直线，代表应力状态软性系数 α，这些直线的位置反映了应力状态对材料断裂的影响，如图 1-43 所示。

力学状态图上还标有材料对塑性变形、切断和正断的抗力，并且假定它们的数值大小与应力状态无关，显然这是一种近似的看法。正断强度 σ_c 在超过屈服线 τ_s 后变为斜线，表明 σ_c 受塑性变形而增大。

力学状态图可以分为 4 个区：在切断线以上为切断区；在切断线与屈服线之间为塑性变形区；在屈服线与正断线之间为弹性变形区；超过正断线则为正断区。若给定材料，其 τ_s、τ_f 和 σ_c 均为定值，我们就可以利用力学状态图来分析该材料在不同加载过程中所表现的行为和断裂类型。例如，图 1-43 所示的材料在拉伸过程中，弹性变形发展到一定程度时就发生断裂，且断裂由正应力引起，因而是脆性的。扭转时，该材料先发生塑性变形，而后继续加载产生正断，

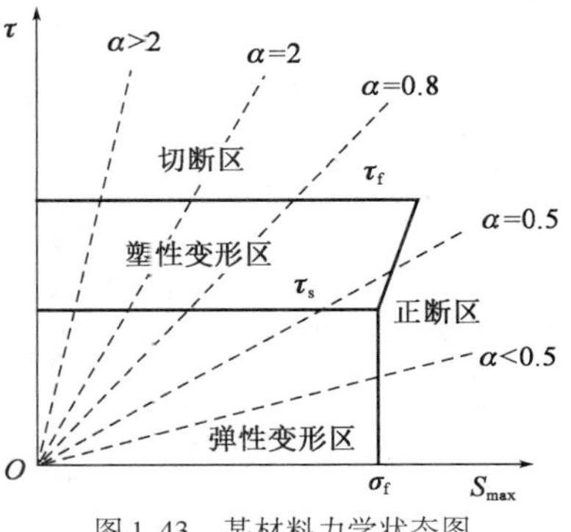

图 1-43 某材料力学状态图

断裂是韧性的。而在压缩时,该材料先发生塑性变形而后被切断,断裂是韧性的。

如果由于某种原因(如温度变化、加载速率改变、材料化学成分或组织变化等)改变了材料的性能,则是由于材料性能和应力状态之间的相对关系发生了变化。如,当温度降低时,τ_s 升高,而τ_f 和 σ_c 近似不变,所以增加了脆断倾向。提高加载速率对材料的弹性变形过程以及其他的力学性能没有影响,但会限制塑性变形的发展,使塑性变形极不均匀,结果使塑性变形抗力提高并在局部高应力区形成裂纹,因而增加了材料的变脆倾向。

力学状态图只能对强度问题作近似解释,因为绝大多数的τ_s、τ_f 都会受到应力状态的影响且难于测定,应力状态软性系数 α 在产生塑性变形后也不再是常数等。尽管如此,力学状态图在预测断裂类型、合理选择和利用材料等方面具有积极的意义。

1.5 聚合物的静强度

1.5.1 聚合物在拉伸过程中的载荷-伸长量曲线

不同的聚合物材料在拉伸过程中,其载荷-伸长量曲线(或应力应变曲线)大致可分为三种类型。

第Ⅰ类(图 1-44 中曲线 1):恒速拉伸下,载荷随伸长量的增大而增大,达到极大值后,试样在某一处(或几处)产生颈缩,载荷降低。随拉伸变形继续进行,颈缩部位的截面尺寸稳定。颈缩沿轴向向试样两端扩展,出现冷变形强化现象。一般当颈缩部扩展到两端后,载荷随伸长量增加又出现增大趋势。呈现这类曲线的材料有聚碳酸酯(PC)、聚丙烯(PP)和高抗冲聚苯乙烯(HIPS)等。

第Ⅱ类(图 1-44 中曲线 2):恒速拉伸下,载荷随伸长量的增加而增大,达到极大值后,试样出现颈缩,载荷降低。随拉伸变形继续进行,颈缩处的横截面面积逐渐减小,试样在伸长变形不大的情况下断裂。出现这类曲线的材料有 ABS 塑料、聚甲醛(POM)和增强尼龙(GFPA)等。

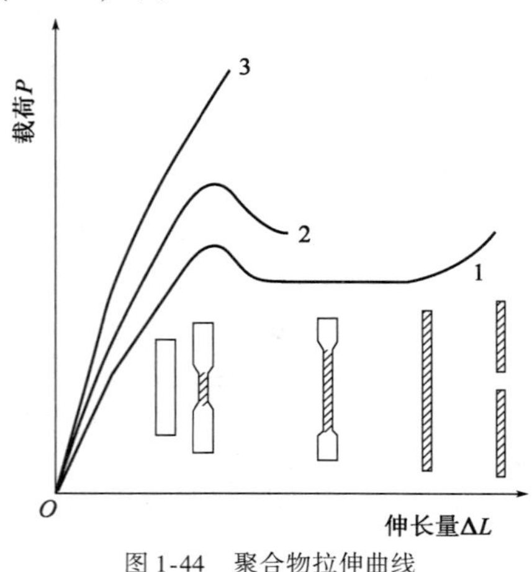

图 1-44　聚合物拉伸曲线

第Ⅲ类(图 1-44 中曲线 3):随伸长量增大,载荷增至最大值后,材料发生脆性断裂。聚苯乙烯(PS)、增强聚碳酸酯(GFPC)的拉伸曲线属这种类型。

应当指出,聚合物中的颈缩现象与金属中有重大差别。金属中,一旦出现颈缩,颈缩处聚集塑性变形加剧,最后在颈缩处发生断裂。而在聚合物中,颈缩发生后,在名义应力几乎保持不变的条件下,颈缩后会发生均匀塑性变形,产生颈缩区沿试样长度方向扩展。

聚合物颈缩后,颈缩均匀地向两端扩展的现象可以从分子链结构形态的变化来解释。在这一过程中,分子链由未取向状态(或取向度较低的状态),转变成颈缩中较高程度的取向状态。这一局部转移过程中产生的分子链取向化过程,也是一种由于取向化程度增高引起的局部应变强化,保证了颈缩向两端均匀地扩展,这一点与金属中形变强化引起的均匀变形是类似的。

1.5.2　聚合物的弹性模量

1)聚合物晶体的弹性模量

不受外力作用时,聚合物晶体中分子链共价键上的原子处于位能最低的状态。受外力作用时,原子之间距离增大(由于共价键键长与键角增大,键的内旋转角也发生一定变化),位能升高。当外力除去时,原子回到平衡位置,位能也回到最低状态。这就是高分子材料弹性模量的物理本质,它与金属材料是相似的。由于分子链上原子间为共价键,而分子链之间的作用力,通常是范德瓦尔斯力、氢键、偶极作用,因此沿聚合物晶体中分子链方向加载与垂直于分子链方向加载时,其弹性模量相差很大,差值可达 1 ~2 个数量级,详见表 1-7 和表 1-8。

聚合物晶体沿分子链轴向方向弹性模量　　表 1-7

聚合物	晶体结构	弹性模量 $E[10^{-6}/(kg \cdot cm^{-2})]$	
		理论值	试验值
聚乙烯	平面锯齿状	1.82, 3.33	2.35
聚丙烯	螺旋状	0.43	0.41
聚甲醛	螺旋状	1.47	0.53
涤纶	平面锯齿状	1.19	0.75
聚对苯二甲酸乙二醇酯	平面锯齿状	2.50	0.25
尼龙 6	平面锯齿状	1.92	0.21

聚合物晶体垂直于分子链方向弹性模量　　表 1-8

聚合物	弹性模量 $E[10^{-4}/(kg \cdot cm^{-2})]$		
聚乙烯	4.3(110)	3.2(200)	3.9(020)
聚丙烯	2.9(200)	3.2(040)	
聚乙烯醇	8.9(200)	9.0(101)	
聚甲醛	8.0(1010)		

注:括号内的数值为晶面指数。

2)非晶态聚合物的弹性模量

非晶态聚合物弹性模量的大小,实质上也是反映分子链与分子链之间的原子键合力与位能的变化。由于主链旋转困难而被冻结,所以在外力作用下,以无规线团形态相互穿插堆积在一起的分子链,主要发生键长与键角的变化。

非晶态聚合物与晶态不同,沿不同方向加载时差别小。另外,由于分子之间的距离比晶态中的大,因此弹性模量也小,一般只有$(2 \sim 3) \times 10^3$MPa。

聚合物的弹性模量对结构非常敏感,这与金属和陶瓷不同。聚合物的弹性模量随下列因素的变化而增加:①主键热力学稳定性的增加;②结晶区百分比的增加;③分子链填充密度的增加;④分子链拉伸方向取向程度的增加;⑤聚合物晶体中链端适应性增加;⑥链折叠程度的减小。

聚合物受力后产生的变形是通过调整内部分子构象实现的。由于分子构象的改变需要时间,因而受力后除普通弹性变形外,聚合物的变形强烈地与时间有关,表现为应变落后于应力。除瞬间的普通弹性变形外,聚合物往往还有慢性的黏性流变,通常称为黏弹性。聚合物的黏弹性表现为滞后环,应力松弛和蠕变。但上述现象与温度、时间密切有关。

聚合物另一种特殊的弹性变形行为是高弹态。高弹态是聚合物特有的基于链段运动的一种力学状态,具有高弹性的典型聚合物材料是橡胶,其高弹性是其他材料难以代替的。橡胶类物质的高弹性与其他固体物质相比,有如下特征:

(1)弹性模量小,而形变量很大。

一般情况下,铜、钢等材料的弹性变形量只有原试样的1% ~2%,而橡胶的弹性变形量则可达1000%,橡胶的弹性模量比其他固体物质小10000倍以上,见表1-9。

几种材料弹性模量 表1-9

材　　料	弹性模量(MPa)	材　　料	弹性模量(MPa)
钢	200000 ~ 220000	赛璐珞	1300 ~ 2500
铜	104000	硬橡皮	260 ~ 500
石英晶体	80000 ~ 100000	聚乙烯	200
天然丝线	6500	皮革	120 ~ 400
尼龙66	5000	橡胶	0.2 ~ 8
聚苯乙烯	2500	气体(标准态)	0.1

橡胶具有高弹态的原因在于,橡胶是由线型的长链分子组成,并有少量的交联(硫化)。由于热运动,这种长分子链在不断地改变着自己的形状。在常温下橡胶的长分子链呈蜷曲状态。根据计算,蜷曲分子的均方末端距比完全伸直的分子的均方末端距小100 ~ 1000倍,因此把蜷曲分子拉直就会显出形变量很大的特点。

当外力使蜷曲的分子拉直时,由于分子链各环节的热运动和少量交联所引起的共价结合,力图恢复到原来比较自然的蜷曲状态,形成了对抗外力的回缩力,正是这种力促使橡胶形变的自发恢复,造成形变的可逆性。但是这种回缩力毕竟是不大的,所以橡胶在外力不大时就可以发生较大的形变,因而弹性模量很小。

温度升高时,分子链内各部分的热运动比较激烈,回缩力就要增大,所以橡胶类物质的弹性模量随着温度的上升而增加。这一点与金属、陶瓷等材料是相反的。

(2)形变需要时间。橡胶受到外力压缩或拉伸时,形变总是随时间而发展的,最后达到最大形变。拉紧的橡皮带会逐渐变松,这实际上是一种蠕变和应力松弛现象。

(3)形变时有热效应。橡皮在伸长时发热,回缩时吸热,这种热效应随伸长率而增加,通常称为热弹效应。

橡胶伸长变形时,分子链或链段由混乱排列变成比较有规则的排列,此时熵值减少;同时由于分子间的内摩擦而产生热量；另外分子规则排列而易发生结晶，在结晶过程中也会放出热量。由于上述三种原因，使橡胶被拉伸时放出热量。

1.5.3　聚合物变形机制

1）结晶聚合物变形机制

对于单行排列的结晶薄片块，当受到垂直或成夹角的拉应力作用时，变形可能沿着晶体间的非晶边界分离，而其他的结晶薄片束则开始转向应力方向。晶体本身先破碎成小块，但分子链仍保持它的折叠结构。随着变形的继续进行，这些小束沿拉应力方向串联排列，形成长的微纤维（图1-45、图1-46）。应当指出，这时每一束内已伸展开的链以及许多充分伸展开的联系分子链的取向都平行于拉应力方向。由于许多串联排列的小晶块是从同一个薄片中撕裂出来的，因而产生更多的相互联系在一起的分子链段。每个小纤维束的定向排列和充分伸展开的分子链的共同作用，使其强度与刚度大幅度增大。

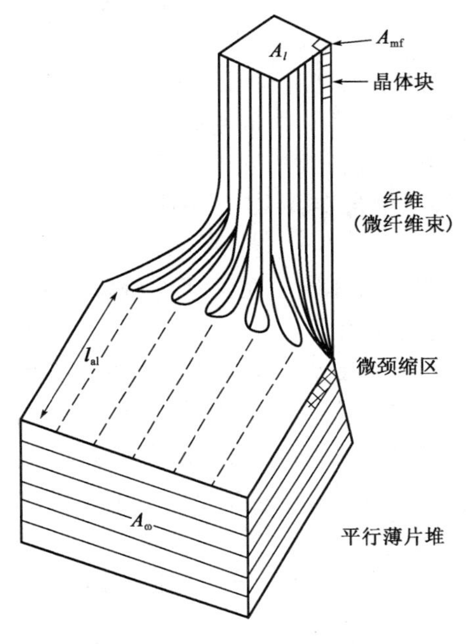

图1-45　由一堆平行薄片转变为一束密实的整齐排列的微纤维束的模型

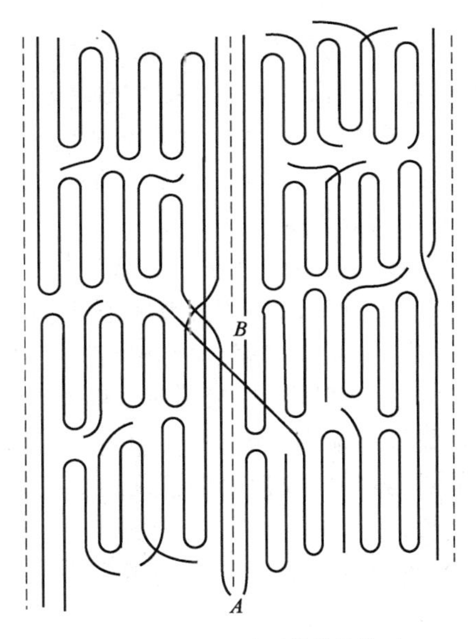

图1-46　微纤维中晶体块的排列

注：A 处是纤维内伸开的联系分子；B 处是纤维间伸开的联系分子。

对于球状结晶，在塑性变形初始阶段之后，球状结晶开始破坏形成微纤维，从而引起形变硬化。因为每个微纤维有很高的强度，再加上微纤维间联系分子链的充分伸展开，微纤维结构的继续变形是非常困难的。这是因为分子或分子链平行于应力方向的排列可使力学性能得到极大改善，这时载荷被沿着分子链的原始共价键所承担，而不是由分子链间较弱的范德瓦尔斯键承担。

2）非晶聚合物的变形机制

（1）银纹机制。

聚合物塑性变形的一种特殊机制是产生银纹现象。银纹类似于裂纹又不同于裂纹，裂纹中不含聚合物，而银纹中除有空穴外，还有一定取向的聚合物(该聚合物又称为银纹质)，如图1-47所示。

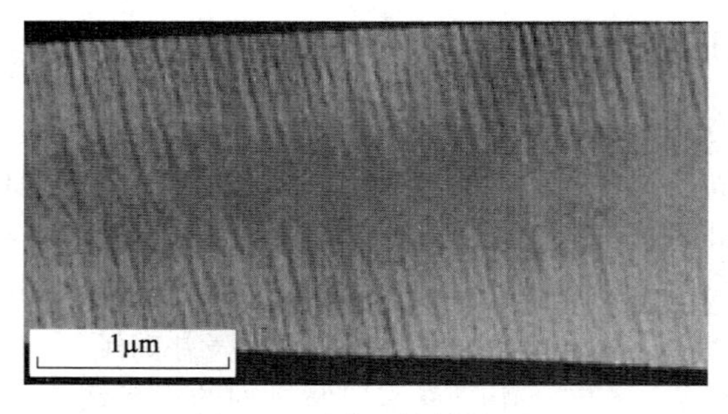

图1-47　聚苯乙烯中的银纹

银纹现象是聚合物材料特有的。它是聚合物在拉应力作用下，材料某些薄弱处应力集中产生局部塑性变形，在材料表面或内部出现垂直于应力方向，长度在100μm、宽度为10μm左右的"裂纹"现象。

引起银纹的基本因素是拉应力作用，纯压应力不会产生银纹。在银纹中仅含有46%左右体积的空穴，在银纹的两个银纹面(银纹与聚合物基体间的界面)之间有银纹质，它是在拉应力方向上高度取向维系两个银纹面的束状或片状聚合物。故银纹仍然具有强度，它不仅是非晶态聚合物塑性变形的一种特殊形式，它的产生还增加了聚合物裂纹扩展的抗力，使应力得到松弛，使材料韧性提高。

银纹现象是聚合物材料宏观破坏前微观上损伤、破坏的开始。在聚合物材料的断裂、蠕变、环境应力开裂以及疲劳破坏中，银纹都具有十分重要的作用。

银纹主要在非晶聚合物中产生，但某些结晶性聚合物(如聚丙烯和尼龙)在低温变形时也能产生银纹。热固性环氧树脂也能产生类银纹结构。银纹能在材料表面、内部和裂纹端部形成。在裂纹顶端形成的银纹，相当于裂纹顶端部塑性屈服区的一种形式。疲劳裂纹的扩展，从本质上讲，就是裂纹顶端部银纹的扩展过程，在应力腐蚀的条件下，腐蚀介质能加速银纹的引发和生长。

(2)在多轴应力作用下，非晶聚合物能够以正应力和剪应力两种不同的机制屈服(图1-48)。

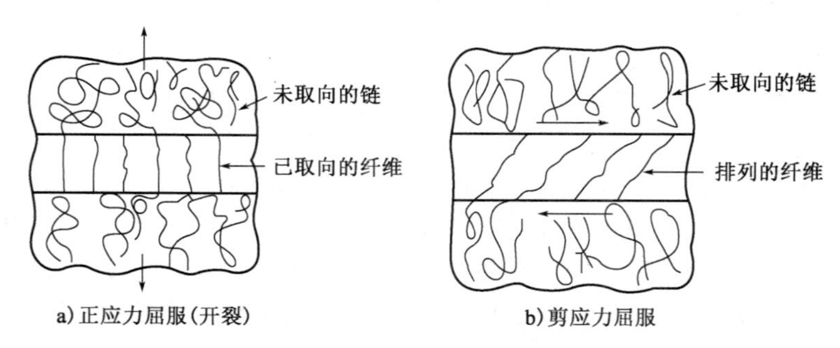

图1-48　非晶聚合物两种屈服机制

在正应力屈服条件下，塑性变形首先开始于塑变区，纤维在拉应力方向上的取向排列达到极限长度后发生断裂。在剪应力屈服的条件下，塑性变形区的纤维也发生取向性排列，但纤维取向与切应力成约45°。

1.5.4　聚合物的断裂

聚合物的抗拉强度一般为 20～80MPa，比金属低得多，但其比强度较金属的高。表 1-10 为几种聚合物的抗拉强度。

几种聚合物的抗拉强度　　表 1-10

聚　合　物	抗拉强度(MPa)	聚　合　物	抗拉强度(MPa)
高密度聚乙烯(HDPE)	60	尼龙 610	60
聚四氟乙烯(PTFE)	25	聚甲基丙烯酸甲酯(PMMA)	65
聚丙烯(PP)	33	聚碳酸酯(PC)	67
聚氯乙烯(PVC)	50	聚对苯二甲酸乙二醇酯(PET)	80
聚苯乙烯(PS)	50	尼龙 66	83
酚醛树脂(PF)	55	聚苯醚(PPO)	85
不饱和聚酯(UP)	60	聚砜(PSU)	85
环氧树脂(EP)	90		

聚合物具有一定强度，是由分子间范德瓦尔斯键、原子间共价键及分子间氢键决定的。聚合物的实际强度仅为其理论值的 1/200，这与其内部结构缺陷(如裂纹、杂质、气泡、空洞、表面划痕等)和分子链断裂不同时性有关。

影响聚合物实际强度的因素仍然是其自身的结构，主要的结构因素有：

(1)高分子链极性大或形成氢键能显著提高强度，如聚氯乙烯极性比聚乙烯大，所以前者强度高；尼龙有氢键，其强度又比聚氯乙烯高。

(2)主链刚性大者强度高，但是链刚性太大，会使材料变脆。

(3)分子链支化程度增加，分子链间距增大，抗拉强度降低。如低密度聚乙烯支化程度高，其抗拉强度就比高密度聚乙烯低。

(4)分子间适度进行交联，提高抗拉强度。如辐射交联的聚乙烯比未交联的抗拉强度提高 1 倍；但交联过多，反而因影响分子链取向，降低强度等。

在拉应力作用下，非晶态聚合物(如聚苯乙烯、聚甲基丙烯酸甲酯和聚氯乙烯等)的某些薄弱地区，因应力集中产生局部塑性变形，结果在其表面或内部或在裂纹尖端附近出现闪亮的、细长形的银纹。

银纹在非晶态聚合物的拉伸脆性断裂中有重要作用。一般认为，银纹生成是非晶态聚合物断裂的先兆。在外力作用下，银纹质因其内部存在非均匀性(如有外来物质或杂质)而产生开裂，并形成孔洞。随后形成的孔洞与已有的孔洞连接起来，在垂直应力方向上形成微裂纹。微裂纹尖端区连续出现银纹，使微裂纹相连扩展，引起宏观断裂。因此，在工程上非晶态聚合物的断裂过程，包括外力作用下银纹和非均匀区的形成、银纹质的断裂、微裂纹的形成、裂纹扩展和最后断裂等几个阶段。与金属材料相比，聚合物形成银纹类似于金属韧性断裂前产生的微孔。

结晶态聚合物的脆性断裂过程与上述类似。

如果聚合物屈服后局部塑性变形方式为产生剪切形变带，当剪切形变带穿越过试样时，材料就产生韧性剪切断裂。

1.6 陶瓷材料的静强度

陶瓷材料是指用天然或合成化合物经过成形和高温烧结制成的一类无机非金属材料，具有强度高、质量轻、耐高温、耐腐蚀、耐磨损等优点。然而陶瓷材料大都是脆性材料，对缺陷十分敏感，故其力学性能的分散性大。要使陶瓷材料作为实用的结构材料，需要对其力学性能做更多的研究。

1.6.1 陶瓷材料的拉伸应力-应变曲线

材料在静拉伸载荷下，一般都要经过弹性变形、塑性变形及断裂 3 个阶段，这 3 个阶段通常在应力-应变曲线上可以明显看出，如图 1-4 所示。

对金属材料而言，断裂前不同程度地有一个塑性变形阶段，而陶瓷材料在室温静拉伸载荷下，一般不出现塑性变形阶段，即弹性变形阶段结束后，立即发生脆性断裂。描写弹性变形阶段的重要性能指标——弹性模量 E，可以根据 σ-ε 曲线中直线部分的斜率求出，即 $E=\sigma/\varepsilon$。弹性模量 E 的物理意义与金属一样，它是材料产生单位应变所需的应力，它的大小反映了材料原子间的结合力。

与金属材料相比，陶瓷材料的弹性模量一般高于金属。这是因为陶瓷材料具有强固的离子键和共价键。几种常见的陶瓷材料与金属材料的弹性模量见表 1-11。

几种常见的陶瓷材料与金属材料弹性模量　　表 1-11

材　料	E(GPa)	材　料	E(GPa)
Al_2O_3	390	金刚石	1000
MgO	250	Al	65
ZrO_2	200	Cu	100
SiC	470	碳素钢	约 200
Si_3N_4	270		

应当指出，陶瓷材料耐高温、耐磨损、硬度和强度高等一系列特性，与陶瓷的结合键性质和弹性模量高是相关的。

(1)陶瓷材料的弹性模量不仅与结合键有关，还与陶瓷结构及气孔率有关。这一点与金属不同，金属的弹性模量是一个极为稳定的力学性能指标，合金化、热处理、冷热加工难以改变其数值。但是陶瓷的工艺过程却对陶瓷材料的弹性模量有着重大的影响。例如气孔率 P 较小时，弹性模量随气孔率的增加而线性降低，可用下面的经验式表示，即：

$$E = E_0(1 - KP) \tag{1-68}$$

式中：E_0——无气孔时的弹性模量；

K——常数。

(2)金属不论是拉伸还是在压缩状态下，其弹性模量相等，即拉伸与压缩两部分 σ-ε 曲线为一直线。而陶瓷材料压缩时的弹性模量一般高于拉伸时的弹性模量,即压缩时的 σ-ε 曲线斜率比拉伸时大。这与陶瓷材料显微结构的复杂性有关。

陶瓷材料在室温下不出现塑性变形或很难发生塑性变形,与陶瓷材料结合键性质和晶体结构有关。陶瓷材料的原子键主要有离子键和共价键两大类,且多数具有双重性。共价键具有明显的方向性,它使晶体拥有较高的抗晶格畸变和阻碍位错运动的能力;离子键的方向性不明显,但滑移系不仅要受到密排面与密排方向的限制,而且还要受到静电作用力的限制。因此,位错在陶瓷中运动的阻力远大于金属材料,导致位错极难运动,几乎不发生塑性变形,这也是影响陶瓷材料工程应用的主要障碍。

1.6.2　陶瓷材料的抗弯强度

陶瓷材料是脆性材料,在室温下基本上不出现或极少出现塑性变形,因此可以认为其屈服强度 $\sigma_{0.2}$、抗拉强度 σ_b 和断裂强度 σ_f 在数值上是相等的。对于脆性材料,拉伸试验时,由于上下夹头不可能完全同轴对中,会引起载荷偏心产生附加弯曲而测不出来真实的抗拉强度,故目前以测定弯曲强度作为评价陶瓷材料强度的性能指标。

由于陶瓷材料内部孔洞和表面状态对强度有很大影响,因此其强度试验数值的分散性大。为了得到可靠的试验结果,最好能从同一块或同质坯料上切出尽可能多的小试样,进行大量子样试验,然后对试验结果进行统计分析。统计分析表明,陶瓷材料的弯曲强度遵循威布尔(Weibull)分布、正态分布以及对数正态分布。

1.6.3　陶瓷材料的断裂与断裂强度

大量试验结果表明,陶瓷材料的实际强度比其理论值小 1 ~ 2 个数量级,只有晶须和纤维的实际强度才较接近理论值,见表 1-12。

陶瓷材料断裂强度　　表 1-12

材　料	理论值 σ_c(MPa)	测定值 σ_c'(MPa)	σ_c/σ_c'
Al_2O_3 晶须	49000	15100	3.3
铁晶须	29420	12700	2.3
奥氏体型钢	20000	31400	6.4
高碳钢琴丝	13700	2450	5.6
硼	34100	2350	14.5
玻璃	6800	103	66.0
Al_2O_3(蓝宝石)	49000	630	77.6
BeO	35000	230	150.0
MgO	24000	300	81.4
Si_3N_4(热压)	37700	980	38.5
SiC(热压)	48000	930	51.5
Si_3N_4(反应烧结)	37700	290	130.5
AlN(热压)	27500	588 ~ 980	46.7 ~ 28.0

陶瓷材料断裂强度理论值和实测值的巨大差异,可用格里菲斯裂纹强度理论得到满意解释。研究表明,陶瓷材料的断裂强度具有以下特点:

(1)陶瓷材料尽管本质上应当具有很高的断裂强度,但实际断裂强度却往往低于金属材料。陶瓷材料的弹性模量比金属大几倍,弹性模量越大,则理论断裂强度也应越大,陶瓷材料具有较高的熔点和较高的硬度也反映陶瓷应当具有较高的强度。但是,陶瓷材料是由固体粉料烧结而成,在粉料成形、烧结反应过程中,存在大量气孔,这些气孔不都是球形,很多呈不规则形状,其作用相当于裂纹。在加热烧成过程中,固体颗粒的凝聚或反应往往在固相间进行,烧结反应中的固溶、第二相析出、晶粒长大等大多数过程也是在固相中进行,反应进行的程度与烧成条体有很大关系,这就导致陶瓷材料不同于金属材料的第二个特点,即内部组织结构的复杂性与不均匀性,即陶瓷中的缺陷或裂纹比金属材料中多而且大得多。还有金属中裂纹扩展时要克服比表面能大得多的塑性功,因此陶瓷的断裂强度反而低于金属材料。

(2)陶瓷材料的抗压强度比抗拉强度大得多,其差别程度大大超过金属材料。表1-13比较了一些材料的抗拉强度与抗压强度,可以看出:金属材料即使是脆性的铸铁,其抗拉强度与抗压强度之比也只有$\frac{1}{4}$ ~ $\frac{1}{3}$,而陶瓷材料的抗拉强度与抗压强度之比几乎都在$\frac{1}{10}$以下。这表明陶瓷材料承受压应力的能力大大超过承受拉应力的能力。其原因是陶瓷材料内部缺陷(如气孔、裂纹等)和不均匀性对拉应力十分敏感,这对陶瓷材料在工程上的合理使用有着重要意义。

(3)气孔和材料密度对陶瓷材料断裂强度有重大影响。

一些材料的抗拉强度和抗压强度 表1-13

材　　料	抗拉强度(MPa)	抗压强度(MPa)	抗拉强度/抗压强度
铸铁(FC10)	98 ~ 147	390 ~ 588	1/4
铸铁(FC25)	245 ~ 294	833 ~ 980	1/3.4 ~ 1/3.3
化工陶瓷	29 ~ 39	245 ~ 390	1/10 ~ 1/8
石英玻璃	49	196	1/40
多铝红柱石	123	1320	1/10.8
烧结尖晶石	131	1860	1/14
99%烧结 Al_2O_3	260	2930	1/11.3
烧结 B_4C	294	2940	1/10

1.6.4 陶瓷材料的合理应用

对陶瓷材料进行强度设计时应注意以下几点:

(1)陶瓷材料应当尽可能避免用于较硬的应力状态,如拉伸、多向拉伸或缺口拉伸等。当结构设计中孔槽截面过渡不可避免时,应当尽可能设法降低结构设计中的应力集中,应加大圆角过渡及避免三向拉应力状态等。

(2)采用组合式结构,将应力状态尽可能地转化为较软的应力状态。

本章习题

1. 解释下列名词：

(1)弹性后效；(2)循环韧性；(3)包申格效应；(4)塑性、脆性和韧性；(5)正断、切断；(6)穿晶断裂和沿晶断裂；(7)形变强化；(8)解理断裂。

2. 说明下列力学性能指标的意义：

(1)$E(G)$；(2)σ_p、σ_e；(3)σ_s、$\sigma_{0.2}$；(4)σ_b；(5)n；(6)δ、φ。

3. 金属的弹性模量主要取决于什么？为什么说它是一个对结构不敏感的力学性能指标？陶瓷和聚合物的弹性模量决定于哪些因素？与金属相比较，为什么说陶瓷和聚合物的弹性模量是一个结构敏感的力学性能指标？

4. 提高金属材料屈服强度有哪些方法？试各举一例。

5. 一直径为2.5mm、长度为200mm的杆件，在载荷2000N作用下直径缩小为2.2mm，试计算：(1)杆的最终长度；(2)在该应力下的真应力与真应变；(3)在该应力下的工程应力、工程真应变。

6. 为什么晶粒大小会影响材料的屈服强度？若退火纯铁的晶粒大小为16个/mm^2时，$\sigma_s = 100MPa$；而当晶粒大小为4096个/mm^2时，$\sigma_s = 250MPa$，求晶粒大小为256个/mm^2时的σ_s值。

7. 常用的标准拉伸试样有5倍试样和10倍试样，其延伸率分别用δ_5和δ_{10}表示，这两者哪个数值大？

8. 现有45、40Cr、35CrMo和灰铸铁几种材料，你选择哪种作机床床身？为什么？

9. 什么是平面应力状态？什么是平面应变应力状态？为什么平面应变应力状态最容易脆断？

10. 什么是包申格效应？它有什么实际意义？

11. 形变强化在工程上有什么实际意义？

12. 韧性断裂和脆性断裂有什么区别？为什么脆性断裂更危险？

13. 何谓断口三要素？影响宏观拉伸断口形态的因素有哪些？

14. 板材宏观脆性断口的主要特征是什么？如何寻找裂纹源？

15. 为什么室温下陶瓷材料的塑性变形能力较差？

16. 与金属材料相比，高聚物的抗拉强度有哪些特点？

本章参考文献

[1] 束德林.金属力学性能[M].北京：机械工业出版社，1987.
[2] 时海芳，任鑫.材料力学性能[M].北京：北京大学出版社，2010.
[3] 郑修麟.材料的力学性能[M].西安：西北工业大学出版社，2000.
[4] 石德珂，金志浩.材料力学性能[M].西安：西安交通大学出版社，1998.

[5] 黄明志,石德珂,金志浩. 材料力学性能[M]. 西安:西安交通大学出版社,1986.
[6] Thomas H. Courtney. Mechanical behavior of materials [M]. Beijing: China Machine Press, 2004.
[7] 胡庚祥,蔡珣. 材料科学基础[M]. 上海:上海交通大学出版社,2010.
[8] 梁新邦,李久林,张振武. 金属力学及工艺性能试验方法国家标准汇编[M]. 北京:中国标准出版社,1996.
[9] 周敬恩,金志浩. 非金属工程材料[M]. 西安:西安交通大学出版社,1987.
[10] 梁晖,卢江. 高分子科学基础[M]. 北京:化学工业出版社,2014.

第 2 章　材料在其他静加载下的力学性能

我们在第 1 章中曾指出,不同加载方式在试样中将产生不同的应力状态。单向静拉伸试验的应力状态软性系数 α 为 0.5,所以适用于那些τ_s/σ_c 小于 0.5 的塑性材料。而对于那些τ_s/σ_c 小于 0.5 的脆性材料(如灰铸铁、某些铸造合金等),这种加载方式的应力状态就显得过硬,不能反映这类材料的塑性变形情况。为了研究化学成分、组织结构对这类材料性能的影响,就需要测定在扭转、压缩等应力状态较软的加载方式下所表现的力学行为,以揭示那些在静拉伸条件下不能反映的力学性能。此外,很多机件或工具在实际服役时常承受扭转、弯曲或轴向压力的作用,有必要测定这类机件或工具在这几种载荷下的力学性能指标,用作设计和选材的依据。

硬度测试在生产和研究中应用非常广泛,但硬度并不是一个确定的力学性能指标,其物理含义与测试方法的类型有关。生产上最常用的静载压入法硬度试验,如布氏硬度、洛氏硬度、维氏硬度以及显微硬度等所测定的硬度值,实质上是表示材料表面抵抗另一物体压入时产生塑性变形抗力的大小。压入法的加载方式相当于三向不等压缩,在这样的应力状态下几乎所有的材料都会发生塑性变形。因此,本章将压入法硬度也作为一种静加载试验一并介绍。

2.1　扭 转 试 验

2.1.1　扭转试验特点与应用

扭转试验一般采用实心圆柱形试样在扭转试验机上进行。当加载扭矩 M 时,试样表面的应力状态如图 2-1 所示。在与试样轴线成 45°的两个斜截面上承受最大正应力,在与试样轴线平行和垂直的截面上承受最大切应力,两种应力的比值接近于 1。在弹性变形阶段,试件横截面上的切应力和切应变沿半径方向的分布是线性的,当表层产生塑性变形后切应变的分布仍保持线性关系,但切应力则因塑性变形而有所降低,不再呈线性分布。

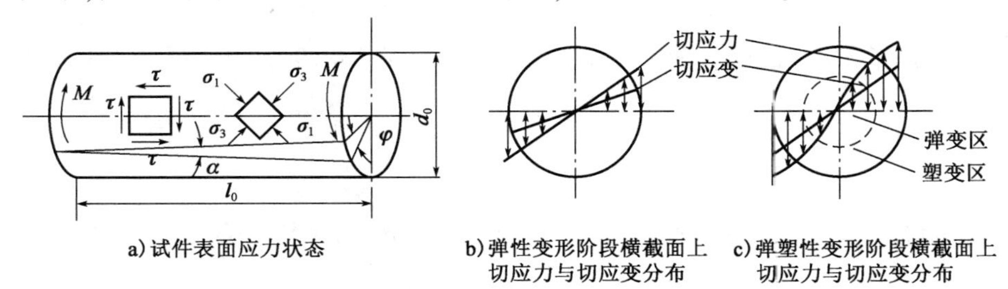

图 2-1　扭转试样中应力-应变分布

根据上述应力状态和应力分布，可以看出扭转试验具有如下特点：

(1)扭转应力状态软性系数 α 为 0.8，因而可用以评定那些在拉伸时呈现脆性的材料的力学性能。

(2)扭转试验时试样截面面积上应力分布不均匀，表面最大、心部小，因而不能显示材料的体缺陷，但对表面缺陷和表面硬化层的性能却非常敏感。

(3)圆柱形试样在扭转试验时，整个试样长度上的塑性变形始终是均匀的，没有颈缩现象，且截面和标距长度基本保持不变。因此可用于评定拉伸时出现颈缩的高塑性金属材料的形变能力和形变抗力。

(4)扭转时试件中的最大正应力与最大切应力在数值上大体相等，而生产上所使用的大部分金属材料的正断强度大于切断强度，所以，扭转试验是测定这些材料切断强度最可靠的方法。

(5)扭转试验可以明确区分材料的最终断裂方式是正断还是切断。

总之，扭转试验可用于测定塑性材料和脆性材料的剪切变形和断裂的全部力学性能指标，并且还有着其他力学性能试验方法所无法比拟的优点，因而在科研和生产检验中得到较广泛的应用。然而，扭转试验的特点和优点在某些情况下也会变为缺点。例如，由于扭转试件中表面切应力最大，越往心部切应力越小，当表层发生塑性变形时，心部仍处于弹性状态，所以，很难精确测定表层开始塑性变形的时刻，故用扭转试验难以精确测定材料的微量塑性变形抗力。

2.1.2 扭转强度的测定

在扭转试验过程中，随着扭矩 M 的增大，圆柱形试件标距两端截面不断产生相对转动，使扭转角 φ 增大。利用试验机的绘图装置可得出 M-φ 关系曲线，称为扭转图，如图 2-2 所示。

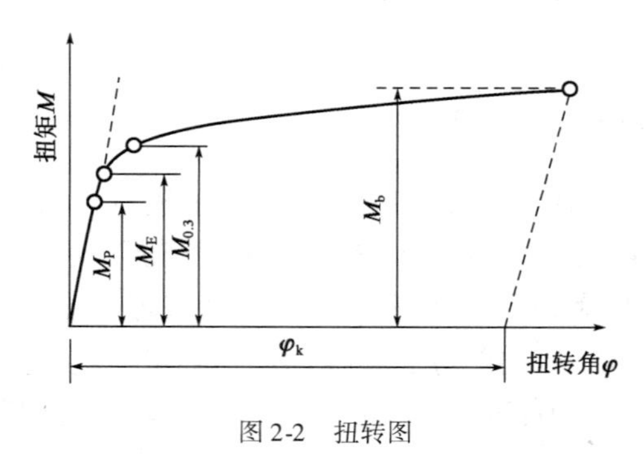

图 2-2 扭转图

在弹性变形范围内，试样表面的切应力 τ 和表面相对切应变 γ 的计算公式分别为

$$\tau = \frac{M}{W} \tag{2-1}$$

式中：M——扭矩；

W——截面系数，对于实心圆柱体，$W = \pi d_0^3/16$，d_0 为试样的直径。

$$\gamma = \tan\alpha = \frac{\varphi d_0}{2l_0} \times 100\% \tag{2-2}$$

式中：φ——扭转角；

l_0——试样的长度。

由式(2-1)和式(2-2)，可以得到以下性能指标：

剪切弹性模量 G

$$G = \frac{\tau}{\gamma} = \frac{32Ml_0}{\pi\varphi d_0^4} \tag{2-3}$$

扭转比例极限τ_p

$$\tau_p = \frac{M_p}{W} \tag{2-4}$$

式中：M_p——扭转曲线开始偏离直线时的扭矩。

扭转屈服强度$\tau_{0.3}$

$$\tau_{0.3} = \frac{M_{0.3}}{W} \tag{2-5}$$

式中：$M_{0.3}$——残余切应变为0.3%（按第三强度理论相当于单向拉伸时的残余正应变0.2%）时的扭矩。

扭转强度极限τ_b

$$\tau_b = \frac{M_b}{W} \tag{2-6}$$

式中：M_b——试样断裂前的最大扭矩。

应当指出，扭转强度极限τ_b 也是按照弹性变形状态公式计算的，这与真实情况不符，因而是“条件的”。除了极脆材料以外，τ_b 不能代表真实扭转强度极限。为了求得材料的真实扭转强度极限，可运用塑性力学理论，按圆柱形试样在大量塑性变形下的扭转应力来计算。

真实扭转强度极限τ_k

$$\tau_k = \frac{4}{\pi d_0^4}\left[3M_k + \theta_k\left(\frac{dM}{d\theta}\right)_k\right] \tag{2-7}$$

式中：M_k——试样断裂前的最大扭矩；

θ_k——试样断裂时单位长度上的相对扭转角，$\theta_k = \dfrac{d\varphi}{dl_0}$；

$\left(\dfrac{dM}{d\theta}\right)_k$——可用图解微分法求出，即根据计算出的各 θ 及对应的各 M 值，画出临近断裂部分的 M-θ 曲线，曲线上 M_k 处的斜率 $\tan\alpha$ 即为 $\left(\dfrac{dM}{d\theta}\right)_k$，如图2-3所示。

扭转相对残余切应变 γ_k

$$\gamma_k = \frac{\varphi_k}{2l_0} \times 100\% \tag{2-8}$$

式中：φ_k——试样断裂时标距长度 l_0 上的相对扭转角。

扭转总切应变是扭转塑性应变与弹性应变之和。对于高塑性材料，弹性切应变很小，塑性切应变近似地等于总切应变；低塑性材料弹性切应变较大，残余切应变加上弹性切应变才是总切应变。

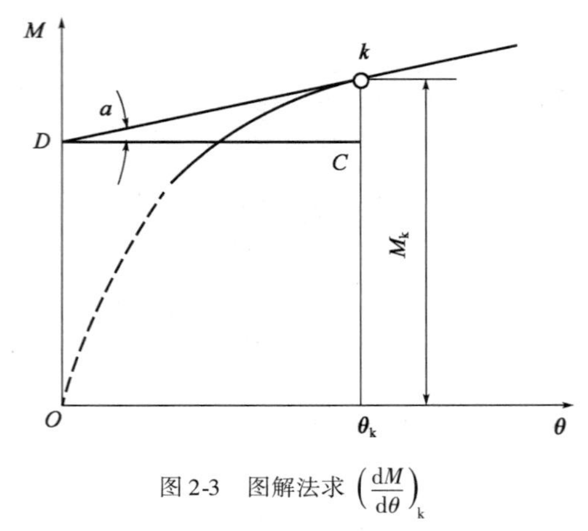

图 2-3　图解法求 $\left(\frac{dM}{d\theta}\right)_k$

扭转试验方法的技术规定可参阅《金属材料室温扭转试验方法》(GB/T 10128—2007)。

2.2 弯曲试验

2.2.1 弯曲试验的特点

材料在承受弯矩作用后其内部应力主要为正应力,截面上的应力分布不均匀,表面最大、中心为零,且应力方向发生变化,因此材料在弯曲加载下所表现的力学行为与单纯拉应力或压应力作用下的不完全相同。例如,很多材料的拉伸弹性模量与压缩弹性模量不同,而弯曲弹性模量却是两者的复合结果。又如,在拉伸或压缩载荷下产生屈服现象的金属,在弯曲载荷下显示不出来。因此,对于承受弯曲载荷的机件,如轴、板状弹簧等,常用弯曲试验测定其力学性能。与拉伸试验相比,弯曲试验还有以下特点:

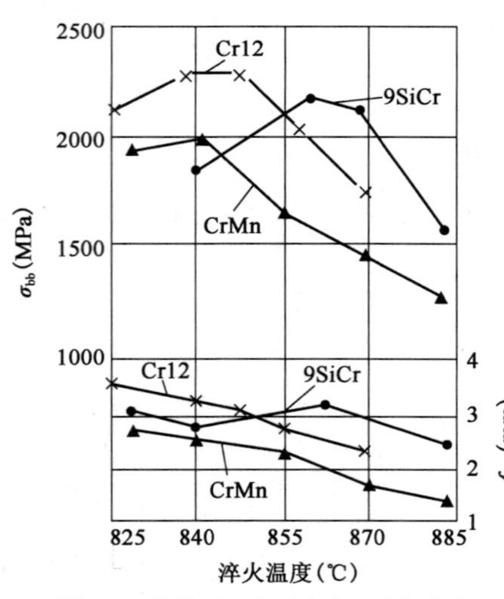

图 2-4　热处理工艺对合金工具钢弯曲力学性能影响的试验结果

(1)弯曲试验试件形状简单、操作方便。弯曲试验不存在拉伸试验时试件偏斜而对试验结果的影响,并可用试件弯曲的挠度显示材料的塑性。因此,弯曲试件方法常用于测定铸铁、铸造合金、工具钢及硬质合金等脆性与低塑性材料的强度和显示塑性的差别。例如,图 2-4 所示为热处理工艺对合金工具钢弯曲力学性能影响的试验结果,据此可确定最佳淬火温度范围。

(2)弯曲试件表面应力最大,可较灵敏地反映材料表面缺陷,因此常用来比较和鉴别渗碳、表面淬火等化学热处理及表面热处理机件的质量和性能。

(3)对于高塑性材料,弯曲试验不能使试件发生断裂,而且实验结果的分析也很复杂,故塑性材料的力学性能由拉伸试验测定,而不采用弯曲试验。

2.2.2　弯曲力学性能

弯曲试验时，把圆柱形或矩形试样放置在一定跨度的支座上，进行三点弯曲或四点弯曲，如图 2-5 所示。通过记录载荷 P 和试样最大挠度 f_{max} 之间的关系，得到弯曲图来确定材料在弯曲载荷下的力学性能。

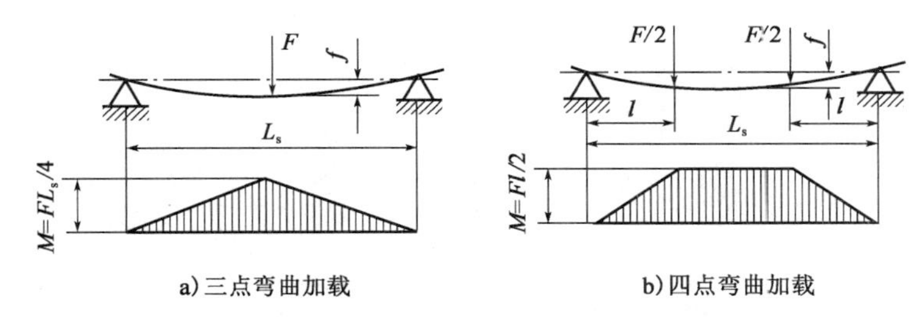

图 2-5　弯曲试验加载方式

弯曲应力按下式计算：

$$\sigma = \frac{M_{max}}{W} \tag{2-9}$$

式中：M_{max}——最大弯矩，三点弯曲 $M_{max} = \frac{Pl}{4}$，四点弯曲 $M_{max} = \frac{Pl}{2}$；

W——试样抗弯截面系数，对于直径为 d_0 的圆柱形试样 $W = \frac{\pi d_0}{32}$，对于宽度为 b、高度为 h 的矩形试样 $W = \frac{bh^2}{6}$。

材料的塑性可用弯曲最大挠度 f_{max} 表示，其值用百分表或挠度计直接读出。

对于脆性材料，可直接求得抗弯强度 σ_{bb}，即

$$\sigma_{bb} = \frac{M_b}{W} \tag{2-10}$$

2.3　材料压缩

2.3.1　压缩试验特点

（1）单向压缩时应力状态软性系数 α 为 2，故用于测定脆性材料，如铸铁、轴承合金、水泥和砖块等的力学性能。

（2）压缩试验可以看作是反向拉伸，因而在拉伸试验时所定义的各个力学性能指标和相应的计算公式，在压缩试验中基本都能应用。但两者之间也存在着差别，如压缩时试样是缩短而不是伸长，截面面积是增大而不是缩小。

（3）塑性材料压缩时只发生压缩变形而不断裂，因此塑性材料很少做压缩试验，如需做压

缩试验,也是为了考察材料对加工工艺的适应性。

2.3.2 压缩试验

图2-6为不同类型材料的压缩曲线。根据压缩曲线,可以求出压缩强度和塑性指标。对于低塑性和脆性材料,一般只测抗压强度 σ_{bc}、相对压缩率 ε_{ck} 和相对断面扩展率 φ_{ck}。

$$\sigma_{bc} = \frac{P_{bc}}{A_0} \tag{2-11}$$

$$\varepsilon_{ck} = \frac{h_0 - h_k}{h_0} \times 100\% \tag{2-12}$$

$$\varphi_{ck} = \frac{A_k - A_0}{A_0} \times 100\% \tag{2-13}$$

式中:P_{bc}——试样断裂时的载荷;

h_0、h_k——试样的原始高度和断裂时的高度;

A_0、A_k——试样的原始截面面积和断裂时的截面面积。

式(2-11)表明,σ_{bc}是条件抗压强度。若考虑试样截面面积变化的影响,可求得真实抗压强度(P_k/A_k)。由于 $A_k \geqslant A_0$,故真实抗压强度小于或等于条件抗压强度。

压缩试验常用的试样为圆柱体,也可用立方体和棱柱体。为了防止试验时试样纵向失稳,试样的高度和直径之比 h_0/d_0 应取1.5~2.0。试样的高径比 h_0/d_0 对试验结果有很大影响,h_0/d_0 越大,抗压强度越低。为了使抗压强度的试验结果可以相互比较,一般规定 $h_0/\sqrt{A_0}$ 为定值。压缩试验方法的技术规定可参阅《金属材料　室温压缩试验方法》(GB/T 7314—2017)。

压缩试验时,在上下压头与试件端面之间存在很大的摩擦力。这不仅影响试验结果,而且还会改变断裂形式。为减小摩擦阻力的影响,试件的两端面必须光滑平整,相互平行,并涂润滑油或石墨粉进行润滑。还可将试件的端面加工成凹锥面,且使锥面的倾角等于摩擦角,即 $\tan\alpha = f$,f 为摩擦因数;同时,也要将压头改制成相应的锥体,如图2-7所示。

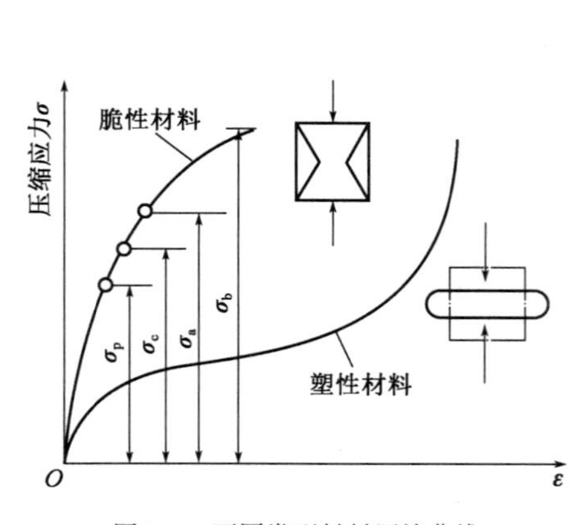

图2-6　不同类型材料压缩曲线

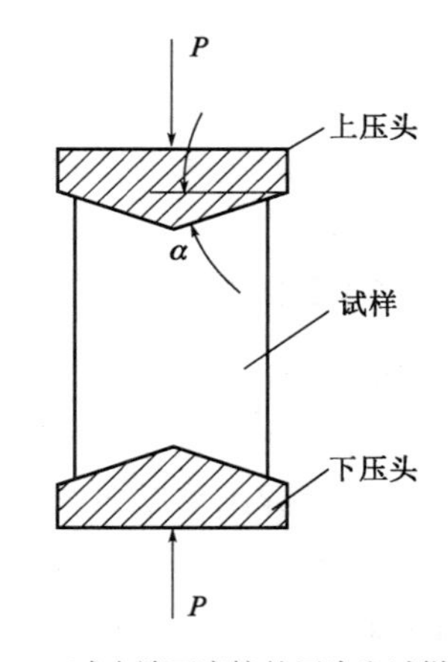

图2-7　减小端面摩擦的压头和试样形状

2.4 硬　　度

硬度是衡量材料软硬程度的一种性能，其物理意义随试验方法而不同。硬度试验几十种，基本上可以分为刻划法和压入法两大类。刻划法硬度试验主要表征材料抵抗破裂的能力，而压入法则表征材料抵抗变形的能力。

生产中应用最多的是压入法硬度试验，如布氏硬度、洛氏硬度、维氏硬度和显微硬度等，所得到的硬度值实质上是表示材料表面抵抗外物压入所引起塑性变形抗力的大小，综合反映了压痕附近局部体积内材料的弹性变形、塑性变形抗力以及形变强化能力等物理量的大小。不同的压入法硬度试验，由于压头材料、形状及尺寸、载荷的大小及加载方式的不同，上述几个物理量在硬度值中所起的作用也不相同。因此，硬度不是材料独立的力学性能。

2.4.1 压入法硬度试验特点及应用

(1)应力状态为三向不等压缩，其 $\alpha>2$。在这样的应力状态下几乎所有的金属材料都会发生塑性变形，因而可以用来测定淬火钢、硬质合金，甚至玻璃等脆性材料的硬度值。

(2)硬度试验由于设备简单，操作迅速方便，同时又能敏感地反映出材料的化学成分、组织结构的差异，因而被广泛用来检查热处理工艺质量或研究热处理相变过程。

(3)硬度实验压痕小，通常被视为无损检测，因而可用成品试验而无须专门加工试样。同时，硬度试验也易于检查材料表面层的情况，如脱碳与增碳、表面淬火以及化学热处理后的表面质量等。

(4)压入法硬度值和金属材料抗拉强度 σ_b 值之间近似地呈比例关系，如 σ_b 和布氏硬度值 HB 之间的近似关系可写为 $\sigma_b=K\cdot \mathrm{HB}$，对不同的材料，有不同的 K 值：对铜及其合金和不锈钢，$K=0.4\sim0.55$；对钢铁材料，$K=0.33\sim0.36$，常取 $K=1/3$；铝合金也基本如此。

2.4.2 布氏硬度

布氏硬度试验是1900年由瑞典工程师布里涅尔(J. B. Brinell)提出的，是目前最常用的硬度试验方法之一。

1)布氏硬度试验

布氏硬度的测定原理是用直径为 D 的淬火钢球或硬质合金球，以一定的载荷 P 压入被试材料的表面，如图2-8所示，经规定的保持时间后，卸除载荷，测量材料表面的压痕直径 d，求得压痕的陷凹表面积 F，计算出应力值作为布氏硬度的计量指标，记作 HB，则有

$$\mathrm{HB}=\frac{P}{F}=\frac{2P}{\pi D(D-\sqrt{D^2-d^2})} \tag{2-14}$$

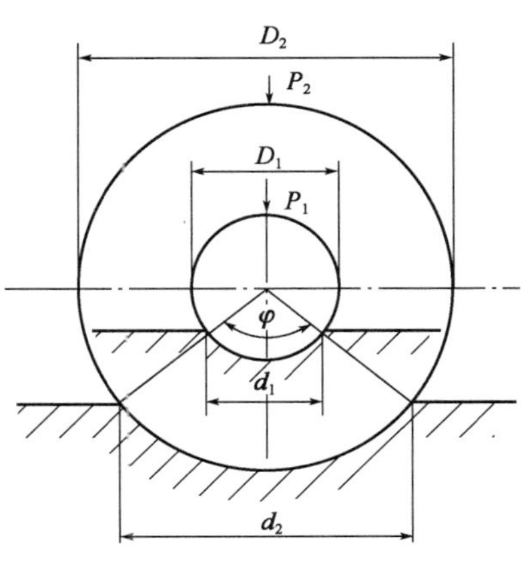

图2-8　布氏硬度试验原理图

上式为布氏硬度值的计算式，单位为 kgf/mm^2[1]，但一般不标出。

由于压头材料的不同，布氏硬度也用不同的符号表示，以示区别。当压头为淬火钢球时，其符号为 HBS，适用于布氏硬度值在 450 以下的材料；当压头为硬质合金球时，其符号为 HBW，适用于布氏硬度值为 450～650 的材料。符号 HBS 或 HBW 之前为硬度值，之后的数字依次表示球体直径、载荷大小及载荷保持时间等试验条件。例如，当用 10mm 淬火钢球在 1000kgf[2]作用下，保持 30s 测得材料的布氏硬度值为 180 时，记作 180HBS10/1000/30。又如，550HBW5/750/20 表示用直径为 5mm 的硬质合金球，在 750kgf 载荷作用下，保持载荷 20s 测得的布氏硬度值为 550。如果用 10mm 淬火钢球在 3000kgf 作用下，载荷保持时间为 10～15s 时测得的硬度值为 320，则试验条件可以不标，直接记作 320HBS。

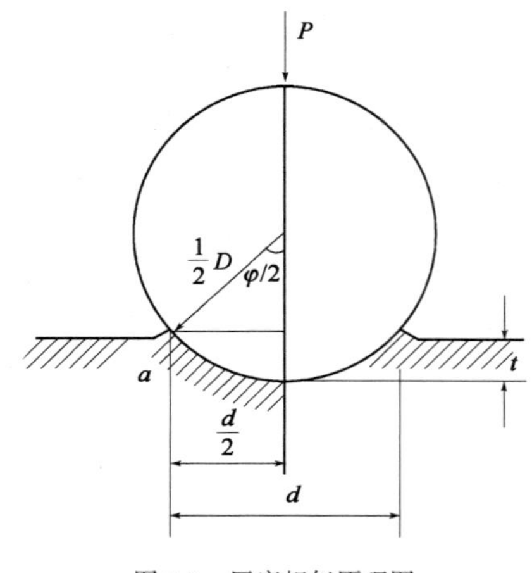

图 2-9　压痕相似原理图

在测定软硬不同材料或厚度不一的布氏硬度值时，必须选用不同的载荷 P 和球体直径 d。为了得到统一的、可以相互比较的硬度值，需要运用压痕的几何形状相似原理，即当用不同直径 D_1 和 D_2 的球体，在不同的载荷 P_1 和 P_2 下压入同一材料表面，应使两个压痕的压入角 φ 相等，如图 2-9 所示。

由图 2-9 可见，$d = D\sin\frac{\varphi}{2}$，将其代入式(2-14)，得

$$HB = -\frac{P}{D^2}\frac{2}{\pi[1-(1-\sin^2\varphi/2)^{\frac{1}{2}}]} \tag{2-15}$$

由式(2-15)可知，为了使压入角 φ 相等，必须使 $\frac{P}{D^2}$ 为一常数，只有这样才能保证对同一材料得到相同的 HB 值。生产上常用的 $\frac{P}{D^2}$ 值规定有 30、10 和 2.5 三种，根据金属种类不同而分别采用，见表 2-1。

布氏硬度试验　　表 2-1

材　　料	HB	试样厚度(mm)	$\frac{P}{D^2}$	钢球直径 D(mm)	载荷 P(kgf)	载荷保持时间(s)
黑色金属	140～150	>6	30	10	3000	10～15
		3～6		5	750	
		<3		2.5	187.5	
黑色金属	<140	>6	30	10	3000	30
		3～6		5	750	
		<3		2.5	187.5	

[1] $1kgf/cm^2 = 0.0980665MPa$。

[2] $1kgf = 9.80665N$。

续上表

材　　料	HB	试样厚度（mm）	$\frac{P}{D^2}$	钢球直径 D（mm）	载荷 P（kgf）	载荷保持时间（s）
铜及其合金	31.8～130	>6	10	10	1000	30
		3～6		5	750	
		<3		2.5	187.5	
铝及其合金、轴承合金	8～35	>6	2.5	10	250	60
		3～6		5	62.5	
		<3		2.5	15.6	

测定布氏硬度的试样，其厚度至少应为压痕直径的10倍；对于薄件，试验后压痕直径应该在（0.25～0.6）D 范围内，否则试验结果无效，应考虑改变试验条件重新试验。

2）布氏硬度试验优缺点和适用范围

布氏硬度试验的优点是：代表性全面，因为其压痕面积较大，能反映金属表面较大体积范围内各组成相的综合平均性能，故特别适宜于测定灰铸铁、轴承合金等具有粗大晶粒或粗大组成相的金属材料。试验数据稳定，可以从小到大都统一起来。

布氏硬度试验的缺点是对不同材料需要更换球体和改变载荷，压痕直径的测量也比较麻烦，在要求迅速检定大量成品时不适合。

布氏硬度试验方法和技术条件在国标《金属材料　布氏硬度试验　第1部分：试验方法》（GB/T 231.1—2009）中有明确规定。

2.4.3　洛氏硬度

洛氏硬度试验法是美国洛克威尔（S. P. Rockwell 和 H. M. Rockwell）于1919年提出的，也是目前最常用的硬度试验方法之一。

1）洛氏硬度试验原理

洛氏硬度试验原理与布氏方法不同，它不是测定压痕的表面积，而是测量压痕的深度，以深度的大小表示材料的硬度值。洛氏硬度的压头分硬质和软质两种。硬质的由顶角 α 为120°的金刚石圆锥体制成，适于测定淬火钢材等较硬的金属材料；软质的为直径1/16′（1.5875mm）或1/8″（3.175mm）钢球，适于退火钢、有色金属等较软材料硬度值的测定。

洛氏硬度试验时先加初载荷 $P_0=10\text{kgf}$，然后再加主载荷 P_1，所加总载荷（P_0+P_1）大小视被测材料的软硬而定。采用不同的压头和施加不同的总载荷，可以组成不同的洛氏硬度级，见表2-2。生产上常用的为A级、B级和C级，分别记作HRA、HRB和HRC，其中以HRC使用最普遍。

洛氏硬度不同硬度级规定　　表2-2

硬度级	硬度符号	压头	初载荷 P_0（kgf）	主载荷 P_1（kgf）	总载荷 P（kgf）	适用范围
A	HRA	金刚石圆锥	10	50	60	20～88
B	HRB	1/16′钢球	10	90	100	20～100

续上表

硬度级	硬度符号	压头	初载荷 P_0（kgf）	主载荷 P_1（kgf）	总载荷 P（kgf）	适用范围
C	HRC	金刚石圆锥	10	140	150	20～70
D	HRD	金刚石圆锥	10	90	100	40～77
E	HRE	1/8″钢球	10	90	100	70～100
F	HRF	1/16′钢球	10	50	60	60～100
G	HRG	1/16′钢球	10	140	150	30～94
H	HRH	1/8″钢球	10	50	60	80～100
K	HRK	1/8″钢球	10	140	150	40～100

图2-10为用金刚石圆锥体测定材料硬度（HRC）过程示意图。为了使压头保持在恒定的位置上，在试验时首先加一初载荷 $P_0=10\text{kgf}$，在材料表面得一压痕深度为 t_0。随后加主载荷 $P_0=10\text{kgf}$，压痕深度增量为 t_1。当 P_1 卸除后，总变形中的弹性变形部分恢复，于是得到在初载荷 P_0 下的压痕深度残余增量 t，以 t 的大小计算硬度值。显然，t 值越大，材料硬度越小，反之越高，这和布氏硬度值所表示的硬度大小的概念相矛盾，也和人们的习惯不一致。为此，只能采取一个不得已的措施，即用选定的一个常数减去 t 值，以其差值来标志洛氏硬度值。该常数规定为0.2mm（用于HRA、HRC）和0.26mm（用于HRB）。此外，在读数上再规定0.002mm为一度，这样常数0.2mm就为100度（试验机表盘上为100格）；常数0.26mm为130度（试验机表盘上为一圈再加30格，为130格）。因此有

$$\text{HRC}=0.2-t=100-\frac{t}{0.002} \tag{2-16}$$

$$\text{HRC}=0.26-t=130-\frac{t}{0.002} \tag{2-17}$$

由式（2-16）和式（2-17）可以看出，当压痕深度 $t=0$ 时，HRC＝100或HRB＝130；$t=0.2\text{mm}$ 时，HRC＝0或HRB＝30。这就是HRC测定硬度值有效范围为20～70以及HRB有效范围为20～100的原因，因为在上述有效范围以外，不是压头压入过浅，就是压头压入过深，都将使测得的值不准确。

2）洛氏硬度试验优缺点

洛氏硬度试验优点是：①有硬质、软质两种压头，故适于各种不同硬质材料的检验；②压痕小，不伤工件表面；③操作迅速，立即得出数据，生产效率高，适用于大量生产中的成品检验。

洛氏硬度试验缺点是：用不同硬度级测得的硬度值无法统一起来，无法进行比较，不像布氏硬度可以从小到大统一起来。这正是洛氏硬度中纯粹由人为规定所带来的结果。此外，对组织结构不一致，特别是具有粗大组成相（如灰铸铁中的石墨片）或粗大晶粒的金属材料，因压痕太小，可能正好压在个别组成相上，缺乏代表性，因此不宜用此法进行试验。

关于洛氏硬度试验技术条件等可参阅国标《金属材料　洛氏硬度试验　第1部分：试验方法》（GB/T 230.1—2018）。

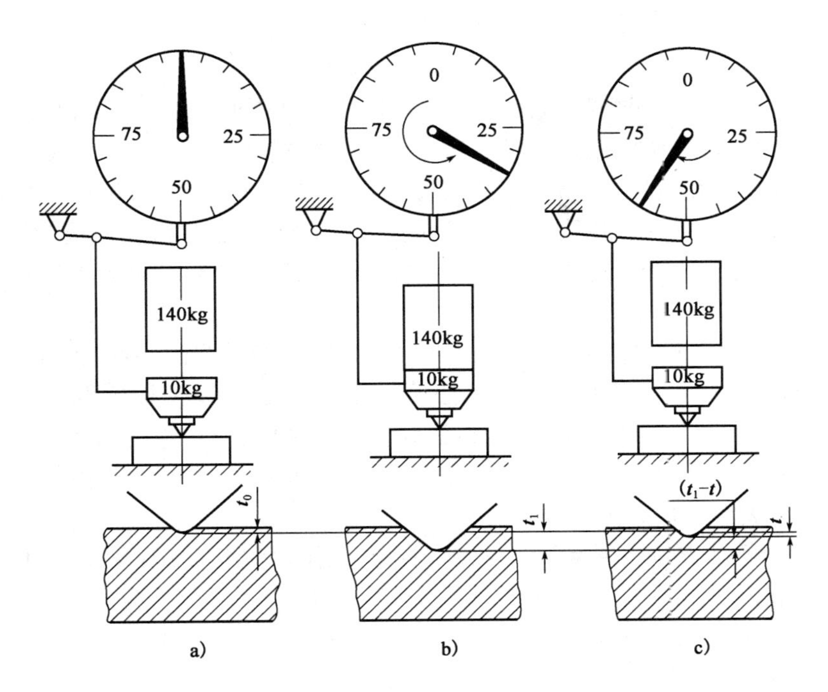

图 2-10　金刚石圆锥体测定材料硬度(HRC)过程示意图

2.4.4　维氏硬度

维氏硬度试验方法是 1925 年由英国的史密斯(R. L. Smith)和桑德兰德(G. E. Sandland)提出的。由于按照此种方法试制成功第一台硬度计的是英国的威克斯(Vickers)公司,所以人们称之为维氏硬度试验法。

维氏硬度的测定原理和布氏硬度相同,也是根据压痕单位面积所承受的载荷来计算硬度值。所不同的是维氏硬度的压头不是球体而是锥面夹角为 136°的金刚石正四棱锥。其试验原理如图 2-11 所示。

压头在载荷 P 作用下将在试样表面一个四方锥形的压痕,经规定保持时间后,卸除载荷,测量压痕对角线长度 $d\left(d=\dfrac{d_1+d_2}{2}\right)$,用以计算压痕的表面积 F。维氏硬度值就是载荷 P 除以压痕表面积 F 所得的商值,即

$$\mathrm{HV}=\frac{2P\sin\frac{136^{\circ}}{2}}{d^2}=1.8544\frac{P}{d^2} \tag{2-18}$$

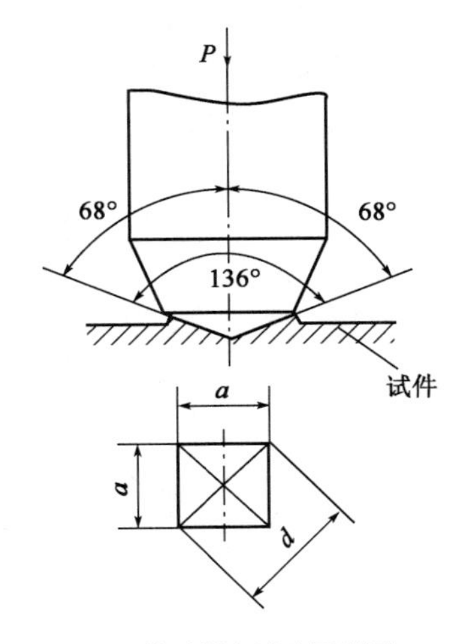

图 2-11　维氏硬度试验原理图

与布氏硬度值一样,维氏硬度值也不标注单位。

维氏硬度的符号为 HV,符号前面为硬度值,符号后面按载荷和载荷保持时间的顺序用数字表示试验条件(载荷保持时间为 10～15s,不标注时间)。例如,640HV30/20 表示用 30kgf 载

荷保持 20s 测得的维氏硬度值为 640;如果载荷保持 10 ~ 15s 测得的硬度值为 640,则记为 640HV30。

维氏硬度试验通常用得最多的载荷是 5、10、20、30、50、100、120kgf 几种。载荷选择原则是根据工件厚度、硬度层深度(如渗碳层、渗氮层等)和材料预期硬度而尽可能选取较大的载荷,以减小测量压痕对角线长度的误差。但是要注意,当试验硬度大于 500HV 的材料时,所加载荷不宜大于 50kgf,以保护金刚石压头;当测量薄件或表面薄层硬度时,所选择的载荷应使试样或试验层的厚度大于 1.5d。对于 0.05mm 左右氮化层或 0.05 ~ 0.1mm 渗碳层,以采用 5kgf 或 10kgf 载荷为宜。

与布氏、洛氏硬度试验比较起来,维氏硬度试验具有许多优点,它不存在布氏硬度试验那种载荷 P 和压头直径 D 的规定条件的约束,也不存在洛氏硬度试验那种硬度值无法统一的问题。维氏硬度试验和洛氏硬度试验一样可以试验任何软硬的材料,并且比洛氏硬度试验能更好地测试极薄件(或薄层)的硬度。由于维氏硬度与布氏硬度的测试原理相同,因而在材料硬度小于 450HV 时,两者数值大体相同。

维氏硬度试验的缺点是其硬度值测量较为麻烦,工作效率不如洛氏硬度高,所以不宜用于成批生产的常规检验。

有关维氏硬度试验的一些规定可参阅国标《金属材料　维氏硬度试验　第 1 部分:试验方法》(GB/T 4340.1—2009)。

2.4.5　显微硬度

显微硬度所用的载荷很小,一般在 100 ~ 500gf,所用的压头有两种:一是维氏压头;二是努氏压头。

1)显微维氏硬度

如前所述,测定维氏硬度的载荷可以任意选择而不影响硬度值。可以设想,若将载荷减小 1 ~ 2 个数量级,那么所得压痕的面积将会很小,从而有可能测定一个极小范围内(如材料中个别晶粒、个别夹杂物或某种组成相)的维氏硬度。显微维氏硬度试验实质上就是小载荷的维氏硬度试验,其测试原理和维氏硬度试验相同,故硬度值可用式(2-18)计算,并仍用符号 HV 表示。

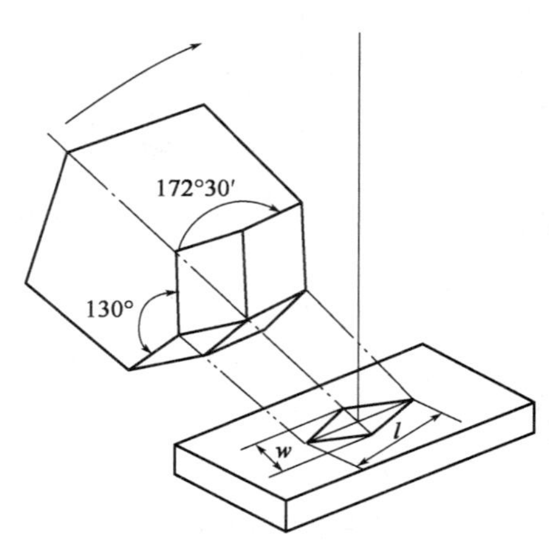

图 2-12　努氏硬度试验压头与压痕示意图

显微维氏硬度试验的载荷一般为 0.01、0.02、0.025、0.05、0.1kgf,压痕对角线长度以 μm 计量。硬度测定过程在硬度计所带的显微镜下进行。当用 0.1kgf 载荷,保持载荷 10 ~ 15s,测得的维氏硬度值为 450 时,书写为 450HV0.1;若上述硬度值是在保持载荷 30s 时测得,则记为 450HV0.1/30。

金属显微维氏硬度试验方法可参阅《金属材料　维氏硬度试验　第 1 部分:试验方法》(GB/T 4340.1—2009)。

2)努氏硬度

努氏硬度采用金刚石长菱形压头,两长棱夹角为 172.5°,两短棱夹角为 130°(图 2-12),压痕的长短对角线长度之比为7∶1。努氏硬度的计算公式为：

$$HK = \frac{P}{A} = \frac{P}{Cl^2} \tag{2-19}$$

式中：A——投影面积；

l——长对角线长度(μm)；

C——制造厂提供的常数。

努氏硬度试验由于压痕浅而细长，在许多方面较维氏硬度优越。努氏硬度更适宜于测定极薄层或极薄零件，丝、带等细长件以及硬而脆的材料(如玻璃、玛瑙、陶瓷等)的硬度。此外，其测量精度和对表面状况的敏感程度也更高。

2.4.6　肖氏硬度

与上述各种压入法硬度试验不同，肖氏(Shore)硬度试验是一种动载荷试验法。其原理是将一定质量的带有金刚石圆头或钢球的重锤，从一定高度落于金属试件表面，根据重锤回跳的高度来表征金属硬度值大小，因而又称为回跳硬度。肖氏硬度的符号用HS表示，在表示硬度时HS前面的数字为肖氏硬度值，后面的符号为硬度计类型。如25HSC表示用C型(目测型)肖氏硬度计测得的肖氏硬度值为25；51HSD表示用D型(指示型)肖氏硬度计测得的肖氏硬度值为51。

标准重锤从一定高度落下，以一定的能量冲击试样表面，使其产生弹性变形和塑性变形。重锤的冲击能一部分消耗于试样的塑性变形，另一部分则转变为弹性变形功储存在试样中。当弹性变形回复时，能量被释放，使重锤回跳到一定的高度。消耗在试样的塑性变形功越小，则试样储存的弹性变形能就越大，重锤回跳的高度便越高。这也表明，肖氏硬度值的大小取决于材料的弹性性质。因此，弹性模数不同的材料，其结果不能相互比较，例如钢和橡胶的肖氏硬度值就不能比较。

肖氏硬度采用一种便携式硬度计，使用方便，可在现场测量大件制品的硬度值。其缺点是试验结果的准确性受人为因素影响较大，不适用于精确度要求较高的生产和研究工作。

本章习题

1. 解释下列名词：

(1)应力状态软性系数；(2)布氏硬度；(3)洛氏硬度；(4)维氏硬度；(5)显微硬度。

2. 说明下列力学性能指标的意义：

(1)σ_{bc}；(2)σ_{bb}；(3)τ_s；(4)τ_b；(5)HBS；(6)HBW；(7)HRA；(8)HRB；(9)HRC；(10)HV。

3. 综合比较单向拉伸、扭转、弯曲和压缩试验的特点。如何根据实际应用条件来选择恰当的试验方法衡量材料的性能？

4. 同一材料用不同的硬度测定方法所得的硬度值有无确定的对应关系，为什么？有两种材料的硬度分别为200HBS10/1000和45HRC，问哪一种材料更硬？

5. 现有如下工件需要测定硬度,试说明选用何种硬度试验为宜?

(1)渗碳层硬度;(2)灰铸铁;(3)淬火钢件;(4)龙门刨床导轨;(5)氮化层;(6)仪表小黄铜齿轮;(7)双相钢中的铁素体和马氏体;(8)高速钢刀具;(9)硬质合金;(10)退火状态下的软钢。

6. 下列的硬度要求或书写是否妥当? 如何改正?

(1)HBW230;(2)HRC15;(3)72HRC;(4)HBS480。

7. 压入法硬度试验有哪些特点?

本章参考文献

[1] 束德林. 金属力学性能[M]. 北京:机械工业出版社,1987.

[2] 时海芳,任鑫. 材料力学性能[M]. 北京:北京大学出版社,2010.

[3] 郑修麟. 材料的力学性能[M]. 西安:西北工业大学出版社,2000.

[4] 石德珂,金志浩. 材料力学性能[M]. 西安:西安交通大学出版社,1998.

[5] 黄明志,石德珂,金志浩. 材料力学性能[M]. 西安:西安交通大学出版社,1986.

[6] Thomas H. Courtney. Mechanical behavior of materials [M]. Beijing:China Machine Press, 2004.

[7] 梁新邦,李久林,张振武. 金属力学及工艺性能试验方法国家标准汇编[M]. 北京:中国标准出版社,1996.

[8] 魏文光. 金属的力学性能测试[M]. 北京:科学出版社,1980.

第3章　材料在冲击载荷下的力学性能

高速作用于物体上的载荷称为冲击载荷。许多机器零件在服役时往往受冲击载荷的作用,如飞机的起飞和降落;内燃机膨胀冲程中气体爆炸推动活塞和连杆,使活塞和连杆间发生冲击;金属件的冲压和锻造加工等。这些零件之间的冲击,常常使它们发生过早损坏,因此在机械设计中必须考虑冲击问题,尽可能使零件不受冲击负荷的作用。当然,有时也要利用冲击载荷来实现静载荷难以实现的效果,如在凿岩机中,活塞以6~8m/s的速率冲击钎杆并传递至钎头,从而使岩石破碎;反坦克武器的长杆穿甲弹,以1.5~2.0km/s的速率着靶后实现快速穿孔等。为评定材料传递冲击载荷的能力,揭示材料在冲击载荷作用下的力学行为,就需要进行冲击载荷下的力学性能试验。

冲击载荷与静载荷的主要区别,在于加载速率不同。加载速率是指载荷施加于试样或机件时的速率,用单位时间内应力增加的数值表示。由于加载速率提高,形变速率也随之增加,因此可用形变速率间接地反映加载速率的变化。形变速率是单位时间内的变形量。变形量有绝对变形量与相对变形量两种表示方法,因此形变速率有绝对形变速率与相对形变速率之分,后者应用较为广泛,又称为应变速率,用下式表示

$$\dot{\varepsilon} = \frac{\mathrm{d}e}{\mathrm{d}\tau} \tag{3-1}$$

式中:$\dot{\varepsilon}$——应变速率;

e——真应变;

τ——切应力。

现代机器中,各种不同机件的应变速率范围为$1.0\times10^{-6}\sim1.0\times10^{6}\mathrm{s}^{-1}$。如静拉伸试验的应变速率为$1.0\times10^{-5}\sim1.0\times10^{-2}\mathrm{s}^{-1}$,冲击试验的应变速率为$1.0\times10^{2}\sim1.0\times10^{4}\mathrm{s}^{-1}$。实践表明,应变速率在$1.0\times10^{-4}\sim1.0\times10^{-2}\mathrm{s}^{-1}$内,金属力学性能没有明显的变化,可按静载荷处理;当应变速率大于$1.0\times10^{-2}\mathrm{s}^{-1}$时,金属力学性能将发生显著变化,这就必须考虑由于应变速率增大而带来力学性能的一系列变化。

3.1　冲击载荷下材料变形与断裂的特点

在冲击载荷作用下,零件的变形与破坏过程与静载荷一样,仍分为弹性变形、塑性变形和断裂三个阶段。所不同的是加载速率的不同对这三个阶段产生了影响。

众所周知,弹性变形是以声速在介质中传播的。在金属介质中声速是相当大的,如在钢中为4982m/s,普通摆锤冲击试验时绝对变形速度只有5~5.5m/s。这样,冲击弹性变形总能紧跟上冲击外力的变化,因而应变速率对金属材料的弹性行为及弹性模量没有影响。

3.1.1 冲击载荷下材料变形与断裂特点

由于冲击载荷下应力水平比较高,将使许多位错源同时开动,结果抑制了单晶体中的易滑移阶段的产生和发展。此外,冲击载荷还增加位错密度和滑移系数目,出现孪晶,减小位错运动自由行程平均长度,增加缺陷浓度。上述诸点均使金属材料在冲击载荷作用下塑性变形难以充分进行。显微观察表明,在静载荷下塑性变形比较均匀地分布在各个晶粒中;而在冲击载荷下,塑性变形则比较集中在某些局部区域,这反映了塑性变形是极不均匀的。这种不均匀的情况也限制了塑性变形的发展,导致屈服强度(和流变应力)、抗拉强度提高,且屈服强度提高得较多,抗拉强度提高得较少,如图 3-1 所示。

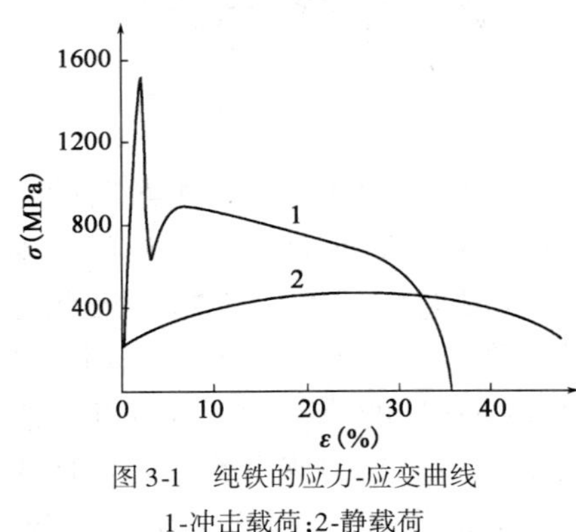

图 3-1 纯铁的应力-应变曲线

1-冲击载荷;2-静载荷

3.1.2 冲击试样断裂过程分析

冲击试验所得到的冲击功 A_{KV} 或 A_{KU} 包括试样在冲击断裂过程中吸收的弹性变形功、塑性变形功和裂纹形成及扩展功等。简单的冲击试验不能将这些不同阶段的功耗区分开来,因此,虽然冲击功属于韧性指标,但只是一种混合的性能指标,其物理含义是不明确的,在设计中不能定量使用。

在夏比冲击试验机上装备的冲击过程的监测系统(示波冲击系统)可以记录试样冲击变形和断裂的全过程,从而得以对断裂过程进行分析。示波冲击系统得到的载荷-挠度(P-f)曲线如图 3-2 所示。曲线所围成的面积即为冲击功。曲线上 P_{Gy} 之前为弹性变形阶段,从 P_{Gy} 开始,试样进入塑性变形和形变强化阶段,由于缺口的存在,塑性变形只发生于缺口附近的局部范围,而且缺口越尖锐,参与塑性变形的材料体积越小,得到的冲击功越低。缺口形式对冲击试验结果的影响很大。一般评定材料时,希望揭示不同材料在冲击功方面的差异,因此,应根据材料的韧性情况,选择合适的缺口形式。如对于一组韧性很高的材料,应选用尖锐缺口试样,而对于韧性差的材料,则应选用钝缺口试样甚至不开缺口。

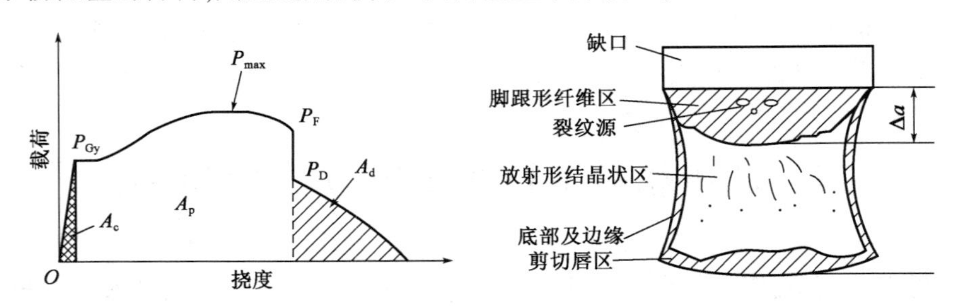

图 3-2 载荷-挠度曲线和韧性材料冲击试样断口

当载荷达到 P_{max} 时,塑性变形已贯穿整个缺口截面,缺口根部开始横向收缩(相当于颈缩变形),承载面积减小,试样承载能力降低,载荷下降。在 P_{max} 附近试样内部萌生裂纹,视材料韧性情况,裂纹可能萌生于 P_{max} 之前,也可能在之后。缺口根部为三向应力状态,应力最大值不在缺口根部表面,而是在试样内部距缺口根部一定距离处,因而裂纹萌生于距缺口一定距离的试样内部,如图 3-2 所示。

裂纹形成以后,向两侧宽度方向和前方深度方向扩展,其机制遵循微孔聚集型断裂规律。在裂纹扩展过程中,载荷继续下降,载荷达到 P_F 时,裂纹已扩展到缺口根部的整个宽度。因试样中部约束较强,裂纹扩展较快,形成缺口前方的脚跟形纤维区。随 P_F 点开始失稳扩展,形成试样中心的结晶状断口区,呈放射状特征,与此对应的载荷陡降到 P_D。此时裂纹前沿已进入试样的压应力区,尚未断裂的截面面积已比较小,与两侧一样已处在平面应力状态下,变形比较自由,形成二次纤维区和剪切唇,相应的载荷由 P_D 降到零。研究表明,试样背面横向扩展量、缺口根部横向收缩量以及剪切唇的厚度都是衡量材料韧性的参数。

根据对断裂过程的分析,可将冲击功分为 A_c、A_p 和 A_d(图 3-2)。可以近似认为,A_c 为弹性变形功,A_p 为塑性变形、形变强化以及裂纹形成等过程吸收的功,A_d 为裂纹扩展功。不同材料或相同材料但试样不同,各阶段吸收的功的相对比例不同。因此,有时尽管冲击功相同,但断裂的物理过程不同,由此引起对材料评定的差异。这也是冲击功不能用作定量设计指标的原因。

3.2 冲击弯曲和冲击韧性

3.2.1 缺口韧性冲击试验

缺口韧性冲击试验是综合运用了缺口、低温及高应变速率这三个对材料脆化的影响的因素,使材料由原来的韧性状态变为脆性状态,这样可以显示和比较材料因成分和组织的改变所产生的脆断倾向。在影响材料脆化的这三个因素中,缺口所造成的脆化是最主要的,如果不用缺口试样而用光滑试样,即使降至很低温度,也难以使低中强度钢产生脆断。同样,在规定的试验方法中,由冲击造成的高应变速率也是有限的,它只在试样有缺口的前提下促进材料的脆化。

摆锤冲击试验原理如图 3-3 所示。将具有一定质量 G 的摆锤举至一定高度 H_1,使其获得一定的势能 GH_1,然后将摆锤释放,在摆锤下落至最低位置处将试样冲断(注意试样的缺口放置时应背向摆锤上的刀口)。摆锤在冲断试样时所做的功,称为冲击功,以 A_K 表示。摆锤的剩余能量为 GH_2,故有 A_K 的单位为 N · m(J),摆锤冲击试样时的速度为 5m/s,应变速率约为 $1.0\times10^3 s^{-1}$。

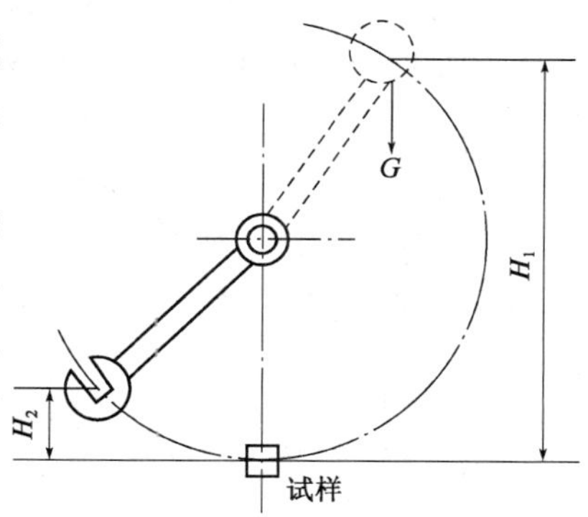

图 3-3 摆锤冲击试验原理

我国过去和苏联都采用梅氏试样,美国和日本等国则采用夏氏试样。现在我国国家标准则融合梅氏和夏氏两种类型为一体,分别称为夏比(Charpy)U 形缺口试样和夏比 V 形缺口试样,如图 3-4 所示。用不同缺口试样测得的冲击吸收功分别记为 A_{KU} 和 A_{KV}。测量球铁或工具钢等脆性材料的冲击吸收功,常采用 10mm × 10mm × 55mm 的无缺口冲击试样。需要指出的是:同一材料不仅在不同冲击试验机上测得的冲击吸收功 A_K 值不同,即使在同一试验机上进行冲击弯曲试验,缺口形状和尺寸不同的试样(有缺口试样和无缺口试样、非标准试样和标准试样),测得的吸收功值也不相同,且不存在换算关系、不能对比。因此,查阅国内外材料性能数据,评定材料脆断倾向时,要注意冲击弯曲试验的条件。

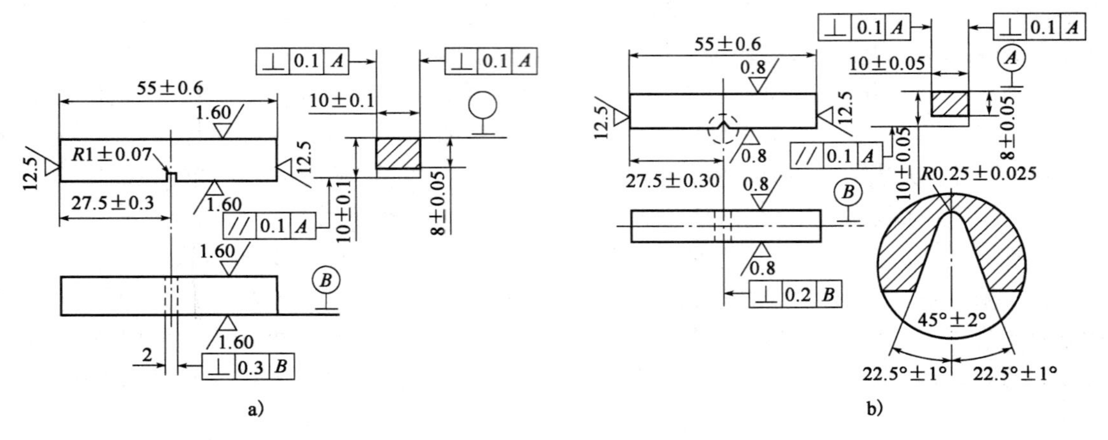

图 3-4　夏比(Charpy)U 形缺口试样和夏比 V 形缺口试样(尺寸单位:mm)

3.2.2　缺口冲击试验的应用

虽然冲击吸收功不能真正代表材料的韧脆程度,但由于它们对材料内部组织变化十分敏感,而且冲击弯曲试验方法测量迅速简便,所以仍被广泛采用,并将材料的冲击韧性列为材料的常规力学性能。σ_s、σ_b、δ、ψ 和 A_K 被称为材料常规力学性能的五大力学性能指标。

缺口冲击弯曲试验的主要用途是揭示材料的变脆倾向,评定材料在复杂受载条件下的寿命与可靠性,主要表现在以下三个方面。

(1)用于控制材料的冶金质量和铸造、锻造、焊接及热处理等热加工工艺的质量。通过测量冲击吸收功和对冲击试样进行断口分析,可揭示原材料中的夹渣、气泡、严重分层、偏析以及夹杂物等冶金缺陷;检查过热、过烧、回火脆性等锻造或热处理缺陷。

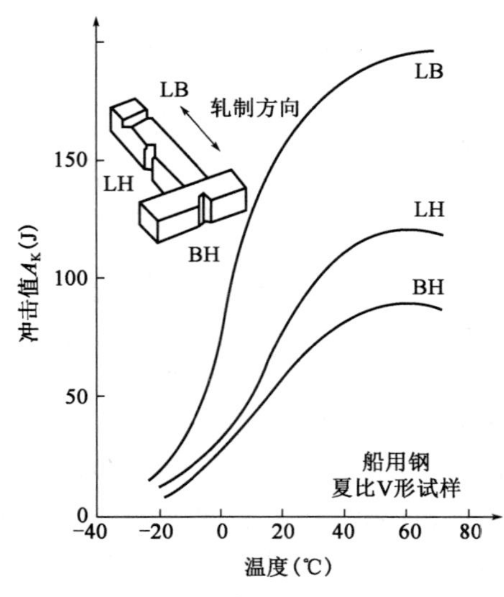

图 3-5　轧制方向对冲击值的影响

例如,沸腾钢由于钢中高的含氧量,其脆性转化温度高于室温,而用 Si 和 Al 脱氧的全镇静钢,其脆性转化温度(其确切含义下面即将谈到)则为 -20℃左右;钢中的夹杂物严重时,会使纵向和横向取样的冲击韧性值差别很大,如图 3-5 所示。锻造或热处理过热和热处理不当造成回火脆性,都将使材料的冲击韧性大幅度降低。

(2)用来评定材料的冷脆倾向,要求机件的服役温度高于材料的韧脆转变温度。评定材料脆断倾向的标准常常是和材料的具体服役条件相联系的。在这种情况下所提出的材料冲击韧性值要求,虽然不是一个直接的服役性能指标,但应理解为和具体服役条件有关的性能指标。

(3)对于 σ_s 大致相同的材料,用 $A_{KV}(A_{KU})$ 可以评定材料对大能量一次冲击载荷下破坏的缺口敏感性。

对一些特殊条件下服役的零件(如炮管、装甲板等)均承受较大能量的冲击,这时 A_K 值就是一个重要的抗力指标。对于一些承受大能量冲击的机件,A_K 值也可作为一个结构性能指标以防发生脆断。

(4)利用 Charpy V 缺口冲击试验试样具有尺寸小、加工方便、操作容易、试验快捷等优点,通过建立冲击功与其他力学性能指标间的联系,代替较复杂的试验。如用材料的冲击功来估算材料的断裂韧性 K_{IC},以代替断裂韧性试验(见第 4 章相关内容);用预制裂纹试样的示波冲击试验,测定材料在冲击加载条件的断裂韧性 K_{ID} 等。

3.3　低 温 脆 性

随着能源开发、海洋工程、交通运输等近代工业的发展,人类的生产活动扩大到寒冷地带,大量的野外作业机械和工程结构由于冬季低温而发生早期的低温脆性断裂事故,造成了重大的经济损失和人员伤亡。据统计,在历年来发生的断裂事故中,30% ~40% 受到低温的影响。目前,机械和结构正朝着大型化和轻量化方向发展,对材料的强度要求日益增高,高强度材料的低温脆性显得更加突出。

3.3.1　低温脆性现象

材料因温度的降低由韧性断裂转变为脆性断裂,冲击吸收功明显下降,断裂机理由微孔聚集型变为穿晶解理,断口特征由纤维状变为结晶状的现象,称为低温脆性或冷脆。转变温度 t_k 称为韧脆转变温度或脆性转变临界温度,也称为冷脆转变温度。低温脆性对压力容器、桥梁和船舶结构以及在低温下服役的机件是非常重要的。

从材料角度看,可将材料的冷脆倾向归结为三种类型,如图 3-6 所示。对面心立方金属及其合金如铜和铝等,它的冲击韧性很高,温度降低时冲击韧性的变化不大,不会导致脆性破坏,这种类型的材料一般可认为没有低温脆性现象。但也有试验证明,在 4.2 ~20K 的极低温度下,奥氏体钢及铝合金也有冷脆性。对高强度的体心立方合金,如高强度钢、超高强度钢、高强度铝合金和钛合金等,在室温下的冲击韧性就很低,当材料内有裂纹存在时,可以在任何温度和应变速率时发生脆性破坏,即这种类型材料本身就是较脆的,韧脆转变的现象也不明显。第三种是低、中强度的体心立方金属以及铍、锌等合金,这些材料的冲击韧性对温度是很敏感的,如低碳钢或低合金高强度钢在室温以上时韧性很好,但温度降低至 -20 ~ -40℃ 时就变为脆性状态,于是这些材料常被称为冷脆材料。

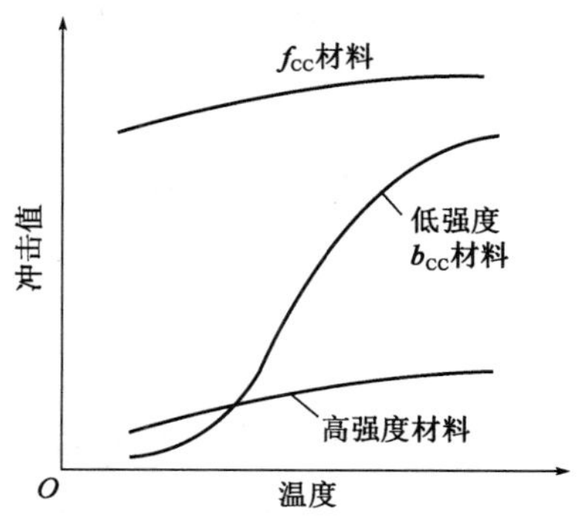

图 3-6　三类不同冷脆倾向的材料

低温脆性从现象上看,是屈服强度和断裂强度随温度下

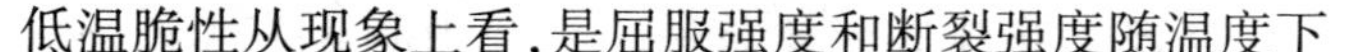

降而变化的速率问题。温度对金属材料屈服强度 σ_s 和断裂强度 σ_c 的影响以及缺口约束对 σ_s 的影响如图 3-7 所示。σ_s 与 σ_c 相交,交点对应的温度为脆性转变温度 T_K,当 $T < T_K$ 时,$\sigma_c < \sigma_s$ 为脆性断裂;当 $T > T_K$ 时,$\sigma_c > \sigma_s$ 为韧性断裂,说明光滑试样在 T_K 发生脆性转变。缺口试样屈服强度 σ_{sn}与 σ_c 相交于T'_K温度,T'_K为缺口试样的脆性转变温度。当 $T < T'_K$时,缺口试样即出现脆性断裂。在 T_K 和 T'_K之间进行试验时,光滑试样为韧性断裂,缺口试样则表现为脆断。这种随温度降低金属材料由韧性断裂转变为脆性断裂的现象称为低温脆性。发生脆性转变的温度称为脆性转变温度。显然,T_K 与 T'_K的差值表示缺口对脆性转变温度的影响,缺口越尖锐,T_K 升高越多。

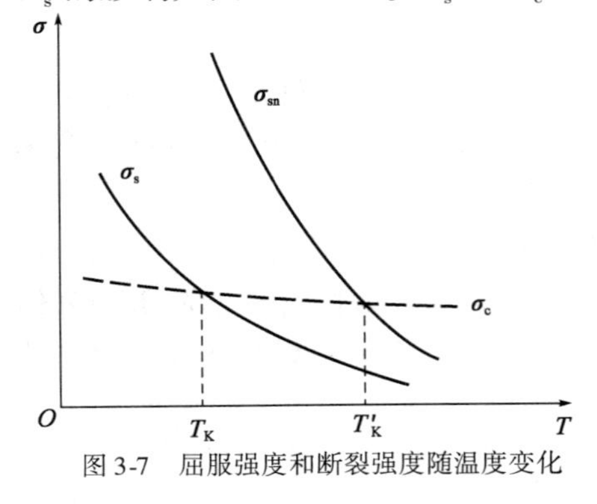

图 3-7　屈服强度和断裂强度随温度变化

脆性转变温度是金属材料的一个很重要的性能指标。工程构件的工作温度必须在脆性转变温度以上,以防止发生脆性断裂。这在工程上典型案例很多,比如第二次世界大战期间,美国焊接的几千艘货轮曾发生脆断,其原因就是这些船体钢的脆性转变温度高于当时的环境温度。

3.3.2　低温脆性的本质

柯垂尔(Cottrell)提出的脆断条件,即公式

$$(\sigma_i d^{\frac{1}{2}} + k_y)k_y = \alpha G \gamma_s \tag{3-2}$$

式中:σ_i——位错在晶体中运动的点阵摩擦阻力,包括派纳力、溶质原子以及第二相对位错运动的阻力,甚至还要考虑位错间的交互作用对位错运动的阻力。对体心立方金属,派纳力随温度的降低而急剧升高,这是体心立方金属产生冷脆的主要原因。另外,要认识到金属中的几种强化机制(如固溶强化、沉淀强化、弥散强化和应变硬化)的目的都是使 σ_i 升高,因而也增大了脆断倾向。

k_y——反映位错被溶质原子或第二相钉扎运动难易程度的参量。例如,同是体心立方金属,Fe 和 Mo 的 k_y 值高,而 Nb 和 T_i 的 k_y 值低,说明在 Fe 和 Mo 中位错运动困难;即使对 α-Fe,氮原子对位错的钉扎比碳原子更强烈,因而含氮的低碳钢 k_y 值更高些。需要说明的是,对低碳钢的试验表明,k_y 并不因为温度降低而显著增加。

d——晶粒直径,但原来的含义是滑移距离,只不过对纯金属或单相合金滑移距离等于晶粒直径的一半。因此对沉淀强化的合金,d 应理解为第二相的平均间距。由公式 $\sigma_f = \dfrac{4G\gamma_s}{k_y d^{\frac{1}{2}}}$ 和 Hall-Petch 公式可以看出,细化晶粒既提高了断裂强度也提高了屈服强度,但相对地断裂强度提高得更多一些,因此细化晶粒总是使冷脆转化温度降低。

α——与应力状态有关的参数,它表示在外加载荷条件下切应力和正应力之比。对扭

转，$\alpha = 1$；拉伸时，$\alpha = 1/2$；对缺口试样拉伸取 $\alpha = 1/3$，可见缺口增加了脆断倾向。在公式中没有反映应变速率的影响，但增加应变速率将提高 σ_i 并在与缺口的联合作用下导致材料的脆化。

γ_s——材料的有效表面能。对于脆性材料或者脆性第二相仅为表面能，对于塑性较好的材料尚须包括裂纹扩展过程中所消耗的塑性变形功。

式(3-2)清楚地概括了影响冷脆转化的各个因素，只要式(3-2)左端大于右端之值，即 $\sigma_y > \sigma_f$，就可发生脆断。公式左端有三个参数 σ_i、k_y 和 d，公式右端主要是 α 和 γ_s 两个参数，G 是组织结构不敏感的性能。因此，凡是增加 σ_i、k_y 和 d 的因素都将促进脆断，使冷脆断转化温度升高；同样，凡使 α 和 γ_s 值减小的因素也将促使脆断，使冷脆转化温度升高。

3.3.3 低温脆性评定

在工程上，为了使材料评定结果具有可比性，需要建立评定脆性转变温度的准则，按统一的准则确定脆性转变温度，评价材料的脆性倾向性。研究结果可用于机械设计中的选材参考，也可以评价现有材料的可用性，或者用于评价现役结构的结构完整性。现有的确定脆性转变温度的准则，都是人们在同脆断进行斗争中，总结经验的基础上建立起来的，大体可分为三类。

1)能量准则

能量标准是以某一固定能量来确定脆化温度。例如对第二次世界大战期间出现脆断事故的焊接油轮进行大量研究后发现，如果用20J来确定船用钢板的脆性转化温度，则具有低于此脆化温度的材料，将不会发生脆性破坏。20J的能量标准被低强度的船用钢板普遍接受。但是需注意这一能量标准的提出，仅仅是针对船用钢板的脆性破坏而言，对其他构件的破坏将失去意义，而且这是20世纪50年代提出的指标，随着低合金高强度钢逐渐代替低碳钢，即由于材料强度的提高，能量标准值也在相应提高如27J等。

2)断口形貌准则

材料的脆性倾向性不仅表现在冲击功上，而且更敏感地反映在断口形貌上。在高阶能范围，形成塑性断口，在低阶能范围时，形成结晶状断口，过渡区则为混合断口，其中的结晶状部分和纤维状部分界限明确，容易分辨。20世纪50年代，美国在对汽轮发电机转子飞裂事故的分析中，提出用50%结晶状断口所对应的温度作为脆性转变温度的准则，通常称为断口形貌转变温度(Fracture Appearance Transition Temperature，简称FATT)。这一准则主要用于正火或调质状态钢材的评定。

3)断口变形特征准则

试样冲断时，缺口根部收缩，试样背面膨胀，用试样背面膨胀量，规定膨胀达0.38mm时的温度，作为脆性转变温度。

按上述3种准则确定的脆性转变温度并不等效，表3-1给出按3种准则确定的几种钢的脆性转变温度，表明20J准则与0.38mm准则比较接近。

由此可见，脆性转变温度是相对的，只有按同一准则确定的脆性转变温度才有可比性。此外，还应认识到冲击试验确定的脆性转变温度是特定尺寸的试样在特定的加载条件下的测试结果，试样尺寸和加载条件的改变都将引起试验结果的改变，因此试样的脆性转变温度与实际结构或零件的脆性转变温度是不同的。所以对于大型结构的脆性评定，应发展更接近实际工况条件的试验方法。

试验用钢的转化温度　　表 3-1

材　料	σ_s(MPa)	转化温度(℃)		
		20J	0.38mm	50%纤维断口
热轧 C-Mn	210	27	17	46
热轧低合金钢	385	-24	22	12
淬火回火钢	618	-71	-67	-54

3.3.4　落锤试验和断裂分析图

系列缺口冲击试验虽然测量简单方便,试验成本也低,大家愿意采用,但其确定的脆性转变温度(无论是哪一种准则),在一般情况下(而不是特定的场合)并不能代表实物构件的脆性转变温度,缺口冲击试验所确定的脆性转变温度总是偏低。这主要是因为缺口冲击试样的尺寸小,其几何约束要比厚、宽的实物构件小,由变形的几何约束小带来的脆化程度也相应地小一些。图 3-8 是夏比冲击试样与厚板实物构件脆性转变温度的比较。当夏比试样的冲击值还很高时,实物的韧性就已经很低了,这样就导致了用夏比冲击试样所确定的脆性转变温度不是安全可靠的。因此,针对较大的试样设计了落锤试验。其典型尺寸为 25mm×90mm×350mm、19mm×50mm×125mm 或 16mm×50mm×125mm。

1)落锤试验

落锤试验机由垂直导轨(支承重锤)、能自由落下的重锤和砧座等组成。重锤锤头是一个半径为 25mm 的钢制圆柱,硬度不小于 50HRC。重锤能升到不同高度,以获得 340~1650J 的能量。砧座上除了两端的支承块外,中心部分还有一挠度终止块,以限制试样产生过大的塑性变形。落锤的能量、支承块的跨距和挠度、终止块的厚度应根据材料的屈服强度及板厚选择。试样一面堆焊一层脆性合金(长 64mm、宽约 15mm、厚约 4mm),焊块中用薄片砂轮或手锯割开一个缺口,其宽度小于 1.5mm,深度为焊块厚度的一半,用以诱发裂纹。

落锤试验示意图如图 3-9 所示。

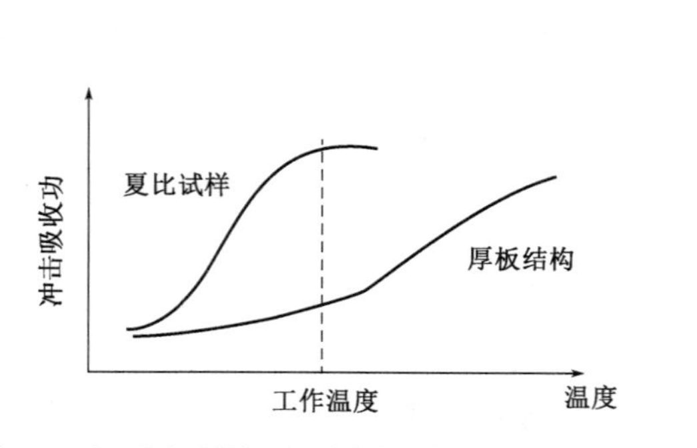

图 3-8　夏比冲击试样与厚板实物构件脆性转变温度的比较

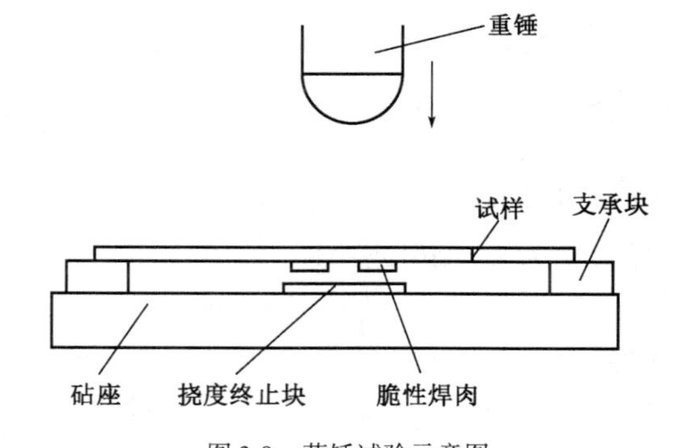

图 3-9　落锤试验示意图

试验之前,在 30~45℃下保温,然后迅速将其移至支座上,使有焊珠的轧制面向下处于受拉侧,然后落下重锤进行打击。根据试验温度的不同,试板的力学行为按温度由高到低依次发生如下的变化：

（1）试板只发生塑性变形，不开裂。

（2）试板拉伸面靠缺口附近出现裂纹，但裂纹只在缺口附近的塑性变形区内，未扩展到两侧边。

（3）裂纹发展到试板一侧边或两侧边。

（4）试件完全碎裂。

一般取拉伸侧表面裂纹发展到一侧边或两侧边的最高温度为无塑性转变温度，用 NDT（Nil Ductility Temperature）表示。NDT 的含义实际是当 T < NDT 时，钢板碎裂；T > NDT 时，含有大裂纹的试板不会碎裂。因此，可以把落锤试样看作是大尺寸的 Charpy 试样。

2）NDT 判据

目前，NDT 已成为低强度钢构件防止脆性断裂设计根据的一部分：

（1）NDT 设计标准：保证承载时钢的 NDT 低于工作温度，此时在高应力区的小裂纹不会造成脆性断裂。

（2）NDT + 33℃设计标准：对结构钢而言，FTE[1] ≈ NDT + 33℃，适用于原子能反应堆压力容器标准。

（3）NDT + 67℃设计标准：适用于全塑性断裂，在塑性超载条件下，仍能保证最大限度的抗断能力，也适用于原子能反应堆压力容器标准。

3）断裂分析图

通过落锤试验求得的 NDT 可以建立断裂分析图（FAD）。断裂分析图（图 3-10）是表示许用应力、缺陷（裂纹）和温度之间关系的综合图，它明确提供了低强度钢构件在温度、应力和缺陷（裂纹）联合作用下脆性断裂开始和终止的条件。

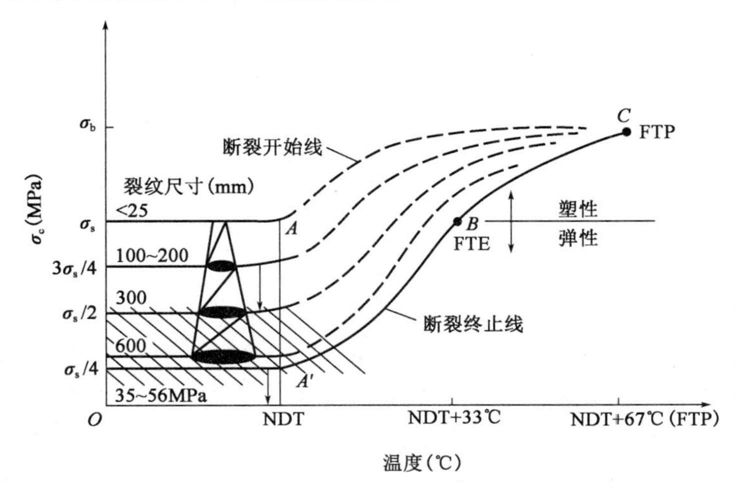

图 3-10　断裂分析图

注：1. FTP-高阶能对应的温度为 T_K，记为 FTP，英文全称 Fracture Temperature Plastic。

2. 以低阶能和高阶能平均值对应的温度定义 T_K，记为 FTE，英文全称 Fracture Transition Elastic。

[1] FTE 英文全称为 Fracture Transition Elastic。

3.4 韧脆转变温度的测定及影响因素

3.4.1 韧脆转变温度的测定

1)系列温度冲击试验

评定材料低温脆性的能量法是系列温度冲击试验。该试验采用标准夏比冲击试样,在从高温(通常为室温)到低温的一系列温度下进行冲击试验,测定材料冲击功随温度的变化规律,揭示材料的低温脆性倾向。

典型的试验结果如图3-11所示。在温度较高时,冲击功较高,存在一上平台,称为高阶能,在这一区间表现为韧性断裂。在低温范围,冲击功很低,表现为脆性的解理断裂,冲击功的下平台称为低阶能。在高阶能和低阶能之间,存在一很陡的过渡区,该区的冲击功变化较大,数据较分散,可见随着温度降低,冲击功由高阶能转变为低阶能,材料由韧性断裂过渡为脆性断裂,相应断口形式也由纤维状断口经过混合断口过渡为结晶状断口,断裂性质由微孔聚集型断裂过渡为解理断裂。

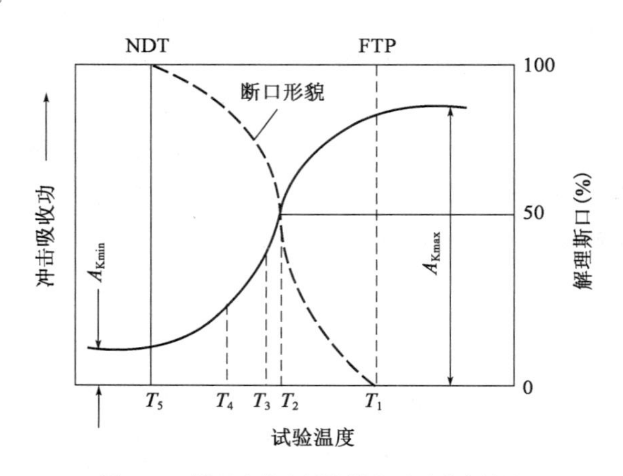

图3-11 低温脆性金属材料的系列冲击结果

2)冷脆转变温度的确定

针对系列温度冲击试验的结果,工程上希望确定一个材料的冷脆转化温度。当构件的使用温度高于这一温度时,只要名义应力还处于弹性范围,材料就不会发生脆性破坏。但是材料由韧性断裂到脆性断裂的转化并非在一个温度点,而是在一个温度范围内完成的,因而当冷脆转化温度的评定准则不同时,就会有不同的冷脆转变温度。需要注意的是,当比较两种材料的脆断倾向或进行选材时,需使用同一个标准。冷脆转化温度评定的准则,大体有以下三种类型。

(1)按断口形貌定义 T_K 的方法。

冲击试样冲断后,其断口形貌如图3-2所示。同拉伸试样一样,冲击试样断口也有纤维区、放射区(结晶区)与剪切唇几部分。在不同试验温度下纤维区、放射区与剪切唇三者之间的相对面积(或线尺寸)是不同的。温度下降,纤维区面积突然减少,放射区面积突然增大,材料由韧变脆。通常取放射区面积占整个断口面积50%时的温度为 T_K，并记为50% FATT (Fracture Appearance Transition Temperature)或 $FATT_{50}$、T_{50}。50% FATT 反映了裂纹扩展变化特征，可以定性地评定材料在裂纹扩展过程中吸收能量的能力。

实验发现，50% FATT 与断裂韧度开始急速增加时的温度是有较好的对应关系，故得到广泛应用。但此种方法评定各区所占面积受人为因素影响，要求测试人员要有较丰富的经验。

(2)按能量法定义 T_K 的方法

①当低于某一温度时，金属材料吸收的冲击能量基本不随温度而变化，形成一平台，该能量称为低阶能，以低阶能开始上升的温度定义为 T_K，并记为 NDT(Nil Ductility Temperature)，称为无塑性或零塑性转变温度，这是无预先塑性变形断裂对应的温度，是最易确定 T_K 的准则。在 NDT 以下，断口由100%结晶区(解理区)组成。

②当高于某一温度时，材料吸收的冲击能量也基本不变，出现一个上平台称为高阶能。以高阶能对应的温度为 T_K，记为 FTP(Fracture Temperature Plastic)。高于 FTP 下的断裂，将得到100%纤维状断口(零解理断口)。这是一种最保守的定义 T_K 的方法。

③以低阶能和高阶能平均值对应的温度定义 T_K，记为 FTE(Fracture Transition Elastic)。

(3)断口变形特征定义 T_K 的方法

试样冲断时，缺口根部收缩，背面膨胀。规定试样表面相对收缩或膨胀为某一定值(1%或3.8%)或膨胀与收缩部分的边长差值为0.38 mm 时的温度，为脆性转变温度。

由于定义 T_K 的方法不同，同一材料所得 T_K 必有差异；同一材料，使用同一定义方法，由于外界因素的改变(如试样尺寸、缺口尖锐度和加载速率)，T_K 也要变化。所以在一定条件下用试样测得的 T_K，因为和实际结构工况之间无直接联系，不能说明该材料制成的机件一定在该温度下脆断。

很明显，机件(或构件)的最低使用温度必须高于 T_K，两者之差越大越安全。为此选用的材料应该具有一定的韧性温度储备，即应该具有一定的 Δ 值：$\Delta = T_0 - T_K$，Δ 为韧性温度储备，T_0 为材料使用温度。通常，T_K 为负值，T_0 应高于 T_K，故 Δ 为正值，Δ 值取 40 ~ 60℃实际上已经足够。为了保证可靠性，对于受冲击载荷作用的重要机件，Δ 取60℃；不受冲击载荷作用的非重要机件，Δ 取20℃；中间者取40℃。

3.4.2　影响韧脆转变温度的因素

材料的脆性倾向性本质上是其塑性变形能力对低温和高加载速率的适应性的反映。在可用滑移系统足够多且阻碍滑移的因素不因变形条件而加剧的情况下，材料将保持足够的变形能力而不表现出脆性断裂。面心立方金属就是这种情况。而体心立方金属如铁、铬、钨及其合金，在温度较高时，变形能力尚好，但在低温条件下，间隙杂质原子与位错和晶界相互作用强度增加，阻碍位错运动，封锁滑移的作用加剧，对变形的适应能力减弱，即表现出加载速率敏感性。因此，低温脆性除取决于晶格类型外，还受材料的成分、组织等因素的影响，这是比较复杂的研究领域，不清楚的问题尚多，今择其要者，简述如下。

1)化学成分

以碳钢为例，含碳量对冲击功-温度曲线的影响如图3-12所示。随含碳量增加，冲击功上平台下移，脆性转变温度向高温推移，转变温度区间变宽。含碳量每增加0.1%，脆性转变温度升高13.9℃(按20J准则)。在退火或正火状态下,加入锰不但可细化晶粒,而且还减少Hall-Petch公式中的k_y,改善材料的韧性。含锰量每增加0.1%,脆性转变温度降低5.6℃(准则同上)。但合金元素对钢性能的影响不是孤立、单独起作用的。对脆断的船体钢的分析表明,钢中Mn/C比值对脆性转变温度有重要影响,只有当Mn/C≥3时,船体钢才有比较满意的脆性转变温度。因此对脆断事故进行分析时,对材质的分析和评价,首先要看成分是否超标,不超标时还要考虑合金配比是否合适。如10号钢,含碳量名义范围为0.07%~0.15%(质量百分数),含Mn量为0.35%~0.65%(质量百分数),如果含碳量达上限,含Mn量为下限,则Mn/C=2.3,按牌号虽属合格,但脆性转变温度却不合格。这种成分落在牌号规范内,但因配比不合适,导致使用性能和工艺性能达不到要求的实例还有很多。

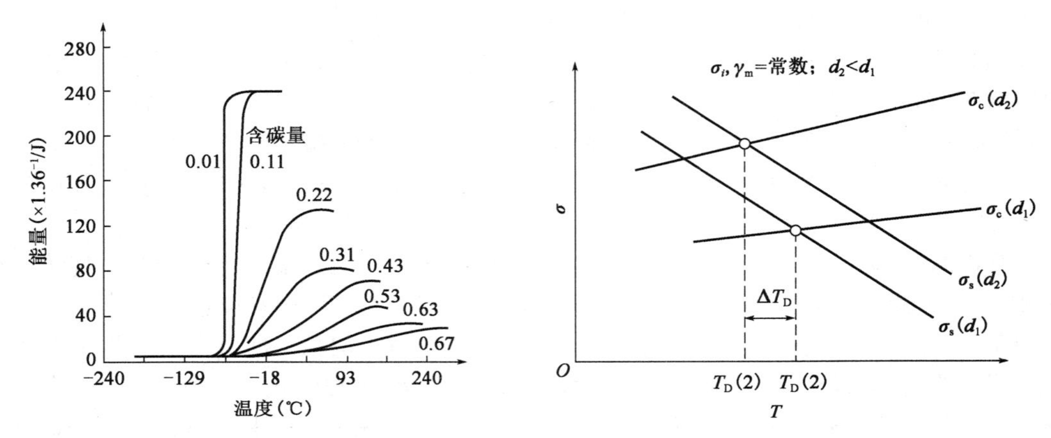

图3-12 含碳量对韧脆转变温度的影响图和晶粒大小对σ_c、σ_s的影响

注:d_1、d_2为2个晶粒尺寸。

2)晶粒尺寸

由式$\sigma_c = \left[\frac{4G\gamma}{d}\right]^{\frac{1}{2}}$和Hall-Petch关系式可见,当材料晶粒尺寸减小时,解理断裂应力σ_c和屈服强度σ_s都得到提高,同时也使脆性转变向低温推移,如图3-12所示。

Hall-Petch关系式中的位错摩擦力包括两部分,即

$$\sigma_s = \sigma_0 + k_y d^{-\frac{1}{2}}(\text{其中}\ \sigma_0 = \sigma_T + \sigma_{ST}) \tag{3-3}$$

式中:σ_T——短程力,作用范围在1nm之内,对温度变化敏感,其中,$\sigma_T = Ae^{-\beta T}$;

σ_{ST}——长程力,作用范围在10~100nm范围,对温度变化不敏感。

注意到脆性转变临界状态时,$\sigma_c = \sigma_s$,$T = T_K$,可得

$$T_K \propto -\ln d^{-\frac{1}{2}}$$

脆性转变温度T_K与晶粒尺寸关系的试验结果如图3-13所示,与理论分析结果相符。

细化晶粒不但降低脆性转变温度,而且还改善塑性韧性,因此采用细化晶粒已成为非常重要的强韧化手段。这是固溶强化、弥散强化及形变强化等手段不可比拟的,因为这些强化手段在提高屈服强度的同时,总是导致塑性和韧性的损失。

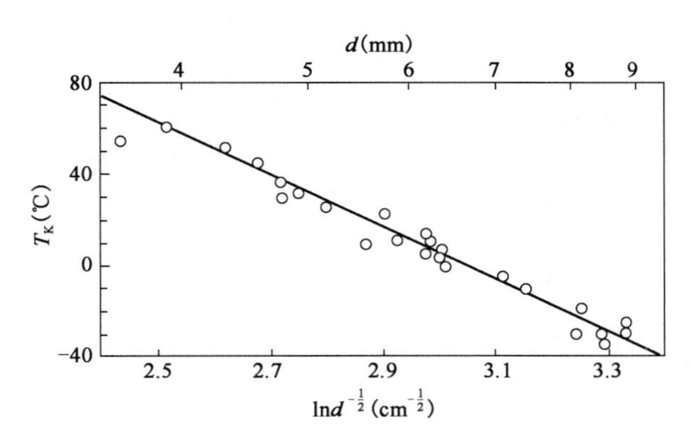

图 3-13 脆性转变温度 T_K 与晶粒尺寸关系的试验结果

细化晶粒在工程上应用实例很多。第二次世界大战中发生脆性破坏的船只都是美国生产的钢板建造的,当时美国采用新式的高速轧钢设备,生产效率高。相反采用英国钢厂生产的钢板建造的船只,未发生脆性破坏,英国钢厂采用老式轧机,设备陈旧,轧速低。因为轧速提高,则终轧温度升高,导致晶粒长大,可使脆性转变温度升高到室温,从而增加了海难事故概率。

3)显微组织

显微组织是影响脆性转变温度的重要因素。对钢而言,钢中各种组织按脆性转变温度由高到低的顺序依次为:珠光体、上贝氏体、铁素体、下贝氏体、回火马氏体。这里要说明的是,对于中碳合金钢来说,若经过等温淬火,获得全部下贝氏体组织,与相同强度条件下的回火马氏体相比,具有更低的脆性转变温度。在连续冷却条件下,总得到贝氏体和马氏体的混合组织,这时其韧性不如纯粹的回火马氏体组织高。在低碳合金钢中,获得下贝氏体和马氏体的混合组织,比纯低碳马氏体有更高的韧性。

在给定强度下,钢的冷脆转化温度取决于转变产物。就钢中各种组织来说,珠光体有最高的脆化温度,按照脆化温度由高到低的依次顺序为:珠光体、上贝氏体、铁素体、下贝氏体、回火马氏体。这里需要说明的是,在中碳合金钢中,当具有 100% 的下贝氏体(如经等温淬火)时,与同强度下的回火马氏体相比,有更低的脆化温度,冲击韧性也较高。在通常连续冷却下,总会得到贝氏体和马氏体的混合组织,这时其韧性比纯粹的回火马氏体差。而在低碳合金钢中,获得下贝氏体和马氏体的混合组织,比纯粹的低碳马氏体有更好的韧性。

钢中的残留奥氏体在通常情况下对韧性是不利的,这主要是因为一般钢中的残留奥氏体都是很不稳定的,很容易转变成马氏体。在高碳工具钢、高速钢中都力求减少残留奥氏体的含量,或者进行稳定化处理使残留奥氏体变得更稳定些。但是,也有相反的情况,通过合金化与热处理得到较多的而且比较稳定的奥氏体,而在受力或变形较大时,又能逐渐变成马氏体。虽然马氏体本身较脆,但马氏体转变有较大的体积膨胀(3% 左右)。在体积膨胀中能松弛裂纹尖端的三向应力,转变时要消耗较多的能量,这两个因素可使奥氏体转变为马氏体有更多的增益,使钢的韧性增加,相变诱导塑性钢(TRIP 钢)就是这样的例子。残留奥氏体的稳定化程度要控制得恰到好处是较为困难的,不能很不稳定也不能十分稳定,在试样即将开始发生颈缩的应变量下,奥氏体才逐渐转变为马氏体,产生强烈的加工硬化,抑制了颈缩的发生。因此这种方法要得到工程应用还需进一步优化。

本章习题

1. 解释下列名词：

(1)冲击韧性；(2)冲击吸收功；(3)低温脆性；(4)韧脆转变温度；(5)韧性温度储备。

2. 说明下列力学性能指标的意义：

(1)A_K，A_{KU}，A_{KV}；(2)$FATT_{50}$；(3)NDT；(4)FTE；(5)FTP。

3. 缺口会引起哪些力学响应？

4. 如何评定材料的缺口敏感性？

5. 何谓低温脆性？哪些材料易表现低温脆性？工程上，有哪些方法评定材料低温脆性？

6. 说明为什么焊接船只比铆接船只易发生脆性破坏？

7. 说明几何强化现象的成因，并说明其本质与形变强化有何不同。

8. 为什么细化晶粒尺寸可以降低脆性转变温度或者说改善材料低温韧性？

本章参考文献

[1] 时海芳，任鑫. 材料力学性能[M]. 北京：北京大学出版社，2010.

[2] 王吉会，郑俊萍，刘家臣，等. 材料力学性能[M]. 天津：天津大学出版社，2006.

[3] 郑修麟. 材料的力学性能[M]. 西安：西北工业大学出版社，2000.

[4] 石德珂，金志浩. 材料力学性能[M]. 西安：西安交通大学出版社，1998.

[5] 黄明志，石德珂，金志浩. 材料力学性能[M]. 西安：西安交通大学出版社，1986.

[6] 束德林. 金属力学性能[M]. 北京：机械工业出版社，1987.

第 4 章　材料的断裂韧性

4.1 概　　述

断裂是金属材料变形过程中的一个非常重要的阶段，也是承载结构件最危险的一种失效方式。根据断裂前发生的塑性变形的大小，可以将断裂分为脆性断裂和韧性断裂两大类。对于脆性断裂，在没有明显征兆情况下发生，使得材料发生破坏，往往会带来灾难性的破坏事故，如第二次世界大战时期的"自由轮"号航船。韧性断裂是金属材料断裂前产生明显宏观塑性变形的断裂，区别于脆性断裂，其断裂有缓慢的撕裂过程。

断裂是材料十分复杂的行为，在不同力学、物理和化学条件下，会产生不同的断裂形式。例如，在循环载荷条件下材料中会发生疲劳断裂；在持久高温和应力作用下会发生蠕变断裂；在腐蚀环境条件会发生应力腐蚀和腐蚀疲劳等。研究断裂的目的就是为了预防断裂的发生，保证构件能够安全服役。在传统力学研究中，把材料看作是均匀的、没有缺陷的、没有裂纹的理想固体，实际情况是在工程材料中均会存在各种缺陷，如空隙、微裂纹，甚至会有宏观裂纹，因此通过传统力学理论开展相关研究存在不足。基于以上问题，本章主要介绍在室温条件下金属材料的断裂基本原理，重点讨论线弹性条件下金属断裂韧性的意义、测试原理和影响因素及其应用，同时弹塑性条件下的断裂韧性也将在后文进行介绍。

4.2 Griffith 断裂理论

4.2.1 理论断裂强度

在拉应力作用下，完整晶体正断沿着与拉应力垂直的原子面开裂，其示意图如图 4-1 所示，在无外力作用下，原子之间保持平衡位置，其原子间距为 a_0；当受到拉力 σ 作用时，沿拉力方向原子间距增加，垂直拉力方向原子间距减小；当原子间作用力超过最大结合力时将发生断裂，断裂后断裂面两边的原子间距恢复平衡位置。

原子间作用力与原子间距之间的关系曲线如图 4-2 所示，曲线上的最高点代表原子之间的最大结合力 σ_m，即理论断裂强度。作为一级近似，该曲线可用正弦曲线表示为

$$\sigma = \sigma_m \sin(2\pi x/\lambda) \tag{4-1}$$

式中：x——原子间距；

λ——正弦曲线的波长。

对图 4-2 的曲线进行求导，可以获得

$$\left(\frac{\mathrm{d}\sigma}{\mathrm{d}x}\right)_{x=0} = \left(\frac{\mathrm{d}\sigma}{\mathrm{d}\varepsilon}\right)_{x=0}\left(\frac{\mathrm{d}\varepsilon}{\mathrm{d}x}\right)_{x=0} = E\left(\frac{\mathrm{d}\varepsilon}{\mathrm{d}x}\right)_{x=0} \tag{4-2}$$

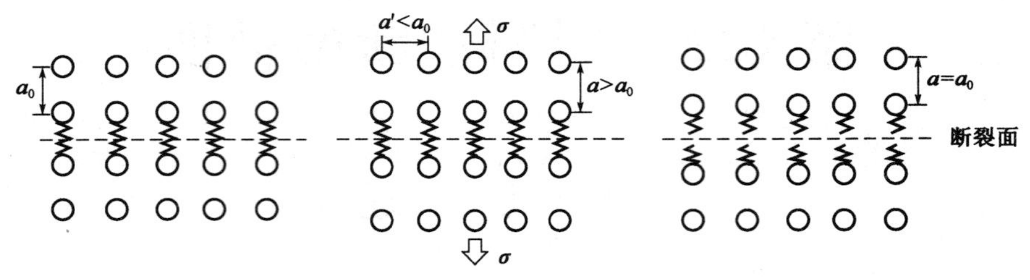

图 4-1　拉伸断裂原子模型

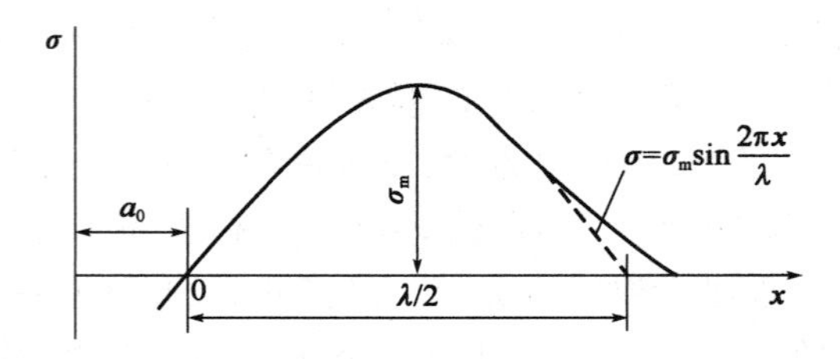

图 4-2　原子间作用力与原子间距之间的关系曲线

其中,应变 ε 和位移 x 的关系为 $\varepsilon = x/a_0$,因此 $\left(\frac{\mathrm{d}\sigma}{\mathrm{d}x}\right)_{x\to 0} = \frac{E}{a_0}$, 上式进一步可以表示为

$$\left(\frac{\mathrm{d}\sigma}{\mathrm{d}x}\right) = \left(\frac{2\pi}{\lambda}\right)\sigma_{\mathrm{m}}\cos\left(\frac{2\pi x}{\lambda}\right) = \left(\frac{2\pi\sigma_{\mathrm{m}}}{\lambda}\right)_{x\to 0} \tag{4-3}$$

将式(4-2)代入式(4-3),可以获得理论断裂强度 σ_{m},即

$$\sigma_{\mathrm{m}} = \frac{\lambda E}{2\pi a_0} \tag{4-4}$$

波长 λ 与 a_0 长度为同一级次,$2\pi \approx 10$,因此,σ_{m} 可近似为

$$\sigma_{\mathrm{m}} \approx \frac{E}{2\pi} \approx \frac{E}{10} \tag{4-5}$$

当发生断裂时,单位面积上所做的功可用图 4-2 中曲线所包围的面积来表示,即

$$\int_0^{\frac{\lambda}{2}} \sigma_{\mathrm{m}}\sin\left(\frac{2\pi x}{\lambda}\right)\mathrm{d}x = \frac{\sigma_{\mathrm{m}}\lambda}{\pi} \tag{4-6}$$

在断裂过程中,形成两个新表面,表面形成能 2γ,其等于释放的能量,则有

$$\frac{\sigma_{\mathrm{m}}\lambda}{\pi} = 2\gamma \tag{4-7}$$

进一步,最大结合力可表示为

$$\sigma_{\mathrm{m}} = \frac{2\gamma\pi}{\lambda} \tag{4-8}$$

结合式(4-4)和式(4-8),可以得到

$$(\sigma_m)^2 = \frac{\gamma E}{a_0} \tag{4-9a}$$

或

$$\sigma_m = \left(\frac{\gamma E}{a_0}\right)^{\frac{1}{2}} \tag{4-9b}$$

E、γ 和 a_0 分别采用金属材料的数据 1.0×10^{10}Pa、1.0×10^{6}J/mm^2 和 3.0×10^{-7}mm，将其代入式(4-9)，则计算得到金属材料的理论断裂强度为 3.0×10^{4}MPa。但从目前已经发现的材料中，强度最高的钢材为4500MPa左右，对比可知，其强度只为理论值的1/7左右，而对于一般材料，其强度值为理论值的1/1000到1/10。分析产生这一差别的原因可能是对原子间作用力变化规律的认识存在问题，根本在于所采用的基本假设不符合事实。该模型认为晶体材料是完整的，外力达到断裂面上所有原子间的作用力总和时才发生断裂，实际上材料中是存在各种缺陷和裂纹等不连续因素，这些引起的应力集中对断裂的影响不可忽视。

4.2.2 Griffith 理论

1921年，为了解释玻璃、陶瓷等脆性的理论断裂强度与实际断裂强度之间的巨大差异，Griffith提出了裂纹理论。他假定在实际材料中存在裂纹，当材料受载荷作用时，其名义应力很低时，裂纹尖端的局部区域应力已经到达很高的数值，从而导致裂纹快速扩展，最终导致材料的脆性断裂。

假定有一单位厚度的无限宽的薄板，对板施加单向拉伸，且与外界无能力交换，视为隔离系统，此时板材中每单位体积的弹性能为$\frac{\sigma^2}{2E}$。如在板内制造一椭圆形的穿透裂纹，裂纹长度为 $2c$。此时因与外界无能量交换，裂纹的扩展只能来自系统内部储存的弹性能的释放，根据理论计算，其释放的弹性能为 $u_E = -\frac{\sigma^2\pi c^2}{E}$。裂纹扩展时裂纹的表面积增加，形成新表面所需的表面能为 $u_s = 4\gamma c$，其中 γ 为单位长度表面能。

这两项能量的变化见图4-3，系统内总的能量变化

$$\Delta u = u_E + u_s = 4\gamma c - \frac{\sigma^2\pi c^2}{E} \tag{4-10}$$

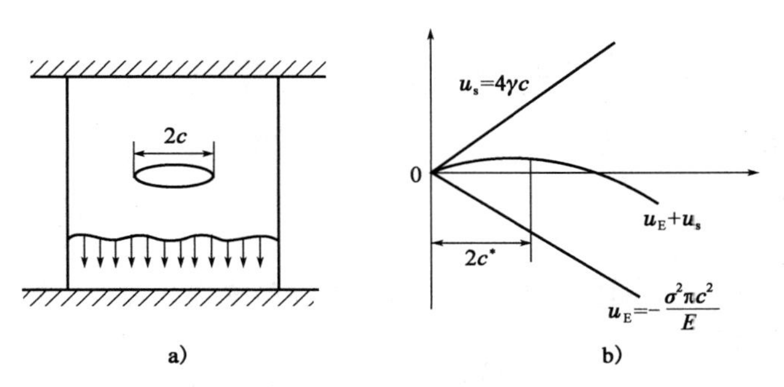

图4-3 无限宽板中Griffith裂纹的能量平衡

当裂纹增长到 $2c$ 后，如要继续增长，则系统总能量下降。对于该系统能量变化有一极值，它对应于

$$\frac{d\Delta u}{d(2c)}=\frac{du_s}{d(2c)}-\frac{du_E}{d(2c)}=4\gamma-\frac{2\pi\sigma^2 c}{E}=0 \tag{4-11}$$

对于裂纹失稳拓展的裂解应力为

$$\sigma_f=\left(\frac{2E\gamma}{\pi c}\right)^{\frac{1}{2}} \tag{4-12}$$

则临界裂纹半长为

$$c^*=\frac{2E\gamma}{\pi\sigma^2}$$

式(4-12)就是著名的格里菲斯(Griffith)式,从式中可发现断裂应力和裂纹尺寸的平方根成反比,将此式与理论断裂强度式(4-9b)相比较,可见二者形式完全相似,只是以裂纹尺寸 c 代替了点阵常数 a,如取 $c=1.0\times10^4 a$,则实际断裂强度只有理论值的1/1000。从式(4-11)可知,当 $\frac{2\pi\sigma^2 c}{E}\geqslant 4\gamma$ 时,即弹性应变能的释放速率大于或等于表面能的增长速率,系统的自由能降低,裂纹会自行扩展。对应于此值的裂纹尺寸,便为极限裂纹尺寸 $2c^*$(图4-3),小于此极限尺寸,裂纹不扩展,大于此尺寸裂纹便会失稳扩展。

4.2.3 奥罗万(Orowan)的修正

基于含有裂纹平板模型,Griffith 成功说明了材料的实际断裂强度远低于其理论强度的原因,定量地分析了裂纹尺寸对断裂强度的影响,但该模型的研究主要限于玻璃、陶瓷这类脆性的材料,因此较长时间未被重视。直到后来,金属材料的脆性断裂事故的发生,Griffith 断裂理论才逐渐引起人们的关注。

区别于玻璃、陶瓷等脆性材料,大多数金属材料中受到应力时,如果超过其屈服强度就会发生塑性变形,特别是对于裂纹尖端区域,由于应力集中作用,其应力超过屈服强度时就在裂纹尖端位置发生塑性变形。当裂纹继续传播时,裂纹扩展能主要消耗在塑性变形上,这也是金属材料和玻璃、陶瓷等脆性材料断裂过程存在差异的原因。研究发现,金属材料发生塑性变形时的塑性变形能大约是表面能的1000倍。由于这个原因,Orowan 对 Griffith 断裂理论进行了修正,得出

$$\sigma_f=\left[\frac{2E(\gamma_s+\gamma_p)}{\pi c}\right]^{\frac{1}{2}}=\left[\frac{2E\gamma_s}{\pi c}\left(1+\frac{\gamma_p}{\gamma_s}\right)\right]^{\frac{1}{2}} \tag{4-13}$$

由于塑性变形能远远大于表面能($\gamma_p>>\gamma_s$),式(4-13)可以近似为

$$\sigma_f=\left(\frac{2E\gamma_p}{\pi c}\right)^{\frac{1}{2}} \tag{4-14}$$

对于含裂纹平板中,其尖端处应力集中值取决于裂纹形状和尺寸。对于椭圆形裂纹,其尖端的最大局部应力 $\sigma_{max}=2\sigma\left(\frac{c}{\rho}\right)^{\frac{1}{2}}$,当最大局部应力达到理论断裂强度时,裂纹开始扩展,即

$$2\sigma\left(\frac{c}{\rho}\right)^{\frac{1}{2}}=\left(\frac{E\gamma_s}{a}\right)^{\frac{1}{2}} \tag{4-15}$$

上式经整理可得

$$\sigma = \left(\frac{2E\gamma_s}{\pi a}\right)^{\frac{1}{2}} \left(\frac{\pi\rho}{8a}\right)^{\frac{1}{2}} \tag{4-16}$$

从式(4-16)可知,当$\rho = \frac{8}{\pi}a$时,式(4-16)就变成式(4-12)。对比式(4-16)与式(4-12),可见格里菲斯(Griffith)式适用于裂纹尖端曲率半径$\rho < \frac{8}{\pi}a$,即裂纹尖端只能产生很小的塑性变形的情况;而当$\rho > \frac{8}{\pi}a$时,由于裂纹尖端塑性变形较大,主要有塑性变形能γ_ρ控制着裂纹的扩展,此时需采用Orowan修正式。表4-1给出了根据Orowan理论计算获得的材料解理应力,该值与材料的取向有明显关系。

根据Orowan理论计算获得的材料解理应力　　表4-1

材　料	取　向	杨氏模量(GPa)	表面能(mJ/m^2)	σ_{max}(GPa)	σ_{max}/E
α-铁	<100>	132	2	30	0.23
	<111>	260	2	46	0.18
银	<111>	121	1.13	24	0.20
金	<111>	110	1.35	27	0.25
铜	<111>	192	1.65	39	0.20
	<100>	67	1.65	25	0.38
钨	<100>	390	3.00	86	0.22
金刚石	<111>	1210	5.4	205	0.17

注:表中第二列数据表示材料晶体结构中晶向族。

4.3　裂纹尖端的应力场

4.3.1　裂纹扩展三种基本形式

根据裂纹体的受载和裂纹扩展面的取向关系,可将裂纹扩展分为三种基本形式,见图4-4~图4-6。

(1)图4-4所示为张开型(拉伸型)裂纹,外加正应力垂直于裂纹扩展面,裂纹扩展方向与正应力方向垂直。这种张开型裂纹通常简称Ⅰ型裂纹。如轴的横向裂纹在轴向拉力或弯曲力作用下的扩展、容器纵向裂纹在内压力下的扩展。

(2)图4-5所示为滑开型(剪切型)裂纹,剪切应力平行于裂纹面,剪切应力作用方向与裂纹线垂直,裂纹沿裂纹面平行滑开扩展,通常简称为Ⅱ型裂纹。如轮齿或花键根部沿切线方向的裂纹,或者受扭转的薄壁圆筒上的环形裂纹都属于这种情形。

(3)图4-6所示为撕开型裂纹,剪切应力平行作用于裂纹面,剪切应力作用方向与裂纹线平行，裂纹沿裂纹面撕开扩展，简称Ⅲ型裂纹。例如圆轴上有一环形切槽，受到扭转作用引起的断裂。

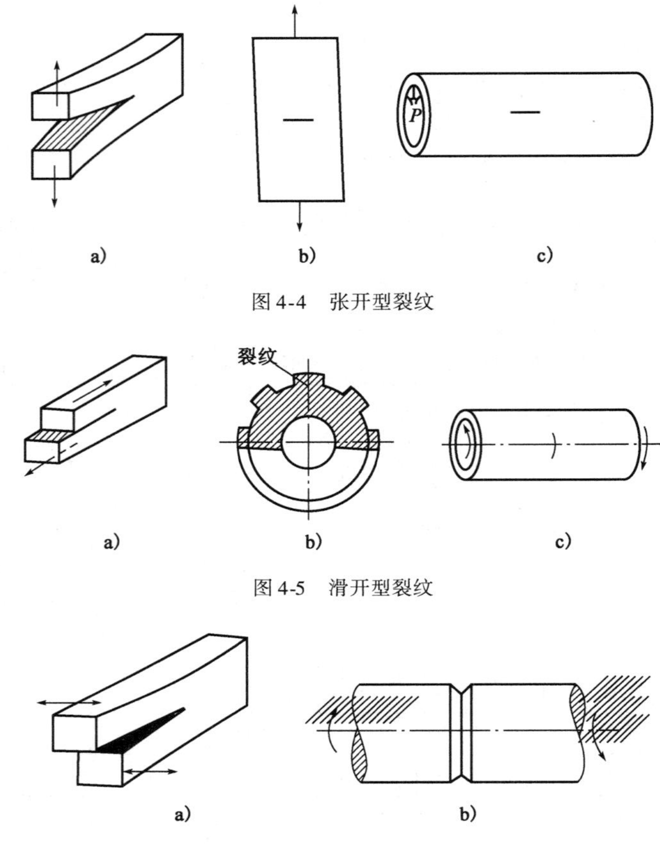

图 4-4　张开型裂纹

图 4-5　滑开型裂纹

图 4-6　撕开型裂纹

含裂纹体的示意图如图 4-7 所示，在不受载和压应力时，裂纹是闭合的；当承受拉伸应力和剪切应力时，裂纹如图 4-7b)、c)、d)所示。

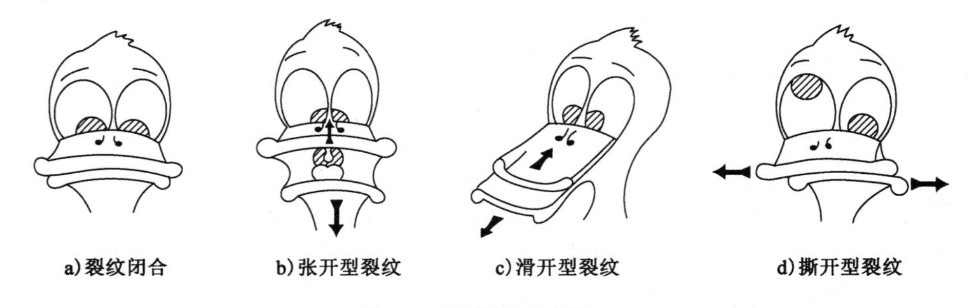

图 4-7　不同裂纹示意图

在实际下，裂纹的扩展并不局限于这三种形式，往往是以三种基本类型的组合形式出现，如Ⅰ-Ⅱ、Ⅰ-Ⅲ、Ⅱ-Ⅲ型复合形式。在实际裂纹扩展中，Ⅰ型裂纹扩展是最危险，最容易引起低应力脆断。因此，在研究裂纹体的脆性断裂问题时，总是以Ⅰ型裂纹为主要研究对象。

4.3.2　I 型裂纹尖端的应力场

含裂纹构件的断裂是因为裂纹的失稳扩展引起，裂纹的扩展是由裂纹尖端的力学状态决定。G. R. Irwin 等对 I 型裂纹尖端附近的应力和应变进行了分析建立了应力、应变场的数学解析式。设有一无限大平板，其中含有 $2a$ 的中心穿透裂纹，在无限远处作用有均匀分布的双向拉应力，如图 4-8 所示，对于裂纹尖端附近任一点 $P(r,\theta)$ 的应力分量、应变分量和位移分量可以近似表达如下。

应力分量为

$$\left.\begin{aligned}\sigma_x &= \frac{K_{\mathrm{I}}}{\sqrt{2\pi r}}\cos\frac{\theta}{2}\left(1-\sin\frac{\theta}{2}\sin\frac{3\theta}{2}\right)\\ \sigma_y &= \frac{K_{\mathrm{I}}}{\sqrt{2\pi r}}\cos\frac{\theta}{2}\left(1+\sin\frac{\theta}{2}\sin\frac{3\theta}{2}\right)\\ \sigma_z &= \upsilon(\sigma_x+\sigma_y)\end{aligned}\right\}\text{（平面应变）}$$

$$\sigma_z = 0 \qquad \text{（平面应力）} \tag{4-17}$$

$$\tau_{xy} = \frac{K_{\mathrm{I}}}{\sqrt{2\pi r}}\sin\frac{\theta}{2}\cos\frac{\theta}{2}\cos\frac{3\theta}{2}$$

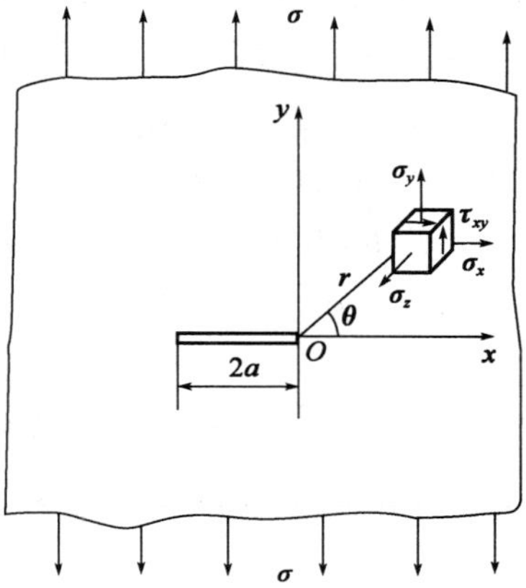

图 4-8　具有 I 型穿透裂纹无限大板的应力分析

位移分量（平面应变状态）为

$$\left.\begin{aligned}u &= \frac{1+\upsilon}{E}\sqrt{\frac{2r}{\pi}}\cos\frac{\theta}{2}\left(1-2\upsilon+\sin^2\frac{\theta}{2}\right)\\ v &= \frac{1+\upsilon}{E}K_{\mathrm{I}}\sqrt{\frac{2r}{\pi}}\sin\frac{\theta}{2}\left[2(1-\upsilon)+\cos^2\frac{\theta}{2}\right]\end{aligned}\right\} \tag{4-18}$$

应变分量（平面应变状态）为

$$\left.\begin{aligned}\varepsilon_x &= \frac{(1+\upsilon)K_{\mathrm{I}}}{E\sqrt{2\pi r}}\cos\frac{\theta}{2}\left(1-2\upsilon-\sin\frac{\theta}{2}\sin\frac{3\theta}{2}\right)\\ \varepsilon_y &= \frac{(1+\upsilon)K_{\mathrm{I}}}{E\sqrt{2\pi r}}\cos\frac{\theta}{2}\left(1-2\upsilon+\sin\frac{\theta}{2}\sin\frac{3\theta}{2}\right)\\ \gamma_{xy} &= \frac{2(1+\upsilon)K_{\mathrm{I}}}{E\sqrt{2\pi r}}\sin\frac{\theta}{2}\cos\frac{\theta}{2}\cos\frac{3\theta}{2}\end{aligned}\right\} \tag{4-19}$$

式中：υ——泊松比；

E——拉伸弹性模量；

u、v——x 和 y 方向的位移分量。

以上三式都是近似表达式，越接近裂纹尖端，其精度越高。所以，它们最适用于 $r \ll a$ 的情况。

4.3.3　应力强度因子 K_{I}

裂纹尖端应力场为多向应力作用的复杂问题，无法通过建立应力判据来直接分析裂纹扩展，因此需要寻求新的力学参量来研究裂纹扩展，下面引入应力强度因子 K_{I} 来解决这个问题。对于裂纹尖端已知点，其位置为(r,θ)，其应力、位移和应变完全取决于 K_{I}，对于应力可写成通式

$$\sigma_{ij} = \frac{K_{\mathrm{I}}}{\sqrt{2\pi r}} f_{ij}(\theta)$$

由上式可以发现，裂纹尖端应力场的强弱主要取决于应力强度因子 K_{I}，而 K_{I} 取决于裂纹尺寸、形状和应力大小。由式(4-17)和式(4-19)还可以看出，当 $r\to 0$ 时，各应力分量和应变分量都以 $r^{-\frac{1}{2}}$ 的速率趋近于无限大，具有 $r^{\frac{1}{2}}$ 阶奇异性；而应力与应变的乘积则以 r^{-1} 的速率趋于无限大，具有 r^{-1} 阶奇异性。正是这些奇异性的存在，使 K_{I} 具有场参量的特性。

当 $\theta=0$，$r\to 0$ 时，由式(4-17)可得

$$K_{\mathrm{I}} = \lim_{r\to 0}\sqrt{2\pi r}\cdot\sigma_{y|\theta=0} \tag{4-20}$$

因此，只要知道 $\sigma_{y|\theta=0}$ 的表达式，即可求得 K_{I}。常见的几种裂纹的 K_{I} 表达式见表 4-2。

常见的几种裂纹的 K_{I} 表达式 表 4-2

裂纹类型	K_{I} 表达式		
无限大板穿透裂纹（σ；2a）	$K_{\mathrm{I}} = \sigma\sqrt{\pi a}$		
有限宽板穿透裂纹（σ；2a；2b）	$K_{\mathrm{I}} = \sigma\sqrt{\pi a} f\left(\frac{a}{b}\right)$	a/b	$f(a/b)$
		0.074	1.00
		0.207	1.03
		0.275	1.05
		0.337	1.09
		0.410	1.13
		0.466	1.18
		0.535	1.25
		0.592	1.33

续上表

裂纹类型	K_{I}表达式	a/b	$f(a/b)$
有限宽板单边直裂纹 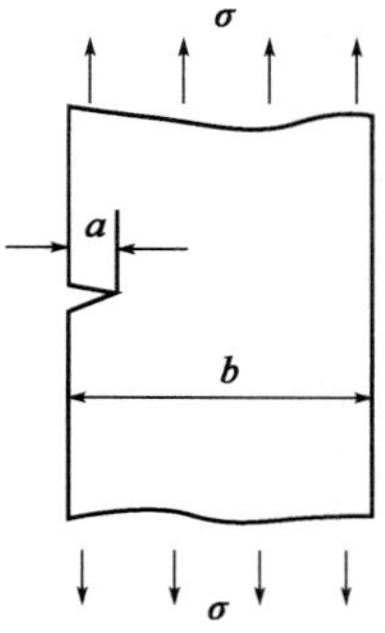	$K_{\mathrm{I}}=\sigma\sqrt{\pi a}f\left(\frac{a}{b}\right)$ 当$b\gg a$时， $K_{\mathrm{I}}=1.12\sigma\sqrt{\pi a}$	0.1	1.15
		0.2	1.20
		0.3	1.29
		0.4	1.37
		0.5	1.51
		0.6	1.68
		0.7	1.89
		0.8	2.14
		0.9	2.46
		1.0	2.89
受弯单边裂纹梁 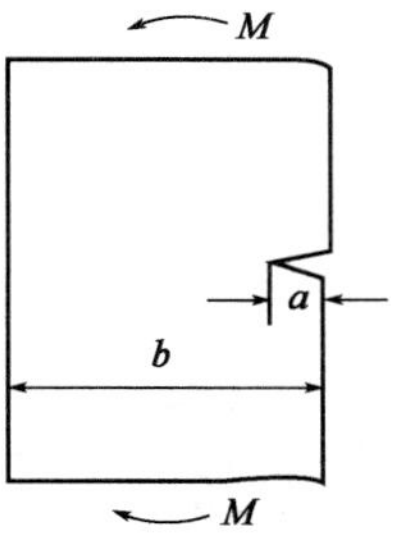	$K_{\mathrm{I}}=\frac{6M}{(b-a)^{\frac{3}{2}}}f\left(\frac{a}{b}\right)$	a/b	$f(a/b)$
		0.05	0.36
		0.1	0.49
		0.2	0.60
		0.3	0.66
		0.4	0.69
		0.5	0.72
		0.6	0.73
		>0.6	0.73
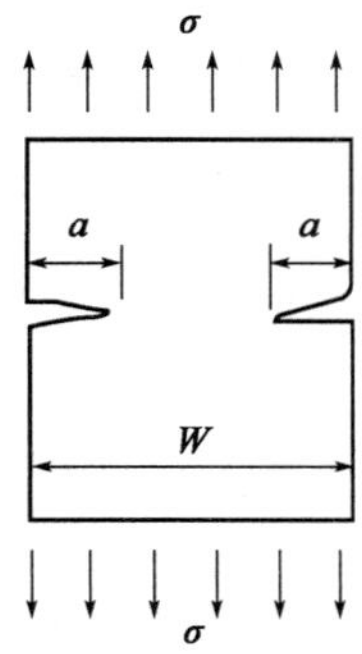	$K_{\mathrm{I}}=Y\sigma\sqrt{a}$ 对于小裂纹：$Y=1.12$ $Y=\frac{1.222-0.561\left(\frac{a}{W}\right)-0.205\left(\frac{a}{W}\right)^{2}+0.471\left(\frac{a}{W}\right)^{3}-0.190\left(\frac{a}{W}\right)^{4}}{\sqrt{1-\frac{a}{W}}}$		

续上表

裂 纹 类 型	K_{I} 表达式
无限大物体内部有椭圆片裂纹，远处受均匀拉伸 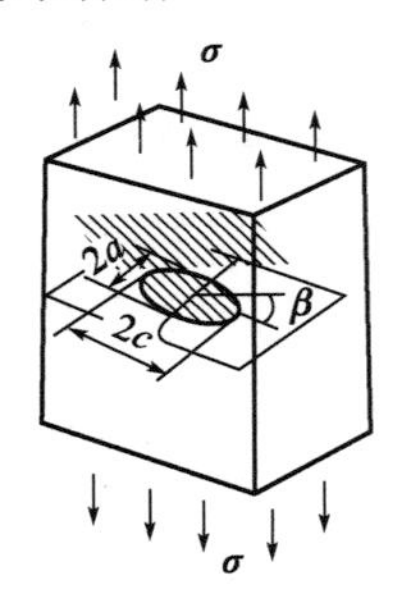	在裂纹边缘上任一点的 K_{I} 为： $K_{\mathrm{I}} \frac{\sigma\sqrt{\pi a}}{\phi}\left(\sin^2\beta+\frac{a^2}{c^2}\cos^2\beta\right)^{\frac{1}{4}}$ ϕ 是第二类椭圆积分： $\phi=\int_0^{\frac{\pi}{2}}\left(\cos^2\beta+\frac{a^2}{c^2}\sin^2\beta\right)^{\frac{1}{2}}\mathrm{d}\beta$
无限大物体表面有半椭圆裂纹，远处受均匀拉伸 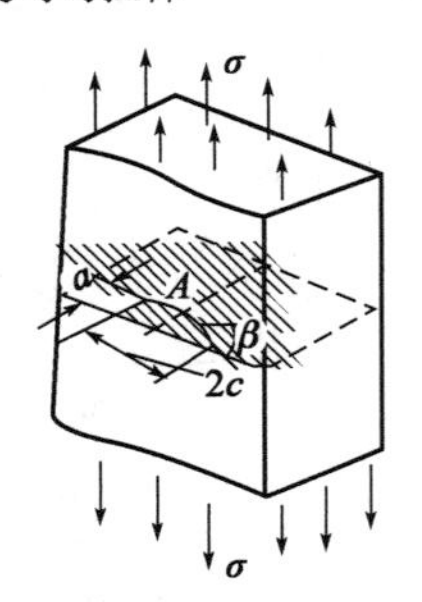	A 点的 K_{I} 为： $K_{\mathrm{I}}=\frac{1.1\sigma\sqrt{\pi a}}{\phi}$ $\phi=\int_0^{\frac{\pi}{2}}\left(\cos^2\beta+\frac{a^2}{c^2}\sin^2\beta\right)^{\frac{1}{2}}\mathrm{d}\beta$

综合表4-2中的公式，对于Ⅰ型裂纹应力场强度因子 K_{I} 的一般表达式为

$$K_{\mathrm{I}}=Y\sigma\sqrt{a} \tag{4-21}$$

式中，Y 为裂纹形状系数，无量纲系数，Y 值与裂纹几何形状及加载方式有关，一般 $Y=1\sim2$。从式(4-21)可知，应力强度因子 K_{I} 与裂纹几何形状、加载方式有关，随 σ 或 a 增大而增大。K_{I} 的量纲为[应力]×[长度]$^{\frac{1}{2}}$，其单位为 $\mathrm{MPa}\cdot\mathrm{m}^{\frac{1}{2}}$ 或 $\mathrm{MN}\cdot\mathrm{m}^{-\frac{3}{2}}$。同理，对于，Ⅱ型和Ⅲ型裂纹其应力场强度因子的表达式分别为

$$K_{\mathrm{II}}=Y\tau\sqrt{a}$$

$$K_{\mathrm{III}}=Y\tau\sqrt{a}$$

4.4 断裂韧性和断裂判据

4.4.1 断裂韧性 K_{C} 和 K_{IC}

材料承载过程中，当内部应力达到屈服强度时，材料就开始发生塑性变形，屈服强度就是发生塑性变形的临界值，或者塑性变形的判据。对于含裂纹材料，裂纹开始扩展的判据是下面

要引入的参数 K_C 或 K_{IC}。

从含裂纹体中，可以获得其应力强度因子 K_I，其决定了应力场的强弱，它可以被看成是裂纹扩展的动力。K_I 随着 σ 和 a 单独或共同增大时也不断增大，当达到临界值时，裂纹便开始扩展最终导致材料断裂，这个临界值就是材料的断裂韧性 K_C 或 K_{IC}。K_C 是平面应力状态下的断裂韧性，表示在平面应力条件下材料抵抗裂纹失稳扩展的能力，或者是平面应力条件下材料中裂纹失稳扩展的临界值。K_{IC} 为平面应变下的断裂韧性，表示在平面应变条件下材料抵抗裂纹失稳扩展的能力，或者是平面应变条件下材料中裂纹失稳扩展的临界值。K_C 和 K_{IC} 都是Ⅰ型裂纹的材料断裂韧性指标，它们不同点在于，K_C 与板材或试样厚度有关，它随试样厚度变化的曲线如图 4-9 所示，当试样厚度增加到平面应变状态时，断裂韧性就趋于一稳定的最低值，即为 K_{IC}，此时便与板材或试样的厚度无关了。因此，可以确定，K_{IC} 才真正是一材料常数，反映了材料阻止裂纹扩展的能力。

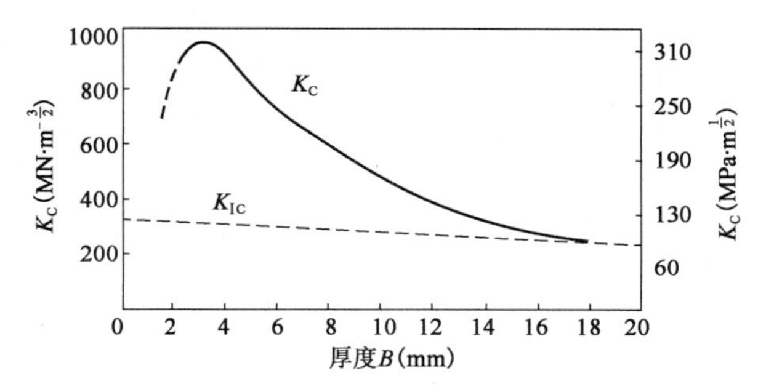

图 4-9　断裂韧性 K_c 与试样厚度 B 的关系

注：材料 30CrMnSiN12A，900℃加热，230℃等温，200～220℃回火。

下面对 K_C 或 K_{IC} 和 K_I 进行对比分析，相同点是 K_C 或 K_{IC} 的量纲及单位和 K_I 是一致的，常用的单位为 MPa·m$^{\frac{1}{2}}$ 或 MN·m$^{-\frac{3}{2}}$。不同点在于，K_I 是受外界条件影响（包括裂纹几何形状和应力大小）的反映裂纹尖端应力场强弱程度的力学参量，它与材料本身的固有性能无关；断裂韧性 K_C 和 K_{IC} 则是力学性能指标，反映材料阻止裂纹扩展的能力，与材料成分、组织结构有关，而与载荷及试样尺寸无关，是材料本身的特性。对于材料断裂韧性的表征，通常的实验室测量 K_{IC} 来建立断裂判据，因为它是材料的固有属性，反映了最危险的平面应变断裂情况下发生断裂失效的标准。

图 4-10 为常用工程材料的断裂韧度，从图中可以发现金属材料具有较高的应力强度因子和强度，因此在工程应用中多作为结构件使用，其他材料的相对较低。

4.4.2　断裂判据

基于弹性断裂力学建立起来的裂纹体的断裂判据为：$K_I = K_{IC}$，K_{IC} 和临界裂纹尺寸 a_c 及断裂应力 σ_c 之间的关系可用下式表示

$$K_{IC} = Y\sigma_c\sqrt{a_c}$$

依据此式可以计算含裂纹构件的剩余强度，已知构件中的裂纹长度 a 和 K_{IC}，则剩余强度 σ_r 可表示为

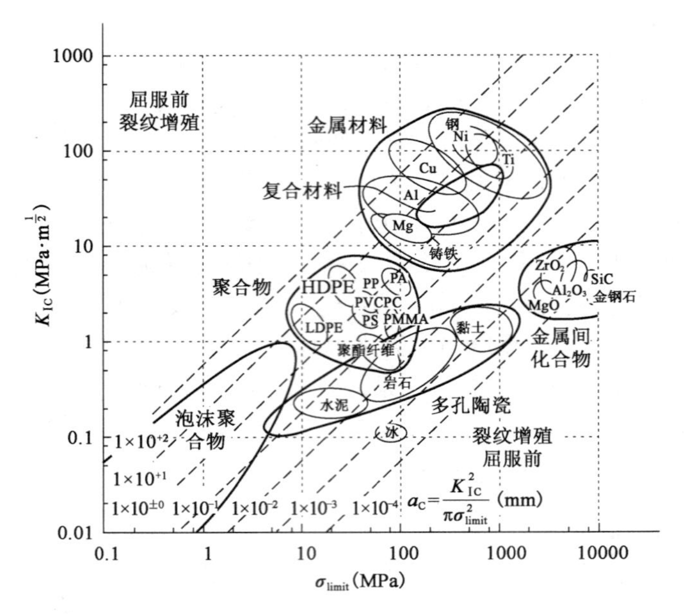

pp-聚丙烯;LDPE-低密度聚乙烯树脂;HDPE-高密度聚乙烯树脂;PA-纤维的树脂;PMMA-有机玻璃;PMMA-聚甲基丙烯酸甲酯;PS-聚苯乙烯

图 4-10　常用工程材料的断裂韧度

$$\sigma_r = \frac{K_{IC}}{Y\sqrt{a}}$$

同理,已知构件中的工作应力 σ 和 K_{IC},则此构件中允许的最大裂纹尺寸为

$$a_c = \left(\frac{K_{IC}}{Y\sigma}\right)^2$$

式中,Y 是由裂纹体几何和加载方式确定的参数,可查相关手册获得。如裂纹尺寸大于 a_c,零构件将被认为是不安全的,因而不允许使用。

同理,Ⅱ、Ⅲ型裂纹的断裂韧性为 K_{IIC}、K_{IIIC},断裂判据为

$$K_{II} = K_{IIC}, K_{III} = K_{IIIC}$$

这些判据为工程中构件安全设计提供了重要依据,弥补了之前靠经验来设计的不足。下面举例说明断裂判据在工程中的应用。

【例 4-1】　有一大型圆筒式容器由高强度钢焊接而成。钢板厚度 $t = 5$mm,圆筒内径 $D = 1500$mm;所用材料的 $\sigma_{0.2} = 1800$MPa,$K_{IC} = 60$MPa · $m^{\frac{1}{2}}$。焊接后发现焊缝中有纵向半圆裂纹,尺寸为 $a = 0.9$mm,试问该容器能否在 $p = 6$MPa 的压力下正常工作?那么在多大内压下会有危险?

解:首先通过容器内压力来获得材料中压力大小

$$\sigma = \frac{pD}{2t} = \frac{6 \times 1.5}{2 \times 5 \times 10^{-3}} = 900(\text{MPa})$$

由于 $\sigma/\sigma_{0.2} = 900/1800 = 0.5$,所以不需要对 K_I 进行修正。

根据裂纹尺寸确定断裂临界应力为

$$\sigma_c = \frac{K_{IC}}{Y\sqrt{a}}$$

查表可知

$$Y = 1.1\sqrt{\pi}$$

$$\sigma_c = \frac{K_{IC}}{\sqrt{\pi a}} = \frac{60}{\sqrt{\pi \times 0.9 \times 10^{-3}}} = 1128.4(\text{MPa})$$

对比发现，$\sigma_c > \sigma$，不会发生爆炸，可以正常工作。

当 $\sigma = \sigma_c$ 时会发生危险，因此，$\sigma = 1128.4\text{MPa}$ 时管道中的内压为

$$p = \frac{2t\sigma}{D} = \frac{2 \times 5 \times 10^{-3} \times 1128.4}{1.5} = 7.5(\text{MPa})$$

因此，容器内压为7.5MPa时，管道处于危险状态。

4.5 几种常见裂纹的应力强度因子

如果已知材料的断裂韧性 K_{IC}，就可以通过相应的断裂判据来决定构件中的临界裂纹尺寸 a_c 或断裂临界应力 σ_c。因此首先需要对材料的材料断裂韧性 K_{IC} 进行测定，同时确定应力强度因子 K_I 的表达式。从上一节的内容可以知道应力强度因子值除与工作应力有关外，还与裂纹的形状和位置有关，如对于 K_I 可表达为 $K_I = Y\sigma\sqrt{a}$，式中 Y 为裂纹形状和位置的函数。本节主要介绍几种裂纹的 K_I 表达式外，补充下列裂纹形式及其应力强度因子 K_I 表达式，以供应用断裂力学原理分析实际问题时查阅使用。

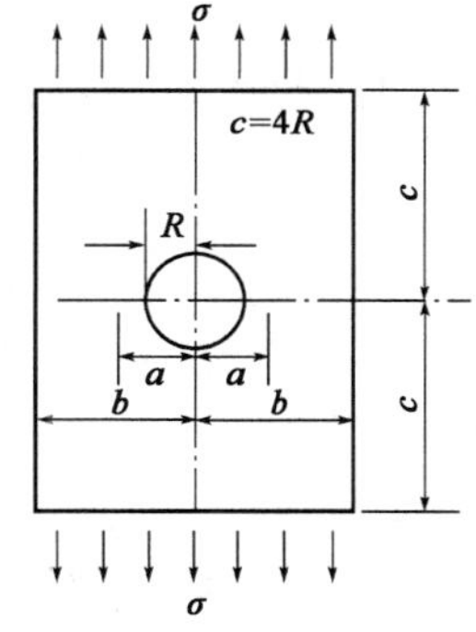

图4-11 有限宽板中心圆孔边裂纹示意图

(1)如图4-11所示，对于含有中心圆形裂纹有限宽板，其应力强度因子表达式为：

$$K_I = F\sigma\sqrt{\pi a} \tag{4-22}$$

式中，F 为修正系数，可查表4-3。

有限宽板中心圆孔边裂纹应力强度因子的修正系数 F 表4-3

a/b	F/b = 0	a/b	F/b = 0.25	a/b	F/b = 0.5
	F		F		F
0.0	1.0000	0.25	0.0000	0.50	0.0000
0.1	1.0061	0.26	0.6539	0.51	0.6527
0.2	1.0249	0.27	0.8510	0.52	0.8817
0.3	1.0583	0.28	0.9605	0.525	0.9630
0.4	1.1102	0.29	1.0304	0.53	1.0315
0.5	1.1876	0.30	1.0776	0.54	1.1426

续上表

a/b	F/b	a/b	F/b	a/b	F/b
	0		0.25		0.5
	F		F		F
0.6	1.3034	0.35	1.1783	0.55	1.2301
0.7	1.4891	0.40	1.2156	0.60	1.5026
0.8	1.8161	0.50	1.2853	0.70	1.8247
0.9	2.5482	0.60	1.3965	0.78	2.1070
—	—	0.70	1.5797	0.85	2.4775
—	—	0.80	1.9044	0.90	2.9077
—	—	0.85	2.1806	—	—
—	—	0.90	2.6248	—	—

(2)图4-12为"无限大"平板穿透裂纹线集中加载示意图,其应力强度因子表达式为:

$$K_{\mathrm{I}} = \frac{p}{\sqrt{\pi a}}\sqrt{\frac{a+b}{a-b}} \quad (A\text{端}) \tag{4-23a}$$

$$K_{\mathrm{I}} = \frac{p}{\sqrt{\pi a}}\sqrt{\frac{a-b}{a+b}} \quad (B\text{端}) \tag{4-23b}$$

图4-13所示为"无限大"平板穿透裂纹线均匀加载示意图,其应力强度因子表达式为

$$K_{\mathrm{I}} = 2p\sqrt{\frac{a}{\pi}}\arccos\left(\frac{a_1}{a}\right) \tag{4-24}$$

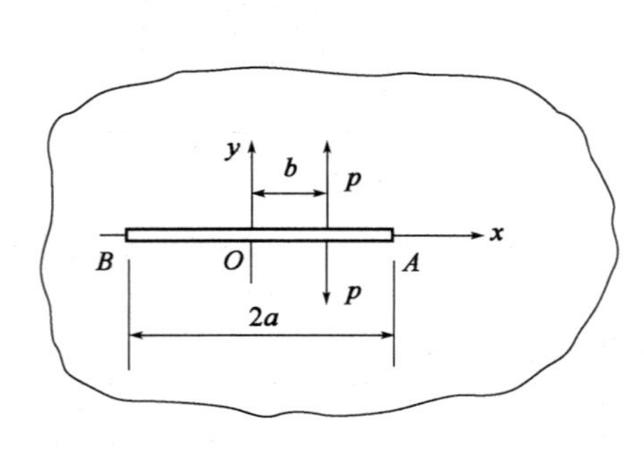

图4-12 "无限大"平板穿透裂纹线集中加载示意图

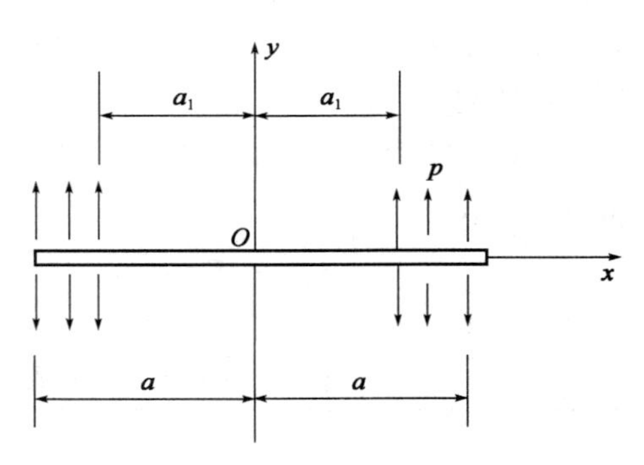

图4-13 "无限大"平板穿透裂纹线均匀加载示意图

4.6 裂纹尖端的塑性区

根据线弹性力学,由式(4-17)和式(4-19)可知,当 $r\to 0$, σ_x、σ_y、σ_z、τ_{xy} 等各应力分量和应变分量趋近于无穷大,但对一般金属材料,这实际上是不可能的。对于金属材料,当应力超过材料的屈服强度,其会发生塑性变形,将改变裂纹尖端应力场的分布。图4-14为裂纹尖端发

生塑性变形时大量位错聚集的组织照片。

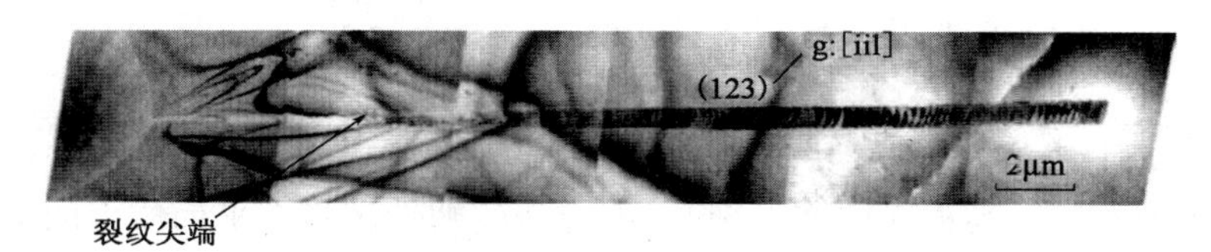

图 4-14　裂纹尖端塑性变形时大量位错聚集的组织照片

注:(123)代表晶面指数;[ ]代表晶向指数

Irwin 根据 Von Mises 屈服准则[式(4-25)]计算出裂纹尖端塑性区的形状和尺寸。

$$(\sigma_1-\sigma_2)^2+(\sigma_2-\sigma_3)^2+(\sigma_3-\sigma_1)^2=2\sigma_s^2 \tag{4-25}$$

式中:σ_1、σ_2、σ_3——主应力;

σ_s——材料的屈服强度。

三个主应力 σ_1、σ_2、σ_3 由下式求得

$$\left.\begin{aligned}\sigma_1&=\frac{\sigma_x+\sigma_y}{2}+\left[\left(\frac{\sigma_x-\sigma_y}{2}\right)^2+\tau_{xy}\right]^{\frac{1}{2}}\\ \sigma_2&=\frac{\sigma_x+\sigma_y}{2}-\left[\left(\frac{\sigma_x-\sigma_y}{2}\right)^2+\tau_{xy}\right]^{\frac{1}{2}}\\ \sigma_3&=0\qquad\text{(平面应力)}\\ \sigma_3&=\upsilon(\sigma_1+\sigma_2)\qquad\text{(平面应变)}\end{aligned}\right\} \tag{4-26}$$

将式(4-17)的应力场各应力分量式代入式(4-26),得裂纹尖端附近的主应力为

$$\left.\begin{aligned}\sigma_1&=\frac{K_{\mathrm{I}}}{(2\pi r)^{\frac{1}{2}}}\cos\frac{\theta}{2}\left(1+\sin\frac{\theta}{2}\right)\\ \sigma_2&=\frac{K_{\mathrm{I}}}{(2\pi r)^{\frac{1}{2}}}\cos\frac{\theta}{2}\left(1-\sin\frac{\theta}{2}\right)\\ \sigma_3&=0\qquad\text{(平面应力)}\\ \sigma_3&=\frac{2\upsilon K_{\mathrm{I}}}{(2\pi r)^{\frac{1}{2}}}\cos\frac{\theta}{2}\qquad\text{(平面应变)}\end{aligned}\right\} \tag{4-27}$$

将式(4-27)再代入 Von Mises 判据,化简后可得到裂纹尖端塑性区的边界方程,即

$$\left.\begin{aligned}r&=\frac{1}{2\pi}\left(\frac{K_{\mathrm{I}}}{\sigma_s}\right)^2\left[\cos^2\frac{\theta}{2}\left(1+3\sin^2\frac{\theta}{2}\right)\right]\qquad\text{(平面应力)}\\ r&=\frac{1}{2\pi}\left(\frac{K_{\mathrm{I}}}{\sigma_s}\right)^2\left[\cos^2\frac{\theta}{2}\left((1-2\upsilon)^2+3\sin^2\frac{\theta}{2}\right)\right]\qquad\text{(平面应变)}\end{aligned}\right\} \tag{4-28}$$

式(4-28)为塑性区边界线表达式,其图形如图 4-15 所示。由图可见,对于平面应力或者平面应变,其塑性区尺寸均沿 x 方向是最小的,所消耗的塑性变形功也最小的,所以沿 x 方向裂纹就容易扩展。对比平面应力和平面应变塑性区尺寸可知,平面应变的塑性区比平面应力的塑性区小得多。

当 $\theta=0$,在 x 方向的塑性区尺寸定义为塑性区宽度,由式(4-28)求得

$$\left.\begin{aligned} r_0 &= \frac{1}{2\pi}\left(\frac{K_{\mathrm{I}}}{\sigma_s}\right)^2 && (\text{平面应力}) \\ r_0 &= \frac{(1-2\upsilon)^2}{2\pi}\left(\frac{K_{\mathrm{I}}}{\sigma_s}\right)^2 = 0.16\frac{K_{\mathrm{I}}^2}{2\pi\sigma_s^2} && (\text{平面应变取 } \upsilon = 0.3) \end{aligned}\right\} \tag{4-29}$$

从上式对比平面应力和平面应变发现，平面应变的塑性区只有平面应力的1/6。

如图4-16所示，当 $x < r_0$ 时，裂纹尖端 y 方向的应力等于发生屈服时的应力 σ_{ys}。为了保持裂纹尖端局部区域的力学平衡，由于塑性屈服的发生而产生应力松弛（图中阴影面积），将使得塑性区前 $x > r_0$ 的材料受到的应力提高，从而进一步扩大了塑性区，由 r_0 扩大至 R_0。

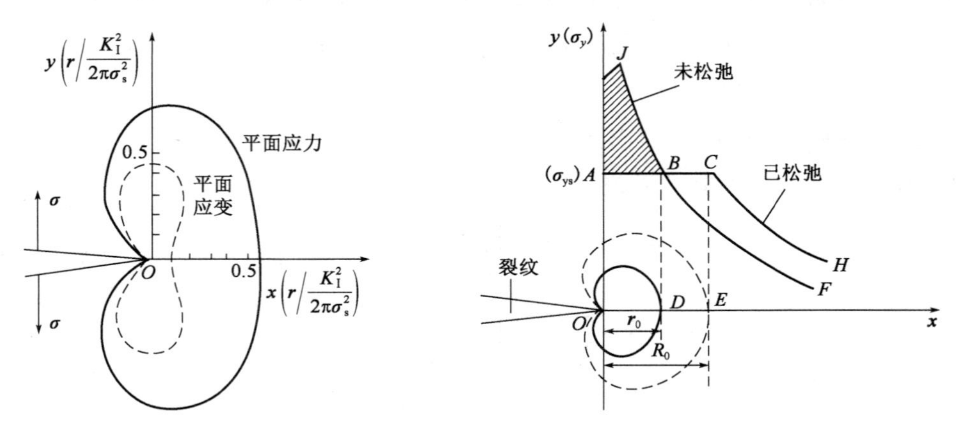

图 4-15　裂纹尖端附近塑性区形状和尺寸

图 4-16　应力松弛对塑性区尺寸影响

基于裂纹尖端局部区域的能量守恒，则图4-16中阴影面积应该等于矩形面积 $BDEC$，或者是阴影面积 + 矩形面积 $ABDO$，等于矩形面积 $ACEO$，即

$$\int_0^{r_0} \frac{K_{\mathrm{I}}}{(2\pi r)^{\frac{1}{2}}}\mathrm{d}r = \sigma_{ys} R_0$$

积分得并整理后可得

$$R_0 = \frac{K_{\mathrm{I}}}{\sigma_{ys}}\sqrt{\frac{2r_0}{\pi}}$$

对于平面应力状态，将式(4-29)中平面应力的 r_0 值代入，得到真实塑性区尺寸 R_0 为

$$R_0 = \frac{1}{\pi}\left(\frac{K_{\mathrm{I}}}{\sigma_s}\right)^2 = 2r_0 \tag{4-30}$$

由此可见，考虑到应力松弛的影响，裂纹尖端塑性区域尺寸扩大了1倍。

对于平面应变状态条件下，实际塑性区的宽度应为

$$r_0 = \frac{1}{4\sqrt{2}\pi}\left(\frac{K_{\mathrm{I}}}{\sigma_s}\right)^2 \tag{4-31}$$

同样考虑应力松弛影响，平面应变塑性区宽度为

$$R_0 = \frac{1}{2\sqrt{2}\pi}\left(\frac{K_{\mathrm{I}}}{\sigma_s}\right)^2 = 2r_0 \tag{4-32}$$

由上式可见，对于平面应变条件下，考虑应力松弛的影响，其塑性区宽度和平面应力状态

下一样，均扩大了一倍。

表4-4总结了裂纹尖端塑性区宽度计算式。可以发现，对于平面应力状态和平面应变状态，塑性区宽度均与$(K_{IC}/\sigma_s)^2$成正比例，(K_{IC}/σ_s)越大，即材料的K_{IC}越高和σ_s越低，其塑性区宽度就越大。

裂纹尖端塑性区宽度计算式　　表4-4

应力状态	未考虑应力松弛的影响		考虑应力松弛的影响	
	一般条件	临界条件	一般条件	临界条件
平面应力	$r_0=\frac{1}{2\pi}\left(\frac{K_I}{\sigma_s}\right)^2$	$r_0=\frac{1}{2\pi}\left(\frac{K_{IC}}{\sigma_s}\right)^2$	$R_0=\frac{1}{\pi}\left(\frac{K_I}{\sigma_s}\right)^2$	$R_0=\frac{1}{\pi}\left(\frac{K_{IC}}{\sigma_s}\right)^2$
平面应变	$r_0=\frac{1}{4\sqrt{2}\pi}\left(\frac{K_I}{\sigma_s}\right)^2$	$r_0=\frac{1}{4\sqrt{2}\pi}\left(\frac{K_{IC}}{\sigma_s}\right)^2$	$R_0=\frac{1}{2\sqrt{2}\pi}\left(\frac{K_I}{\sigma_s}\right)^2$	$R_0=\frac{1}{2\sqrt{2}\pi}\left(\frac{K_{IC}}{\sigma_s}\right)^2$

4.7　塑性区及应力强度因子的修正

在裂纹尖端区域由于塑性区屈服的发生，使裂纹体刚度降低，相当于裂纹长度增加，这对于应力场和K_I的计算均有影响，因此在发生塑性屈服的情况时需要对应力强度因子进行修正。下面介绍采用虚拟有效裂纹代替实际裂纹的方法计算修正的K_I。

如图4-17所示，裂纹a前方区域在未屈服前，其屈服应力σ_y的分布曲线为ADB。考虑应力松弛后的σ_y分布曲线为$CDEF$，塑性区宽度为R_0。如果裂纹延长γ_y，即裂纹顶点由O虚移至O'，裂纹的长度为$a+\gamma_y$，则以O'为裂纹尖端的弹性应力σ_y分布曲线为GEH，其与$CDEF$中的弹性应力部分EF相重合。此时，线弹性理论仍然有效。应力强度因子则表示为

$$K_I = Y\sigma\sqrt{a+\gamma_y} \tag{4-33a}$$

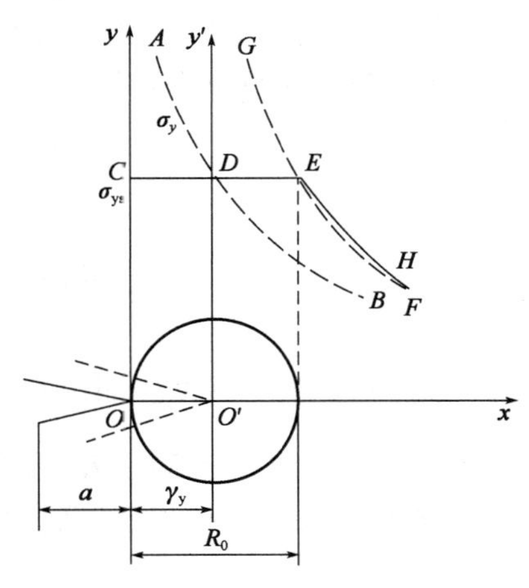

图4-17　用有效裂纹修正K_I值

通过计算，可以发现有效裂纹的塑性区修正值γ_y正好是应力松弛后塑性区的半宽，即

$$\left.\begin{aligned}\gamma_y &= \frac{1}{2\pi}\left(\frac{K_I}{\sigma_s}\right)^2 \approx 0.16\left(\frac{K_I}{\sigma_s}\right)^2 \quad (\text{平面应力})\\ \gamma_y &= \frac{1}{4\sqrt{2}\pi}\left(\frac{K_I}{\sigma_s}\right)^2 \approx 0.056\left(\frac{K_I}{\sigma_s}\right)^2 \quad (\text{平面应变})\end{aligned}\right\} \tag{4-33b}$$

将式(4-33b)代入式(4-33a)，可求得不同的应力状态修正后的K_I值，即

$$\left.\begin{aligned}K_I &= \frac{Y_\sigma\sqrt{a}}{\sqrt{1-0.16Y^2(\sigma/\sigma_s)^2}} \quad (\text{平面应力})\\ K_I &= \frac{Y_\sigma\sqrt{a}}{\sqrt{1-0.056Y^2(\sigma/\sigma_s)^2}} \quad (\text{平面应变})\end{aligned}\right\} \tag{4-33c}$$

对于带有中心穿透裂纹的无限板,在考虑塑性区影响时,可将 $Y=\sqrt{\pi}$ 代入式(4-33c),得 K_{I} 的修正式,即

$$K_{\mathrm{I}} = \frac{\sigma\sqrt{\pi a}}{\sqrt{1-0.5(\sigma/\sigma_{s})^{2}}} \quad (平面应力)$$

$$K_{\mathrm{I}} = \frac{\sigma\sqrt{\pi a}}{\sqrt{1-0.177(\sigma/\sigma_{s})^{2}}} \quad (平面应变)$$

对于大构件表面半椭圆裂纹,则有

$$Y = \frac{1.1\sqrt{\pi}}{\phi}$$

代入式(4-33c),可得 K_{I} 的修正式,即

$$K_{\mathrm{I}} = \frac{1.1\sigma\sqrt{\pi a}}{\sqrt{\phi^{2}-0.608(\sigma/\sigma_{s})^{2}}} \quad (平面应力)$$

$$K_{\mathrm{I}} = \frac{1.1\sigma\sqrt{\pi a}}{\sqrt{\phi^{2}-0.212(\sigma/\sigma_{s})^{2}}} \quad (平面应变)$$

对于上式,令 $Q=\phi^{2}-0.212(\sigma/\sigma_{s})^{2}$,则平面应变的 K_{I} 修正值可以简化为

$$K_{\mathrm{I}} = 1.1\sigma\sqrt{\frac{\pi a}{Q}}$$

其中,Q 为裂纹形状参数,或称为塑性修正值。

上式进一步可以表示为

$$K_{\mathrm{I}} = \frac{\phi}{\sqrt{Q}} \times 1.1 \times \sigma\sqrt{\frac{\pi a}{Q}} = M_{p} \times 1.1 \times \sigma\frac{\sqrt{\pi a}}{\phi}$$

$$M_{p} = \frac{\varphi}{\sqrt{Q}} = \frac{\varphi}{\sqrt{\varphi^{2}-0.212(\sigma/\sigma_{s})}} > 1$$

式中引入塑性区修正因子 M_{p},当不考虑塑性区时应力强度因子 $K_{\mathrm{I}}=1.1\sigma\sqrt{\frac{\pi a}{Q}}$,当考虑塑性区时,则应力强度因子 K_{I} 将增大 M_{p} 倍。

对于引入的 φ 和裂纹形状参数 Q 值可参考相关资料查询获得。

4.8 裂纹扩展的能量判据 G_{I}

在 Griffith 和 Orowan 的断裂理论中,阻碍裂纹扩展的阻力是裂纹尖端产生新界面或者发生塑性变形所消耗的能量,为 $2\gamma_{s}$ 或者为 $2(\gamma_{s}+\gamma_{p})$。那么对于裂纹扩展单位面积所消耗的能量为 $R=2(\gamma_{s}+\gamma_{p})$。对于 Griffith 试验情况来说,裂纹扩展的动力来自系统弹性应变能的释放,可表示为

$$G = -\frac{\partial u_E}{\partial(2a)} = -\frac{\partial}{\partial(2a)}\left(-\frac{\pi\sigma^2 a^2}{E}\right) = \frac{\sigma^2 \pi a}{E} \tag{4-34}$$

式中：G——弹性应变能的释放率，反映裂纹扩展力。

从 Griffith 试验可以发现，对于一无限大的薄板，中心开一穿透裂纹，裂纹长度为 $2c$，与外界无能量交换，而且当加载到 p 后两端就固定，位移就保持不变，裂纹的扩展只能来自系统内部储存的弹性能的释放，这种试验情况通常称为恒位移条件，如图 4-18a）所示。当加载到达 A 点，产生位移为 OB，然后固定板两端，此时平板中储存的弹性能可用 OAB 的面积表示。当裂纹发生扩展，扩展长度为 $\mathrm{d}a$，从而引起平板刚度下降，平板内储存的弹性能降低，用 OCB 的面积表示，而裂纹扩展所消耗的弹性能用阴影三角形 OAC 的面积表示。

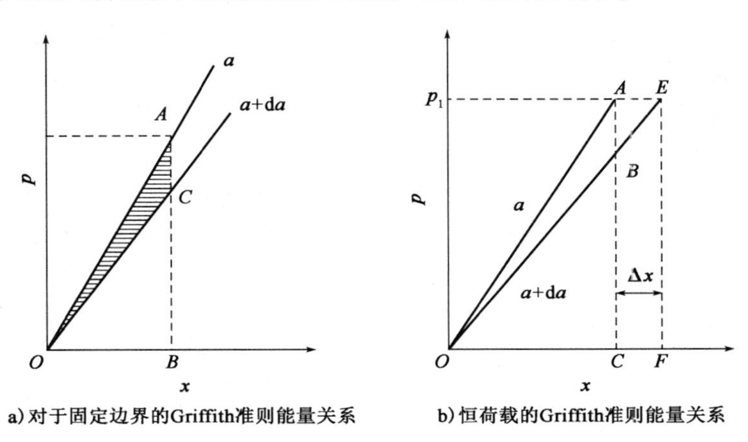

图 4-18　固定边界和恒载荷的 Griffith 准则能量关系

而对于更为普遍的情形是载荷恒定外力做功，这时弹性应变能的释放率 G 的定义是否会发生改变？如图 4-18b）所示，OA 线是裂纹尺寸为 a 时试样的载荷位移线，为恒定载荷 p_1 加载。此时板内存储的弹性能为 OAC，当试样的位移由 C 点增加到 F 点，外载荷做功相当于面积 $AEFC$，板内存储的弹性能为 OEF，当忽略三角形 AEB（二阶无穷小量），可知在外力做功的情况下，其做功的一部分用于增加平板的弹性能，另一部分用于裂纹的扩展，扩展所需的能量为 OAB 面积。对比图 4-18a）、b）可知，在两种不同加载方式情况下，裂纹扩展所利用的能量是相同的。所不同的是在恒位移时 $G = -\frac{\partial u_E}{\partial(2a)}$，而在恒载荷时 $G = +\frac{\partial u_E}{\partial(2a)}$，对于恒位移情况裂纹扩展造成系统弹性能的下降，对于恒载荷时在外力做功条件下，系统的弹性能并没有下降，裂纹扩展所需能量来自外力做功，两种情况下弹性应变能的释放率的数值是相同的。

G 为裂纹扩展的能量率，是裂纹扩展的动力，那么当裂纹开始失稳扩展时，G 应该满足何种条件？

根据 Griffith 断裂理论，当 $G \geqslant R$ 时，$R = 2\gamma_s$。

根据 Orowan 修正式，当 $G \geqslant R$ 时，$R = 2(\gamma_s + \gamma_p)$。

表面能 γ_s 和塑性变形功 γ_p 都是材料常数，它们是材料固有的属性，因此可以定义临界裂纹扩展的能量率 $G_{IC} = 2\gamma_s$ 或 $G_{IC} = 2(\gamma_s + \gamma_p)$，则

$$G_I \geqslant G_{IC} \tag{4-35}$$

这就是断裂扩展的能量判据。对不同形状的裂纹，G_{I} 可通过计算获得，而对于材料的性能 G_{IC} 可以根据相应的试验进行测定。因此式(4-35)可以从能量平衡的角度来判断材料是否发生断裂。

4.9　G_{I} 和 K_{I} 的关系

前面我们讲到了两种断裂判据，一种是 $G_{\mathrm{I}} \geqslant G_{\mathrm{IC}}$，另一种是 $K_{\mathrm{I}} \geqslant K_{\mathrm{IC}}$。前一种判据是从能量平衡的观点来分析断裂问题的，而后一种则是从裂纹尖端应力场的角度来讨论断裂的。G_{IC} 和 K_{IC} 是材料固有性能的材料常数，是材料的断裂韧性值。从研究断裂的历史来看，Griffith 早在 1921 年就已从能量平衡的观点来考虑断裂的问题，而应力强度因子的概念直到 1957 年才由 Irwin 正式提出。那么对于这两种判据，是否有一定的关系呢？究竟是用 K 判据好呢，还是用 G 判据好呢？本节就来讨论这个问题。

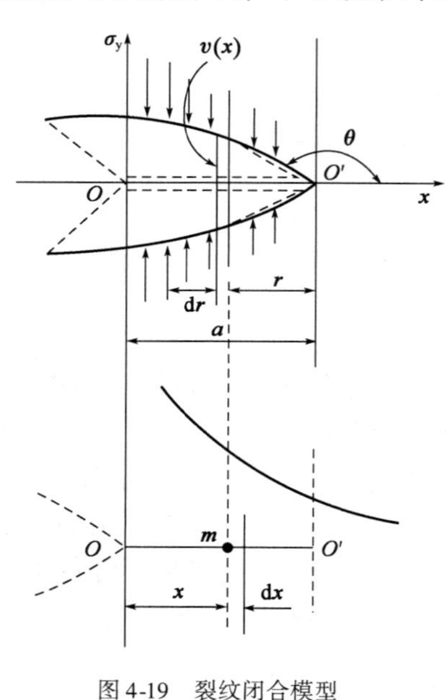

图 4-19　裂纹闭合模型

如图 4-19 所示，设想距裂纹尖端 O' 点一小段裂纹 a 长度上，沿 y 轴向逐渐作用非均布的压缩应力，应力从零增大到 σ_y，使 a 长度裂纹闭合。显然闭合裂纹所需的最大应力应当等于裂纹尖端附近应力场的 σ_y 分量，即

$$\sigma_y = \frac{K_{\mathrm{I}}}{\sqrt{2\pi r}}\cos\frac{\theta}{2}\left(1 + \sin\frac{\theta}{2}\sin\frac{3\theta}{2}\right)$$

当 a 长度裂纹闭合后，裂纹尖端由 O' 点移到 O 点。闭合前 a 长度裂纹上任意一点 m 距裂纹尖端 O' 点为 r，距闭合后裂纹尖端 O 点为 x，闭合后 $\theta = \pm\pi$，闭合后 m 点应力为

$$\sigma_{y(m)} = \frac{K_{\mathrm{I}}}{\sqrt{2\pi x}} \tag{4-36}$$

裂纹尖端附近任意一点位置上 y 轴向位移量 V 为

$$V = \frac{K_{\mathrm{I}}}{G(1+\nu')}\left(\frac{r}{2\pi}\right)^{\frac{1}{2}}\sin\frac{\theta}{2}\left[2 - (1+\nu')\cos^2\frac{\theta}{2}\right]$$

式中，对于平面应力情况，$\nu' = \nu$；对于平面应变情况，$\nu' = \frac{\nu}{1-\nu}$。

小段裂纹上 m 点从张开到闭合，在 y 轴向位移量为

$$V_m = \frac{2K_{\mathrm{I}}}{G(1+\nu')}\left(\frac{r}{2\pi}\right)^{\frac{1}{2}}$$

以闭合后裂纹尖端 O 点为坐标原点，则 $r = a - x$，代入上式，得到距闭合后裂纹尖端 x 处的闭合位移量为

$$V_x = \frac{2K_{\mathrm{I}}}{G(1+\nu')}\left(\frac{a-x}{2\pi}\right)^{\frac{1}{2}}$$

假设试件厚度为单位厚度 1，在小段裂纹上取 dx 单元裂纹，dx 单元裂纹的表面面积为

$(1\times \mathrm{d}x)$,作用在单元裂纹表面上的力 $\mathrm{d}p=\sigma_{y(m)}\mathrm{d}x$, 闭合时 y 轴方向的位移为 $\delta=2V_x$,因此,$\mathrm{d}x$ 单元裂纹表面闭合时系统的弹性应变能变化为

$$\mathrm{d}u=-\frac{1}{2}\mathrm{d}p\delta=-\frac{1}{2}\sigma_{y(m)}\mathrm{d}x(2V_x)=-\sigma_{y(m)}V_x\mathrm{d}x$$

那么,对于闭合 a 长度裂纹表面,系统弹性应变能的变化通过积分可以获得,有

$$\Delta u=\int_0^a-\sigma_{y(m)}V_x\mathrm{d}x$$

闭合单位面积$(1\times a)$裂纹表面,系统弹性应变能的变化为

$$\frac{\partial u}{\partial A}=\frac{1}{a}\int_0^a-\sigma_{y(m)}V_x\mathrm{d}x$$

若外力除去,裂纹张开继续扩展,裂纹扩展单位面积裂纹表面,系统弹性应变能的变化为 $-\frac{\partial u}{\partial A}$,其在数值上与闭合单位面积裂纹表面的弹性应变能变化相同,即

$$-\frac{\partial u}{\partial A}=\frac{1}{a}\int_0^a\sigma_{y(m)}V_x\mathrm{d}x$$

在恒位移情况下,裂纹扩展时系统弹性应变能释放率即是 G_{I},因此

$$\begin{aligned}G_{\mathrm{I}}&=-\left(\frac{\partial u}{\partial A}\right)_\delta=\frac{1}{a}\int_0^a\sigma_{y(m)}V_x\mathrm{d}x\\&=\frac{1}{a}\int_0^a\frac{K_{\mathrm{I}}}{\sqrt{2\pi x}}\frac{2K_{\mathrm{I}}}{G(1+\nu')}\left(\frac{a-x}{2\pi}\right)^{\frac{1}{2}}\mathrm{d}x\\&=\frac{1}{2\pi a}\frac{2K_{\mathrm{I}}^2}{G(1+\nu')}\int_0^a\left(\frac{a-x}{x}\right)^{\frac{1}{2}}\mathrm{d}x\end{aligned}$$

令 $x/a=\cos^2\varphi$ 代入上式,得

$$G_{\mathrm{I}}=\frac{1}{2\pi a}\frac{2K_{\mathrm{I}}^2}{G(1+\nu')}\int_{\pi/2}^0-2a\sin^2\varphi\mathrm{d}\varphi=\frac{K_{\mathrm{I}}^2}{2G(1+\nu')}$$

对平面应力,$\nu'=\nu$,则有

$$G_{\mathrm{I}}=\frac{K_{\mathrm{I}}^2}{2G(1+\nu')}=\frac{K_{\mathrm{I}}^2}{E}$$

对平面应变,$\nu'=\nu/(1-\nu)$,$G=E/[2(1-\nu)]$,则有

$$G_{\mathrm{I}}=\frac{K_{\mathrm{I}}^2(1-\nu)}{2G}=\frac{K_{\mathrm{I}}^2}{E}(1-\nu)^2$$

于是,平面应力和平面应变都可写成同样表达式,即

$$\left.\begin{aligned}G_{\mathrm{I}}&=\frac{K_{\mathrm{I}}^2}{E}\quad(\text{平面应力})\\G_{\mathrm{I}}&=\frac{K_{\mathrm{I}}^2}{E'}\quad\left(\text{平面应变},E'=\frac{E}{(1-\nu')^2}\right)\end{aligned}\right\}\tag{4-37}$$

同样,断裂判据可写成

$$\left.\begin{aligned} G_{\mathrm{I}} \geqslant G_{\mathrm{IC}} = \frac{K_{\mathrm{IC}}^2}{E} \quad (\text{平面应力}) \\ G_{\mathrm{I}} \geqslant G_{\mathrm{IC}} = \frac{K_{\mathrm{IC}}^2}{E'} \quad (\text{平面应变}) \end{aligned}\right\} \tag{4-38}$$

综合上面的推导,我们阐明了裂纹扩展的能量率 G 判据和裂纹尖端应力强度因子 K 判据之间的关系,两者之间完全是等效的,且可以相互换算,但在实际应用中 K 判据更方便些。主要有两方面原因:一方面,因为在断裂力学中关于各种裂纹的应力强度因子计算积累了很多的资料,现已编有《应力强度因子手册》,多数情况可从手册中直接查出 K 的表达式,而 G 的计算则资料甚少;另一方面,K_{IC}和 G_{IC}虽然都是材料固有的性能,但从试验测定来说,K_{IC}更容易些,因此多数材料在各种热处理状态下所给出的是 K_{IC}的试验数据。这是 K 判据相对于 G 判据来说的两个优点。但是,G 判据的物理意义更加明确,便于接受,所以两者既是统一的,又各有利弊。

4.10 金属材料断裂韧性 K_{IC} 的测定

与其他力学性能指标的测定相比,对平面应变断裂韧性 K_{IC}的测定有更加严格的要求,依国家标准《金属材料　平面应变断裂韧度 K_{IC}试验方法》(GB/T 4161—2007)进行,用于材料断裂韧性 K_{IC}的测定主要采用三点弯曲和紧凑拉伸试验。在标准中对试样及加工、测试程序、测试结果处理及有效性分析、测试报告等项目均有详细规定,这里仅介绍其主要内容。

4.10.1 试样制备

在《金属材料　平面应变断裂韧度 K_{IC}试验方法》(GB/T 4161—2007)中规定了四种试样,即标准三点弯曲试样、紧凑拉伸试样、C 形拉伸试样、圆形紧凑拉伸试样。常用的三点弯曲试样和紧凑拉伸试样的形状及尺寸如图 4-20 所示。其中三点弯曲试样较为简单,故使用较多。

由于 K_{IC}是金属材料在平面应变和小范围屈服条件下裂纹失稳扩展时 K_{I} 的临界值,因此,测定 K_{IC}用的试样尺寸必须保证裂纹顶端处于平面应变状态或小范围屈服状态。由式(4-32)可知,在临界状态下,塑性区尺寸正比于 $(K_{\mathrm{IC}}/\sigma_s)^2$,$K_{\mathrm{IC}}$ 越高,则临界塑性区尺寸越大,为了保证裂纹尖端塑性区尺寸远小于周围弹性区尺寸,因此对试样的尺寸有严格要求。试样在 z 向的厚度 B、在 y 向的宽度 W 与裂纹长度 a 之差(即 $W-a$ 称为韧带宽度)和裂纹长度 a 需按如下尺寸进行设计

$$\left.\begin{array}{l} B \\ a \\ W-a \end{array}\right\} \geqslant 2.5\left(\frac{K_{\mathrm{IC}}}{\sigma_y}\right)^2 \tag{4-39}$$

因为这些尺寸比塑性区宽度 $R_0\,[R_0 \approx 0.11\,(K_{\mathrm{IC}}/\sigma_y)^2]$ 大一个数量级,所以可保证裂纹顶端处于平面应变和小范围屈服状态。

在确定试样尺寸时,应预先测试所试材料的 σ_y 值和估计(或参考相近材料的)K_{IC}值,定

出试样的最小厚度 B。然后，再按图4-20中试样各尺寸的比例关系，确定试样宽度 W 和长度 L。若材料的 K_{IC} 值无法估算，可根据该材料的 σ_y/E 的值来确定 B 值，见表4-5。

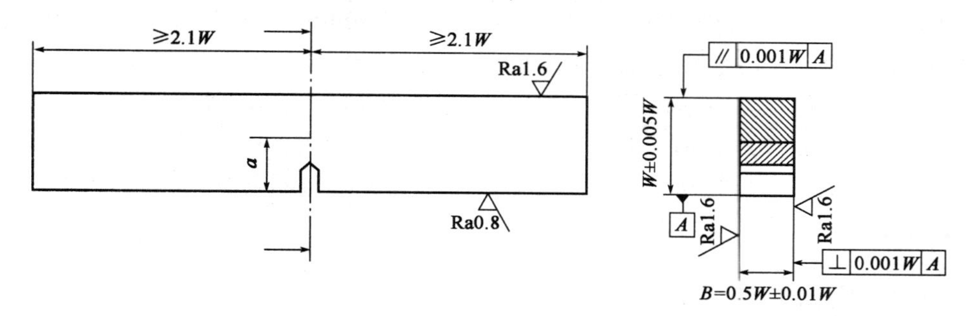

a）标准三点弯曲试样

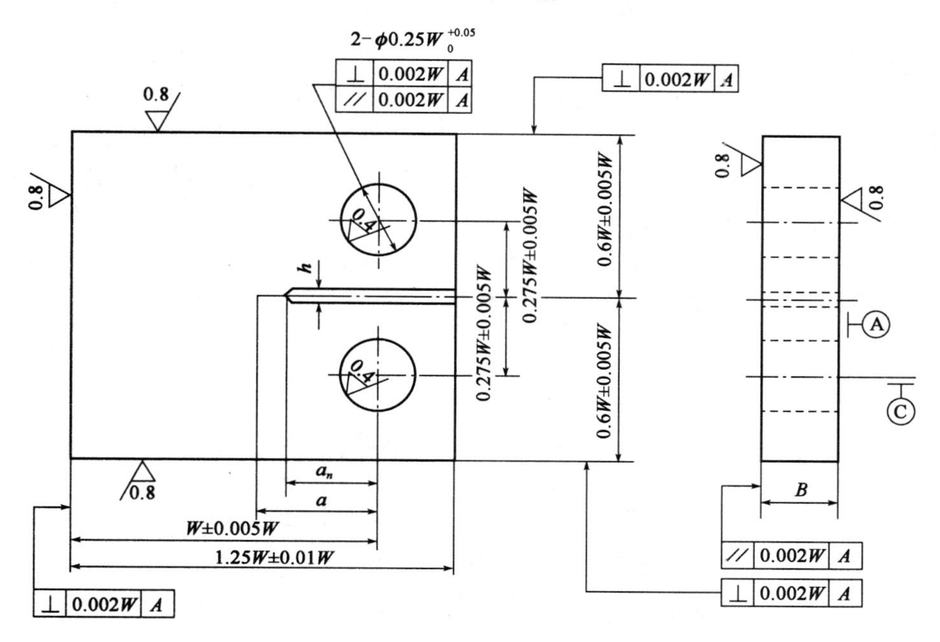

b）紧凑拉伸试样

图4-20　测定 K_{IC} 用的标准试样

根据 σ_y/E 确定试样最小厚度 B　　表4-5

σ_y/E	B(mm)	σ_y/E	B(mm)
0.0050～0.0057	75	0.0071～0.0075	32
0.0057～0.0062	63	0.0075～0.0080	25
0.0062～0.0065	50	0.0080～0.0085	20
0.0065～0.0068	44	0.0085～0.0100	12.5
0.0068～0.0071	38	≥0.0100	6.5

试样的加工应该和工件一致，试样的加工方法和热处理也要与工件尽量相同。无论是经历何种加工处理，取样时注意裂纹面的取向，使之尽可能与实际裂纹方向一致。试样毛坯经粗

加工、热处理和磨削，随后开缺口和预制裂纹。试样上的缺口一般在钼丝线切割机床上切口，预制裂纹可在疲劳试验机上进行。裂纹的长度应不小于 2.5% W，且不小于 1.5mm。a/W 应控制在 0.45 ~ 0.55 之间。疲劳裂纹面应同时与试样的宽度和厚度方向平行，偏差不得大于 10°。在预制疲劳裂纹时，开始的循环应力可稍大，待疲劳裂纹扩展到约占裂纹总长一半时应减小，使其产生的最大应力强度因子和弹性模量之比（$K_{\mathrm{I,max}}/E$）不大于 0.01mm。此外，$K_{\mathrm{I,max}}$应不大于 K_{IC}的 70%。循环应力产生的应力强度因子幅 ΔK_{I} 一般不小于 $0.9K_{\mathrm{I,max}}$，即 $\Delta K_{\mathrm{I}} = (K_{\mathrm{I,max}} - K_{\mathrm{I,min}}) \geqslant 0.9K_{\mathrm{I,max}}$。$K_{\mathrm{I,max}}$ 和 $K_{\mathrm{I,min}}$ 分别为循环应力中最大应力与最小应力下的应力强度因子。

4.10.2 测试方法

三点弯曲试验一般在万能材料试验机上进行。试样被安装在专用夹持装置上。对于三点弯曲试验，其试验装置示意图如图 4-21 所示。在试验机的活动横梁 1 上安装专用支座 2，用辊子支承试样 3，两者保持滚动接触。两支承辊的端头用软弹簧或橡皮筋拉紧，使之紧靠在支座凹槽的边缘上，以保证两辊中心距离 S 为 $4W \pm 2$。试验机加载通过装有载荷传感器 4 测量。在试样缺口两侧跨接夹式引申仪 5，用于测量裂纹张开位移 V。将传感器输出的载荷信号及引申仪输出的裂纹张开位移信号输入动态应变仪 6 中，将其放大后传送到 X-Y 函数记录仪 7 中。在加载过程中，随载荷 P 增加，裂纹张开位移 V 增大。X-Y 函数记录仪描绘出 P-V 曲线。根据 P-V 曲线可间接确定裂纹失稳扩展时的临界载荷 P_{Q}。

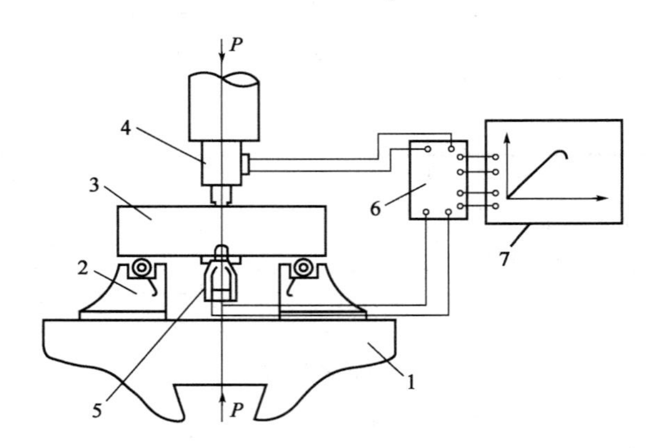

图 4-21　三点弯曲试验装置示意图

1-试验机活动横梁；2-支座；3-试样；4-载荷传感器；5-夹式引申仪；6-动态应变仪；7-X-Y 函数记录仪

P_{Q} 相当于裂纹扩展量 2% 时的载荷，对于标准样 $\Delta a/a = 2\%$ 相当于 $\Delta V/V = 2\%$，因此为了求 P_{Q}，过原点 O 作一相对直线 OA 部分斜率减少 5% 的割线，以确定裂纹扩展 2% 时相应的载荷 P_{S}，P_{S} 是割线与 P-V 曲线交点的纵坐标值。由于材料性能及试样尺寸不同，P-V 曲线主要有三种类型，如图 4-22 所示。如果在 P_{S}以前没有比 P_{S}大的高峰载荷，则 $P_{\mathrm{Q}} = P_{\mathrm{S}}$（图 4-22 曲线Ⅰ）。如果在 P_{S} 以前有一个高峰载荷，则取此高峰载荷为 P_{Q}（图 4-22 曲线Ⅱ和Ⅲ）。

试样压断后，用显微镜测量试样断口的裂纹长度 a。由于裂纹前缘呈弧形，规定测量 $B/4$、$B/2$ 及 $3B/4$ 三处的裂纹长度 a_2、a_3 及 a_4，取 $(a_2 + a_3 + a_4)/3$ 平均值作为裂纹的长度 a（图 4-23）。

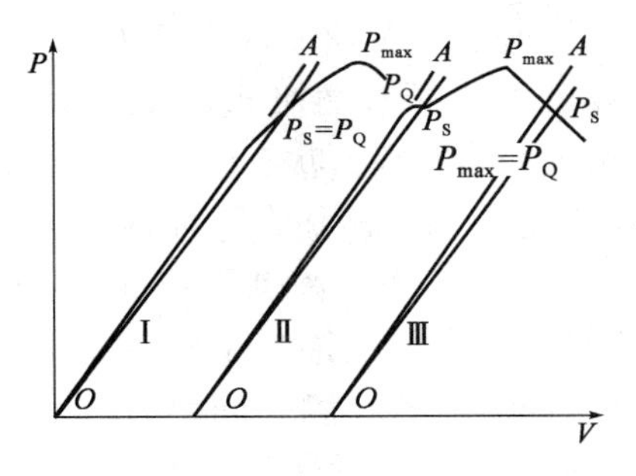

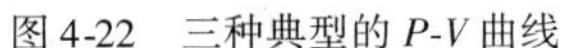
图 4-22　三种典型的 P-V 曲线

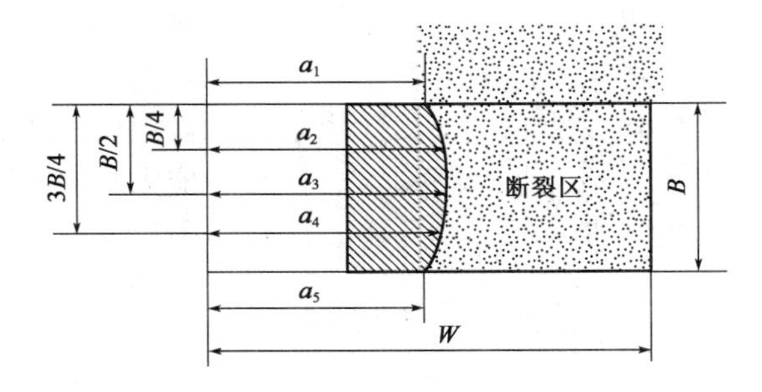

图 4-23　断口裂纹长度测量

4.10.3　试验结果的处理

对于三点弯曲试验,裂纹顶端的应力强度因子 K_{I} 表达式为

$$K_{\mathrm{I}} = \frac{PS}{BW^{\frac{3}{2}}}Y_1\left(\frac{a}{W}\right) \tag{4-40}$$

式中:$Y_1(a/W)$——与 a/W 有关的函数,可通过查表得出。

将裂纹失稳扩展的临界载荷 P_{Q} 及试样断裂后测出的裂纹长度 a 代入式(4-40),得出 K_{Q},但 K_{Q} 是否就是平面应变条件下的 K_{IC},需要检验其有效性。K_{Q} 要有效还需要满足以下两个条件

$$\left.\begin{aligned} &\frac{P_{\max}}{P_{\mathrm{Q}}} \leqslant 1.10 \\ &B \geqslant 2.5\left(\frac{K_{\mathrm{Q}}}{\sigma_y}\right)^2 \end{aligned}\right\}$$

通过以上条件对 K_{Q} 进行检验,如果满足,则 $K_{\mathrm{IC}} = K_{\mathrm{Q}}$;如果试验结果不满足上述条件,试验结果无效,需要加大试样尺寸重新测定 K_{IC},新试样尺寸至少应为原试样的 1.5 倍。

4.11　影响断裂韧性的因素

断裂韧性是表征材料抵抗裂纹扩展的重要材料参数,如何能够通过一些方法提高断裂韧性,就能提高材料的抗脆断能力。因此首先必须对影响断裂韧性的因素进行了解。本节主要对影响断裂韧性的外部因素和内部因素分别进行说明,外部因素有板材几何因素、服役条件下的温度和应变速率等,内部因素有材料的强度、材料的合金成分和内部组织等。

4.11.1　外部因素对 K_{IC} 的影响

1)几何因素

通过对比不同截面尺寸的板材断裂韧性试验结果,可知板材的断裂韧性随着板材厚度或构件的截面尺寸的增加而减小,其断裂韧性最终趋于一个稳定的最低值,即达到平面应变断裂

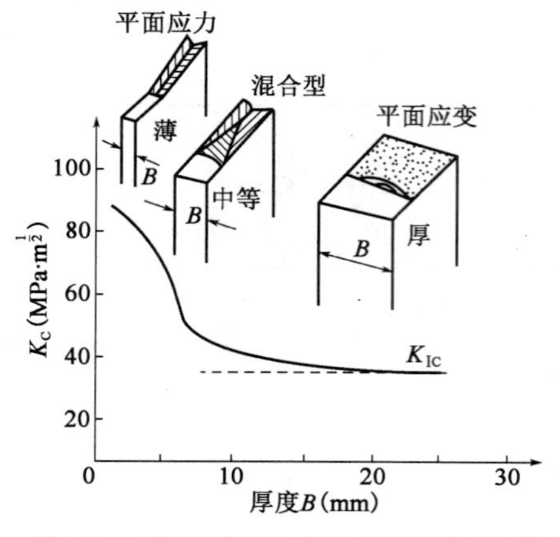

图 4-24　试样厚度对临界应力强度因子和断口形貌的影响

韧性 K_{IC}，如图 4-24 所示。板厚对断裂韧性的影响，实际上反映了板厚对裂纹尖端塑性变形约束的影响。随着板厚的增加，裂纹尖端的应力状态变硬，试样由平面应力状态向平面应变状态过渡。在平面应力条件时，断口形貌为斜断口，相当于薄板的断裂情况，而在平面应变条件下，变形约束充分大，断口形貌为平断口，相当于厚板的情况；介于上述二者之间时，形成混合断口。断口形貌反映了断裂过程特征和材料的韧性水平，斜断口占断口总面积的比例越高，表明断裂过程中吸收的塑性变形功越多，材料的韧性水平越高。只有在全部形成平断口时，才能得到平面应变断裂韧性 K_{IC}。

2）温度

对于大多数结构钢而言，其 K_{IC} 都随温度的降低而下降。但是，由于材料的不同，不同强度等级的钢，在温度降低时 K_{IC} 的变化趋势是不同的。对于中、低强度钢都有明显的韧脆转变现象，在韧脆转变温度以上，材料主要表现为微孔聚集型的韧性断裂，K_{IC} 较高；而在韧脆转变温度以下，材料主要表现为解理型脆性断裂，K_{IC} 低。随着材料强度增加，K_{IC} 随温度的变化逐渐趋于缓和，其断裂机理不再发生变化。

3）应变速率

应变速率对 K_{IC} 也有显著影响，应变速率 $\dot{\varepsilon}$ 具有与温度相似的效应，如图 4-25 所示。增加应变速率相当于降低温度的作用，也可使 K_{IC} 下降。一般认为，$\dot{\varepsilon}$ 每增加一个数量级，K_{IC} 约降低 10%。但是，当 $\dot{\varepsilon}$ 很大时，形变所产生的热量来不及传导，就会造成绝热状态，导致局部升温，K_{IC} 又恢复回升。

作为材料的一个重要指标，断裂韧性表征金属材料抵抗裂纹失稳扩展的能力。在裂纹失稳扩展过程中需要消耗能量，其中主要是塑性变形功。塑性变形功与应力状态、材料强度、塑性以及裂纹尖端塑性区尺寸有关：材料强度高、塑性好，塑性变形功大，材料的断裂韧性就高；在强度值相近时，提高塑性，增加塑性区尺寸，塑性变形功也增加。

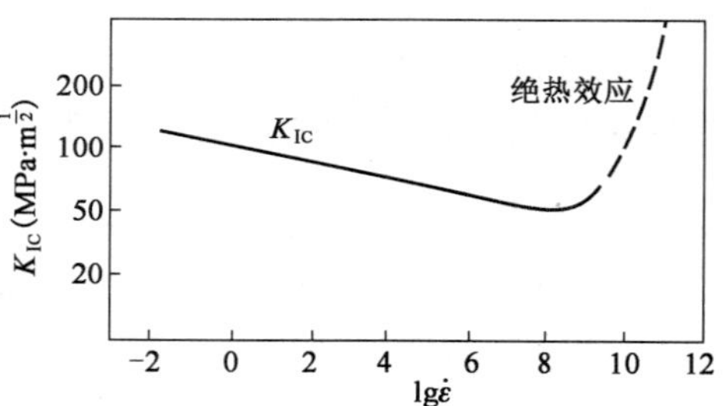

图 4-25　钢的 K_{IC} 随应变速率变化曲线

对于影响 K_{IC} 的内部因素，主要有材料成分、组织、杂质、第二相，以及一些特殊热处理工艺。

4.11.2　内部因素——材料的成分、组织对 K_{IC} 的影响

钢铁作为工程上最常用的金属材料，其相组成为基体相和第二相。相的结构和组织由化学成分、热处理工艺等决定，当裂纹扩展在基体相中进行时，也会受到第二相的影响。不同的基体相和第二相的组织结构将影响裂纹扩展的途径、方式和速率，从而影响 K_{IC}。

根据已有资料，化学成分对 K_{IC} 的影响规律基本上与其对 A_{KV} 的影响相似，主要是能够细

化晶粒的合金元素有利于提高材料的强度和塑性，从而提高 K_{IC}；对于降低强度和塑性的合金元素，则会降低 K_{IC} 值，如形成金属化合物并呈第二相析出的合金元素，因降低塑性有利于裂纹的扩展，也使 K_{IC} 降低。

钢的基体相一般为面心立方和体心立方两种铁的固溶体。对于塑性较好的结构，其有利于提高 K_{IC}，从滑移塑性变形和解理断裂的角度来看，面心立方固溶体容易产生滑移塑性变形而不产生解理断裂，所以其 K_{IC} 较高。因此，奥氏体钢的 K_{IC} 比铁素体钢、马氏体钢的 K_{IC} 高。在高强度下相变诱发塑性钢(TRIP 钢)断裂韧性可以达到 $150\text{MPa}\cdot\text{m}^{\frac{1}{2}}$。如果奥氏体在裂纹尖端应力场作用下发生马氏体相变，则因消耗附加能量会使 K_{IC} 进一步提高。

基体晶粒大小也是影响 K_{IC} 的一个重要因素。一般来说，晶粒越细小，n 和 σ_c 越高，则 K_{IC} 也越高。但是，在某些情况下，粗晶粒钢的 K_{IC} 反而较高。实际上，粗晶化提高钢 K_{IC} 的试验结果，并非简单的晶粒大小作用所致，可能和形成板条马氏体及残留奥氏体薄膜的有利影响有关。

在钢材裂纹尖端的应力场中的非金属夹杂物和第二相，若其本身脆裂或在相界面开裂而形成微孔，脆裂和微孔与主裂纹连接使裂纹扩展，从而使 K_{IC} 降低。当材料的 σ_s、E 相同时，随着夹杂物体积分数 f 的增加，其 K_{IC} 是下降的。这主要由于分散的脆性相数量越多，其平均间距越小所致(图 4-26)。此外，第二相和夹杂物的形状及其在钢中的分布形式对 K_{IC} 也有影响，当钢中的碳化物呈球状时，其 K_{IC} 就比呈片状的高；碳化物沿晶界呈网状分布时，裂纹易于在此扩展，导致沿晶断裂，而使 K_{IC} 降低。钢中某些微量杂质元素(如锑、锡、磷、砷等)容易偏聚于奥氏体晶界，降低晶间结合力，使裂纹沿晶界扩展并断裂，使 K_{IC} 降低。

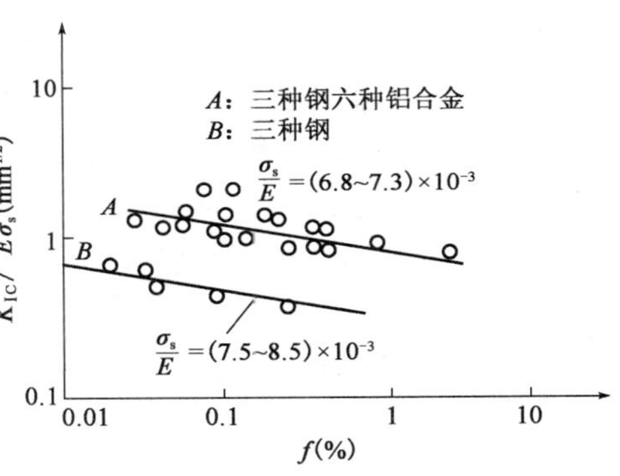

图 4-26　K_{IC} 和夹杂物含量的关系

4.11.3　断裂韧性与常规力学性能指标间的关系

断裂韧性 K_{IC} 与常规力学性能指标相比，要复杂一些，其与部分常规力学性能及组织结构的联系。对于微孔聚集型韧性断裂，克拉夫特(J. M. Krafft)提出了一个韧断模型，认为具有第二相质点而又均匀分布的两相合金，裂纹在其基体相中扩展时，将要受到第二相质点的影响，推导出的断裂韧性 K_{IC} 与材料杨氏模量 E(实际上也是一种强度参量)、应变硬化指数 n 及结构参量 d_{T} 之间的关系式如下

$$n = \frac{K_{\text{IC}}}{E\sqrt{2\pi d_{\text{T}}}} \tag{4-41a}$$

$$K_{\text{IC}} = En\sqrt{2\pi d_{\text{T}}} \tag{4-41b}$$

但该式将线弹性应变式外推到大量塑性变形的缩颈阶段，有些脱离实际情况。

对于解理或沿晶脆性断裂问题，特尔曼(A. S. Tetelman)分析认为，当裂纹尖端某一特征距离内的应力达到材料解理断裂强度时，裂纹就失稳扩展，产生脆性断裂。如取特征距离为晶粒

直径的2倍,则由此导出K_{IC}与材料的强度性能及裂纹尖端曲率半径ρ_0之间的关系式为

$$K_{IC} = 2.9R_{eL}\left[\exp\left(\frac{\sigma_c}{R_{eL}}-1\right)-1\right]^{\frac{1}{2}}\rho_0^{\frac{1}{2}} \tag{4-42}$$

式中:R_{eL}——材料屈服点或屈服应力。

裂纹尖端塑性钝化的曲率半径ρ_0的大小随材料强度高低而不同,强度越高,ρ_0越小。

由此可见,根据材料的断裂类型选用相应的关系式,即可由常规强度和塑性大致推得材料的断裂韧性K_{IC}。

4.12 弹塑性条件下的断裂韧性

对于一般金属材料,由于裂纹尖端有很高的应力集中,导致裂纹前端区域存在塑性区,其塑性区尺寸远远小于裂纹尺寸时,可用线弹性断裂力学解决问题,即把它当作小范围屈服问题处理。但对于工程上广泛使用的中、低强度钢来说,因其塑性区较大,与中、小截面尺寸的机件相比,相对屈服范围较大,属于大范围屈服,甚至整体屈服,此时,线弹性断裂力学已不适用,从而要求发展弹塑性断裂力学来解决其断裂问题。

对于大范围屈服和全面屈服问题,均属于弹塑性断裂力学要解决的问题。目前常用的方法有J积分法和裂纹尖端张开位移法(Crack Tip Opening Displacement,简写成COD或者CTOD)。前者是由G_I延伸出来的一种断裂能量判据;后者是由K_I延伸出来的一种断裂应变判据。本节将介绍两种断裂韧性的基本概念,关于它们的测试方法,可查阅国家标准:《金属材料　准静态断裂韧度的统一试验方法》(GB/T 21143—2014)。

4.12.1 J积分法意义及特征

1)J积分法的能量率表达式

实际上,J积分判据是G判据的延伸,J的表达式定义类似于G,在线弹性条件下J完全等同于G,而在弹塑性条件下J积分的定义和表达式与G相同,但物理含有不同。如图4-27所示,设有两个外形尺寸相同而裂纹略有差异的试样(一个为a,另一个为$a+\Delta a$),分别在P和$P+\Delta P$力的作用下产生相同的位移δ[图4-27a)]。两种情况下的载荷-位移曲线分别为OA和OB[图4-27b)]。曲线下所包围的面积分别为两试样的形变功$U_1=S_{OAC}$,$U_2=S_{OBC}$。两者之差为$\Delta U=U_1-U_2=S_{OAB}$,即图4-27b)中阴影部分面积。将两者之差ΔU除以$B\Delta a$,求在$\Delta a\to 0$的情况下极限值,就可获得加载到(P,δ)的J_I值,即

$$J_I = \lim_{\Delta a\to 0} -\frac{1}{B}\left(\frac{\Delta U}{\Delta a}\right) = -\frac{1}{B}\left(\frac{\partial U}{\partial a}\right)_\delta \tag{4-43}$$

若$B=1$,则

$$J_I = -\left(\frac{\partial U}{\partial a}\right)_\delta$$

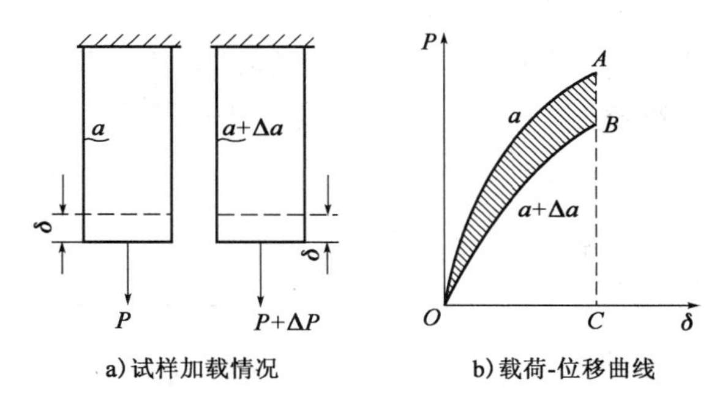

图 4-27 J 积分的定义

这就是 J 积分的形变功率差的意义,即 J 积分的能量率表达式。只要测出 OAB 阴影线面积及 Δa,便可计算 J_{I} 值。

这里需要指出的是,J 积分法不能直接用于描述裂纹扩展过程,因为 J 积分不允许卸载情况发生,在加载过程中裂纹一旦扩展,裂纹尖端的应力就要释放,应力释放相当于卸载,而在弹塑性变形的情况下,应力与应变不再是单轴的函数关系,卸载后存在残余塑性应变,再次加载时就与原来的路径不同了。所以,在弹塑性条件下,$J_{\mathrm{I}} = -\dfrac{1}{B}\left(\dfrac{\partial U}{\partial a}\right)_{\delta}$ 或 $J_{\mathrm{I}} = -\left(\dfrac{\partial U}{\partial a}\right)_{\delta}$,不能像 G_{I} 那样理解为裂纹扩展单位面积或单位长度时系统势能的释放率,而应当理解为裂纹相差单位长度的两个同等试样,加载到相同位移时势能差值与裂纹面积差值(或长度差值)之比,即所谓的形变功差率。

2)断裂韧性 J_{IC} 及断裂 J 判据

J_{I} 作为一个可以表示裂纹尖端附近应力应变场强度的参数,可以用于判断裂纹承载条件下是否开裂。在平面应变条件下,当外力达到破坏载荷时,应力应变场的能量达到裂纹开始扩展的临界状态,J_{I} 积分值也达到相应的临界值 J_{IC},这个 J_{IC} 也称为断裂韧性,但它表示材料抵抗裂纹开始扩展的能力。其单位与 G_{IC} 相同,也是 MPa · m 或 MJ · m^{-2}。

与 K_{I} 和 G_{I} 判据相似,J_{I} 和 J_{IC} 之间的判据可以写成

$$J_{\mathrm{I}} \geqslant J_{\mathrm{IC}} \tag{4-44}$$

这就是以 J_{I} 为准则的断裂判据——J 判据,即只要满足上式,裂纹就会开裂。

实际生产中,很少采用 J 判据来计算裂纹体的承载能力,主要有两方面原因:①各种实用的 J 积分数学表达式并不清楚,即使知道材料的 J_{IC} 值,也无法用来计算;②中、低强度钢的断裂机件(或构件)大多是韧性断裂,裂纹往往有较长的亚稳扩展阶段,J_{IC} 对应的点只是开裂点,对裂纹亚稳扩展的应用还存在不便。目前,对于 J 判据及 J_{IC} 的测试目的,主要是期望用小试样测出 J_{IC},通过借助式(4-45)间接换算出 K_{IC},然后再按 K 判据去解决中、低强度钢大型件的断裂问题,即

$$K_{\mathrm{IC}} = \sqrt{\frac{E}{1-\nu^2}}\sqrt{J_{\mathrm{IC}}} \tag{4-45}$$

表 4-6 为 K_{IC} 与实测值的比较,可见两者基本一致。

用 J_{IC} 换算出的 K_{IC} 与实测的 K_{IC} 比较　　表 4-6

材　料	状　态	小试样断裂韧度		实测
		$J_{\mathrm{IC}}(\mathrm{J\cdot m^{-2}}\times10^4)$	$K_{\mathrm{IC}}(\mathrm{MPa\cdot m^{\frac{1}{2}}})$	$K_{\mathrm{IC}}(\mathrm{MPa\cdot m^{\frac{1}{2}}})$
45 钢	余热淬火 600℃回火	4.25 ~ 4.65	96 ~ 100	97 ~ 105
30CrMoA	—	3.5 ~ 4.1	88 ~ 94	84 ~ 97
14MnMoNbB	900℃淬火 620℃回火	11.0 ~ 11.4	155 ~ 158	156 ~ 167

4.12.2　裂纹尖端张开位移(COD)法

对于大量使用的中、低强度钢构件，如船体和压力容器等，在一定的使用温度和应变速率范围内，发生过不少低应力脆断事故，90%以上的断口具有结晶状特征。从这些断裂构件上制取的小试样的冲击断口，则具有纤维状特征。由此可以推断，由于构件承受多向应力，使得裂纹尖端的塑性变形受到约束，当应变量达到某一临界值时，材料便发生断裂。因此，应变量也可作为材料断裂判据的一个参量。这就是断裂应变判据的实践基础。但是，这个应变量的数值很小，很难准确测定。因此，有人提出用裂纹尖端的张开位移(COD)来间接表示应变量的大小；用临界张开位移 δ_c 表示材料的断裂韧性，这就是 COD 法。

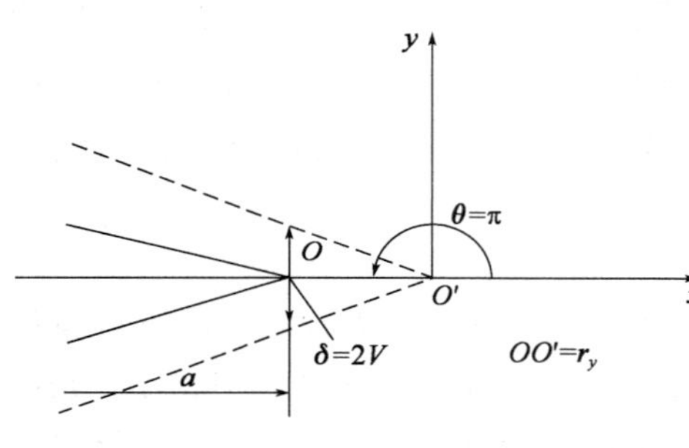

图 4-28　裂纹尖端张开位移

1)线弹性条件下的 COD 表达式

如图 4-28 所示为裂纹尖端张开位移示意图，假定由 O 点扩展至 O' 点，即裂纹长度由 a 虚拟扩展至 $a+\gamma_y$。在这种情况下，原裂纹 a 尖端在 O 点的 y 方向张开位移 $\delta=2V$，这个张开位移就是 δ。

在平面应力条件下，可求得 δ 值为

$$\delta = 2V = \frac{4K_{\mathrm{I}}^2}{\pi E\sigma_s} = \frac{4}{\pi}\frac{G_{\mathrm{I}}}{\sigma_s} \tag{4-46}$$

对于 I 型穿透裂纹，$K_{\mathrm{I}} = \sigma\sqrt{\pi a}$，代入式(4-46)，得

$$\delta = \frac{4\sigma^2 a}{E\sigma_s} \tag{4-47}$$

在临界条件下

$$\delta_c = \frac{4\sigma_c^2 a_c}{E\sigma_s} \tag{4-48}$$

这样用式(4-48)就可对小范围屈服的机件(或构件)进行断裂分析和破损安全设计。

2)弹塑性条件下的 COD 表达式

一般情况下，式(4-48)只适用于 $\sigma\leqslant0.6\sigma_s$ 的情况，不适用于大范围屈服条件。达格代尔(Dugdale)应用 Muskhelishvili 复变函数解弹性问题，提出了带状屈服模型(又称为 D-M 模型)，将应力场分析进行延伸，导出了弹塑性条件下的 COD 表达式。

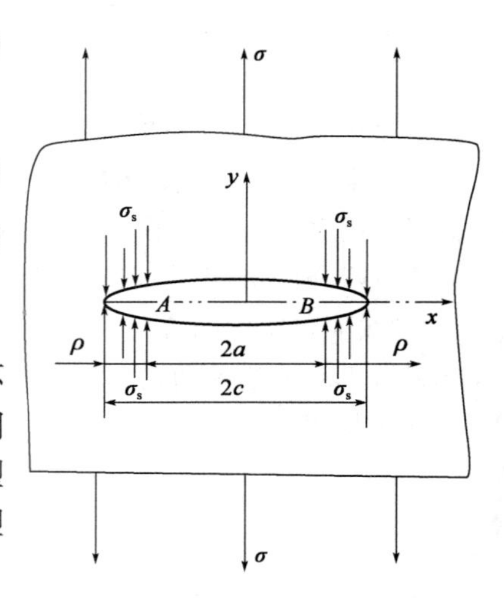

图 4-29　带状屈服模型

如图 4-29 所示，设理想塑性材料的无限大薄板中有长

为 $2a$ 的Ⅰ型穿透裂纹,在远处作用有平均应力 σ,裂纹尖端的塑性区 ρ 呈尖劈型。假定沿 x 轴将塑性区割开,使裂纹长度由 $2a$ 变为 $2c$。但在剖面上、下方代之以应力 σ_s,以阻止裂纹张开。于是该模型就变为在 (a,c) 和 $(-a,-c)$ 区间作用有 σ_s,在无限远处作用有均匀 σ 的线弹性问题。通过计算得到 A、B 两点的裂纹张开位移为

$$\delta = \frac{8}{\pi E}\sigma_s a \ln\sec\frac{\pi\sigma}{2\sigma_s} \tag{4-49}$$

将上式用级数展开,若 σ/σ_s 较小,略去高次项,得

$$\delta = \frac{\pi\sigma^2 a}{E\sigma_s} \tag{4-50}$$

在临界条件下

$$\delta_c = \frac{4\sigma_c^2 a_c}{E\sigma_s} \tag{4-51}$$

式(4-50)、式(4-51)将外加应力 σ、裂纹尺寸 a 及材料性 E、σ_s 同 δ_c 的关系定量地联系起来,根据关系式可对中、低强度钢板、压力容器等进行设计、选材和断裂分析,COD 法已成功应用于压力容器和输气管道的安全评估和断裂分析。

本章习题

1. 解释下列名词:

(1)低应力脆断;(2)Ⅰ型裂纹;(3)应力强度因子 K_{I};(4)裂纹扩展 K 判据;(5)裂纹扩展 G 判据;(6)J 积分;(7)裂纹扩展 J 判据;(8)COD;(9)COD 判据。

2. 说明下列断裂韧性指标的意义及其相互关系:

(1)K_{IC} 和 K_{I};(2)G_{IC};(3)J_{IC};(4)δ_c。

3. 分析能量断裂判据与应力断裂判据之间的联系。

4. 简述应力强度因子的意义及典型裂纹 K_{I} 的表达式。

5. 采用 Griffith 模型推导 G_{I} 和 G 判据。

6. 简述裂纹尖端塑性区产生的原因及其影响因素。

7. 简述塑性区对 K_{I} 的影响及 K_{I} 的修正方法和结果。

8. 简述:(1)K_{IC} 的测试原理及其对试样的基本要求;(2)K_{IC} 与材料强度、塑性之间的关系;(3)K_{IC} 和 A_{KV} 的异同及其相互之间的关系;(4)影响 K_{IC} 的因素。

9. 某一薄板物体内部存在一条长 3mm 的裂纹,且 $a_0 = 5\times10^{-8}$cm,试求脆性断裂时的断裂应力。(设 $\sigma_m = 0.1$MPa,$E = 2\times10^{-5}$MPa,$\sigma_c = 504$MPa)

10. 有一材料 $E = 2\times10^{-5}$MPa,$\gamma_s = 6\mathrm{J/m^2}$。试计算在 70MPa 的拉应力作用下,该材料中能扩展的裂纹的最小长度。

11. 有一大型板件,材料的 $\sigma_{0.2} = 1400$MPa,$K_{\mathrm{IC}} = 115\mathrm{MPa\cdot m^{-\frac{1}{2}}}$,探伤发现有 20mm 长的

横向穿透裂纹，若在平均轴向拉应力 800MPa 下工作，试计算 K_{I} 及塑性区宽度 R_0，并判断该板件是否安全。

12. 有一轴件平均轴向工作应力 180MPa，使用中发生横向疲劳脆性断裂，断口分析表明有 25mm 深的表面半椭圆疲劳区，根据裂纹 a/c 可以确定 $\Phi=1$，测试材料的 $\sigma_{0.2}=720\mathrm{MPa}$，试估算材料的断裂韧性 K_{IC} 是多少。

本章参考文献

[1] 束德林. 工程材料的力学性能[M]. 2 版. 北京：机械工业出版社，2007.

[2] 石德珂，金志浩. 材料力学性能[M]. 西安：西安交通大学出版社，1998.

[3] 郑修麟. 材料的力学性能[M]. 西安：西北工业大学出版社，1990.

[4] 时海芳，任鑫. 材料力学性能. [M]. 2 版. 北京大学出版社，2015.

[5] Marc Meyers，Krishan Chawla. Mechanical Behavior of Materials[M]. Second edition. London：Cambridge University Press，2009.

第 5 章　材料在变动载荷下的力学性能

工程中很多机件和构件,如曲轴、连杆、齿轮、弹簧、辊子、叶片及桥梁等,都是在变动载荷下工作的,其失效形式主要是疲劳断裂。所谓疲劳是指机件和构件在服役过程中,由于承受变动载荷而导致裂纹萌生和扩展以至断裂失效的全过程。据统计,在机械零件失效中有 80% 以上属于疲劳破坏。

例如,大多数轴类零件,通常受到的交变应力为对称循环应力,这种应力可以是弯曲应力、扭转应力,或者是两者的复合。如火车的车轴,承受弯曲循环应力,称为弯曲疲劳;汽车的传动轴、后桥半轴,主要承受扭转循环应力,称为扭转疲劳;柴油机曲轴和汽轮机主轴,则承受弯曲和扭转循环应力的复合,称为弯曲、扭转疲劳。再如齿轮在啮合过程中,所受的载荷在零到某一极大值之间变化,而汽缸盖螺栓则处在大拉、小拉的状态中,这类情况叫作拉-拉疲劳;连杆不同于螺栓,始终处在小拉、大压的负荷中,这类情况叫作拉压疲劳。

由此可见,研究材料在变动载荷作用下的力学响应、裂纹萌生和扩展特性,对于评定工程材料的疲劳抗力,进而为工程结构部件的抗疲劳设计、评估构件的疲劳寿命以及寻求改善工程材料的疲劳抗力的途径等都是非常重要的。

5.1　变动载荷和疲劳破坏的特征

5.1.1　变动载荷(应力)及其描述参量

变动载荷(应力)是引起疲劳破坏的外力。变动载荷是指载荷大小或大小和方向随时间按一定规律呈周期性变化或无规则随机变化,前者称为规则周期变动载荷,后者称为无规则随机变动载荷。变动应力的示意图如图 5-1 所示。当然,实际机器部件承受的载荷一般多属后者,但就工程材料的疲劳特性分析和评定而言,为简化分析,主要针对循环载荷(应力)。

循环载荷(应力)的波形有正弦波、矩形波和三角形波等,其中常见者为正弦波,其应力-时间关系曲线如图 5-2 所示。其特征和描述参量有:

(1)最大应力 σ_{max};

(2)最小应力 σ_{min};

(3)平均应力 σ_m,$\sigma_m = \frac{1}{2}(\sigma_{max} + \sigma_{min})$;

(4)应力幅 σ_a,$\sigma_a = \frac{1}{2}(\sigma_{max} - \sigma_{min})$;

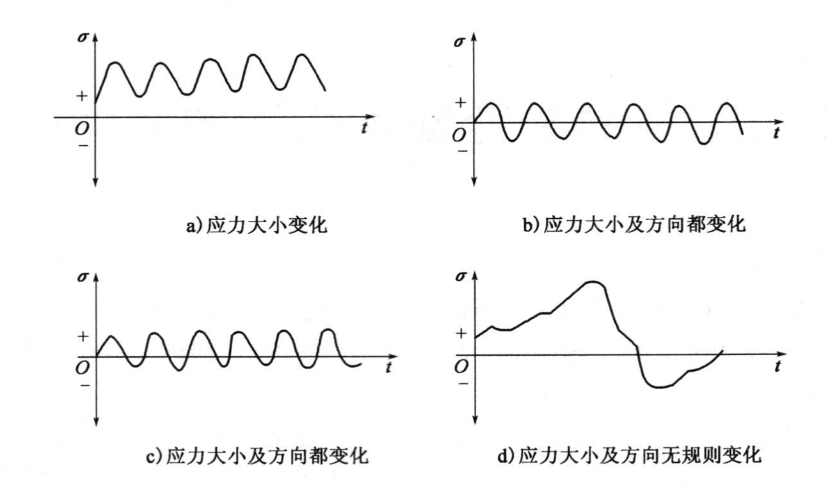

图 5-1　变动应力示意图

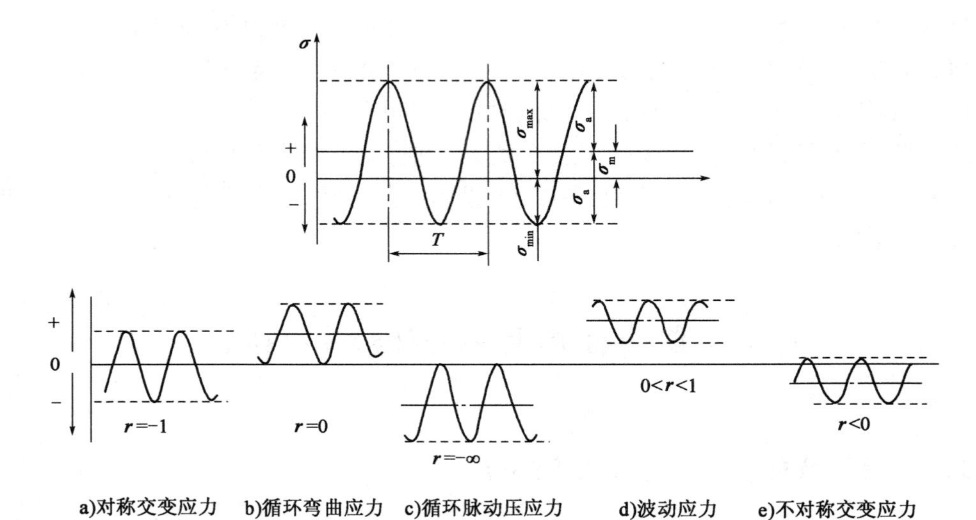

图 5-2　循环应力的类型

(5)应力比 r，$r = \dfrac{\sigma_{min}}{\sigma_{max}}$。

常见的循环应力有以下几种。

(1)对称交变应力，如图 5-2a)所示，$\sigma_m = 0$，$r = 1$。大多数旋转轴类零件的循环应力就是这种情况，如火车轴的弯曲对称交变应力、曲轴的扭转交变应力等。

(2)脉动应力：如图 5-2b)所示，$\sigma_m = \sigma_a > 0$，$r = 0$，如齿轮齿根的循环弯曲应力；轴承应力则为循环脉动压应力，$\sigma_m = \sigma_a < 0$，$r = -\infty$，如图 5-3c)所示。

(3)波动应力：如图 5-2d)所示，$\sigma_m > \sigma_a$，$0 < r < 1$，如发动机汽缸盖螺栓的循环应力。

(4)不对称交变应力：如图 5-2e)所示，$-1 < r < 0$，如发动机连杆的循环应力。

需要说明的是，在实际生产中的变动应力往往是无规则随机变动的，如汽车、拖拉机和飞机的零件,在运行工作时因道路或云层的变化,其变动应力呈随机变化。

5.1.2 疲劳现象及特征

1)疲劳的分类

金属机件或构件在变动应力和应变长期作用下,由于累积损伤而引起的断裂现象称为疲劳。疲劳可以按不同方法进行分类。

(1)按照应力状态不同,可分为弯曲疲劳、扭转疲劳、拉压疲劳及复合疲劳。

(2)按照环境和接触情况不同,可分为大气疲劳、腐蚀疲劳、高温疲劳、热疲劳、接触疲劳等。

(3)按照断裂寿命和应力高低不同,可分为高周疲劳和低周疲劳,这是最基本的分类方法。高周疲劳的断裂寿命较长($N_f > 1.0 \times 10^5$ 周次),断裂应力水平较低($\sigma < \sigma_s$),也称为低应力疲劳,一般常见的疲劳多属于这类疲劳。低周疲劳的断裂寿命较短($N_f = 1.0 \times 10^2 \sim 1.0 \times 10^5$ 周次),断裂应力水平较高($\sigma \geqslant \sigma_s$),往往有塑性应变发生,也称为高应力疲劳或应变疲劳。

2)疲劳破坏的特征

疲劳断裂与静载荷或一次冲击加载断裂相比,具有以下特征:

(1)疲劳是低应力循环延时断裂,即具有寿命的断裂。其断裂应力水平往往低于材料抗拉强度,甚至低于屈服强度。断裂寿命随应力不同而变化,应力高寿命短,应力低寿命长。当应力低于某一临界值时,寿命可无限长。

(2)疲劳是脆性断裂。由于一般疲劳的应力水平比屈服强度低,所以不论是韧性材料还是脆性材料,在疲劳断裂前均不会发生塑性变形及有形变预兆,它是在长期累积损伤过程中经裂纹萌生和缓慢亚稳扩展到临界尺寸时才突然发生的。因此,疲劳是一种潜在的突发性脆性断裂。

(3)疲劳对缺陷(缺口、裂纹及组织缺陷)十分敏感。由于疲劳破坏是从局部开始的,所以它对缺陷具有高度的选择性。缺口和裂纹因应力集中而增大对材料的损伤作用;组织缺陷(夹杂、疏松、白点、脱碳等)降低材料的局部强度,所以三者都加快疲劳破坏的开始和发展。

(4)疲劳断裂也是裂纹萌生和扩展过程,但因应力水平低,故具有明显的裂纹萌生和缓慢亚稳扩展阶段,相应的断口上有明显的疲劳源和疲劳扩展区,这是疲劳断裂的主要断口特征。只是在裂纹最后失稳扩展时才形成了瞬时断裂区,具有一般脆性断口的放射线、人字纹或结晶状形貌特征。

5.1.3 疲劳断口的形式

疲劳断口有多种形式,这取决于负荷的类型(如弯曲、扭转或拉压)以及应力水平和应力集中的程度。以轴类零件承受旋转弯曲为例,其断口有四种典型类型(图5-3),它与所施加的应力水平和源区的数目有关。应力集中严重和作用力同时增加或者其中之一增加时,都会使裂纹成核数目增大。当然,合理设计的工件所承受的应力水平和应力集中程度都偏低。所以,正常疲劳断口一般应只有一个裂纹源,且由此导致最后断裂。疲劳裂纹扩展区的尺寸取决于应力水平和材料的断裂韧性。

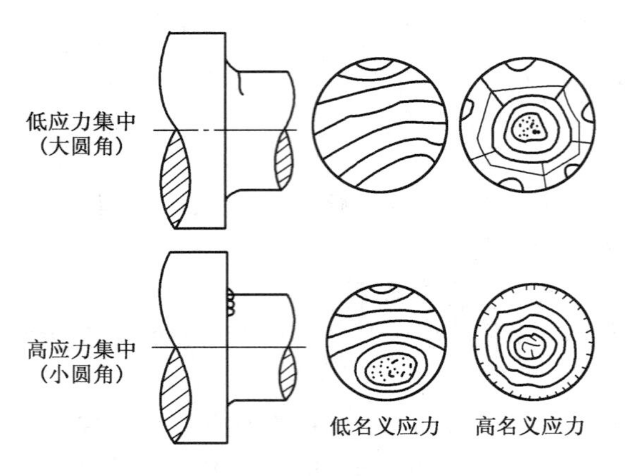

图 5-3　典型疲劳断口形貌

5.2　高 周 疲 劳

高周疲劳是指小型试样在变动载荷(应力)试验时,疲劳断裂寿命不小于 1.0×10^5 周次的疲劳过程。由于这种疲劳中所施加的交变应力水平处于弹性变形范围内,所以从理论上讲,试验中既可以控制应力,也可以控制应变,但在试验方法上控制应力要比控制应变容易得多。因此,高周疲劳试验都是在控制应力条件下进行的,并以材料的应力 S(最大应力或应力振幅 a)与循环寿命 N 的关系(即 S-N 曲线)、疲劳极限 R 来表征材料的疲劳特性和指标。它们在动力设备或类似机械构件的选材、工艺和安全设计中,都是很重要的力学性能数据。

5.2.1　*S-N* 曲线和疲劳极限

1)疲劳曲线和疲劳极限

典型的 S-N 曲线有两类,一类曲线从某循环周次开始出现明显的水平部分[图 5-4a)],中、低强度钢通常具有这种特性。它表明当所加交变应力降低到水平值时,试样可承受无限次应力循环而不断裂,因而将水平部分对应的应力称为疲劳极限 σ_R。不过测试时实际上不可能做到无限次应力循环,而且试验还表明,这类材料在交变应力作用下,如果应力循环 1.0×10^7 周次不断裂,则承受无限次应力循环也不会断裂,所以对这类材料常用 1.0×10^7 周次作为测定疲劳极限的基数。对高强度钢、不锈钢和大多数非铁金属,如钛合金、铝合金以及钢铁材料在腐蚀介质中,没有 S-N 曲线水平部分,其特点是随应力降低循环周次不断增大,不存在无限寿命[图 5-4b)]。在这种情况下,常根据实际需要给出一定循环周次(1.0×10^8 周次或 5.0×10^7 周次)所对应的应力作用金属材料的“条件疲劳极限”,记作 $\sigma_{R(N)}$。

由于材料的 S-N 曲线和疲劳极限与循环载荷的应力状态(如拉伸、弯曲、扭转等)和应力比都有关系,所以通常原则上应按材料服役条件选择适当的标准测试方法,得到相应的性能数据。在已有的高周疲劳特性数据中,以旋转弯曲的数据最为丰富。这是因为这类试验装置(图 5-5)结构及操作都很简单和方便,且平均应力 $\sigma_m=0$,循环完全对称,即应力比 $R=-1$。这和大多数轴类零件的服役条件是很接近的。

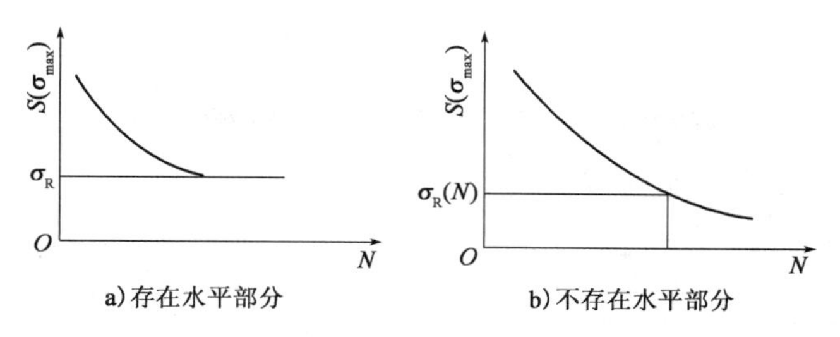

图5-4　材料的 *S-N* 曲线示意图

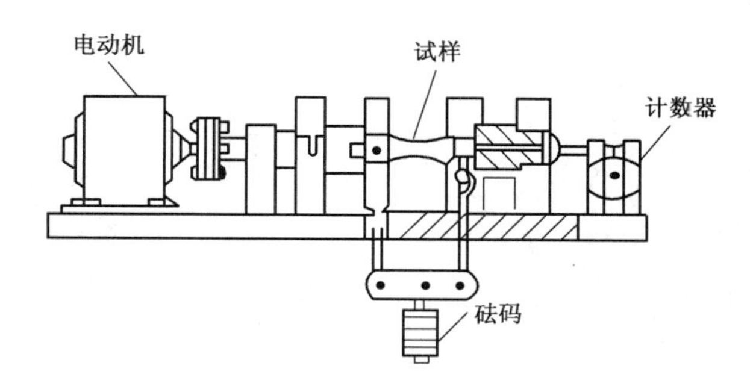

图5-5　旋转弯曲疲劳试验装置

2)疲劳曲线的测定

通常疲劳曲线是用旋转弯曲疲劳试验测定的,其四点弯曲试验机原理如图5-5所示。这种试验机结构简单、操作方便,能够实现对称循环和恒应力幅的要求,因此应用比较广泛。试验时,用升降法测定条件疲劳极限(或疲劳极限 σ_{-1});用成组试验法测定高应力部分,然后将上述两试验数据整理,并拟合成疲劳曲线。

用升降法测定疲劳极限 σ_{-1}时,有效试样数一般在13根以上。试验一般取3～5级应力水平。每级应力增量一般为 σ_{-1}的3%～5%。第一根试样应力水平应略高于 σ_{-1},若无法预计 σ_{-1},则对一般材料取(0.45～0.50)σ_b,高强度钢取(0.30～0.40)σ_b。第二根试样的应力水平根据第一根试样的试验结果(破坏或通过,即试样经 1.0×10^7周次循环断裂或不断裂)而定。若第一根试样断裂,则对第二根试样施加的应力应降低3%～5%;反之,第二根试样的应力则较前升高3%～5%。其余试样的应力值均依此法办理,直至完成全部试验。首次出现一对结果相反的数据,如在以后数据的应力波动范围之内,则可作为有效数据加以利用,否则就应舍去。图5-6所示为升降法示意图,图中3、4为首次出现结果相反的两点,1、2两点的结果不在以后应力波动范围内,故应舍去。

最后根据疲劳曲线得到 σ_{-1}($r=-1$,$N=1.0\times10^7$周次)。

S-N 曲线的高应力(有限寿命)部分用成组试验法测定,即取3～4级较高应力水平,在每级应力水平下,测定5根左右试样的数据,然后进行数据处理,计算中值(存活率为50%)疲劳寿命。将升降法测得的 σ_{-1}作为 *S-N* 曲线的最低应力水平点,与成组试验法的测定结果拟合成直线或曲线,即得存活率为50%的中值 *S-N* 曲线(图5-7)。

3)循环应力特性对 *S-N* 曲线的影响

循环应力特性主要包括平均应力 σ_m,应力半幅 σ_a和应力比 R 以及加载方式(应力状态)。σ_m、σ_a和 R 对 *S-N* 曲线的影响并不是独立的。

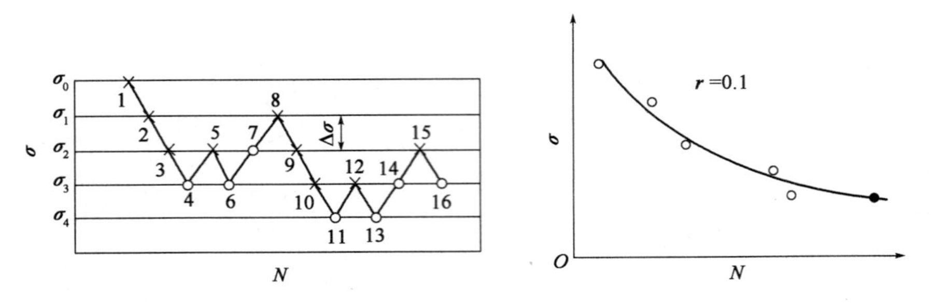

图 5-6　升降法示意图和某种铝合金的疲劳曲线

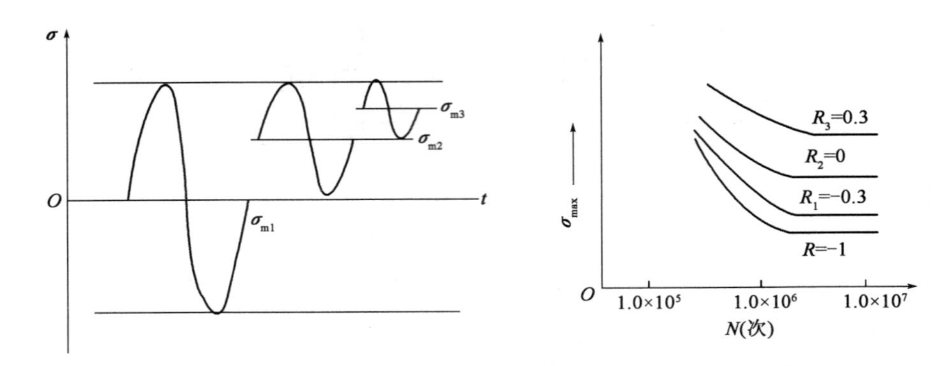

图 5-7　σ_{max} 相同时，平均应力对 S-N 曲线的影响（应力循环特征和 S-N 曲线）

（1）平均应力的影响。

平均应力是影响 S-N 曲线的重要因素，在这种循环应力条件下，随平均应力增高循环不对称程度加大，每一循环中的交变应力幅占循环应力的比例越来越小，造成的损伤也越来越小，使 S-N 曲线向上移动，疲劳抗力增加，如图 5-7 所示。在极限情况下，$\sigma_m = \sigma_{max}$，相当于偏拉伸。σ_a 相同的情况示于图 5-7 中，为恒幅应力循环特征。在不同平均应力的恒幅疲劳试验中，平均应力 σ_m 及相应的应力比 R 之间的关系为 $\sigma_{m3} > \sigma_{m2} > \sigma_{m1}(=0)$，$R_3 > R_2(=0) > R(=-1)$。

在这种应力循环条件下，随着平均应力升高，不对称程度越来越明显，作用在等体积材料中的应力水平越来越高，疲劳损伤加剧，S-N 曲线向下移动，如图 5-7 所示。在这两种情况下，平均应力 σ_m 和应力比 R 的变化趋势是相同的，但因具体循环条件的差异，造成对 S-N 曲线的影响相反。因此，在分析应力条件对疲劳过程的影响时，必须具体情况具体分析。

（2）应力状态的影响。

同一材料在不同应力状态下测得的疲劳极限不相同，但是它们之间存在一定的联系。根据试验可知，对称弯曲疲劳极限与对称拉压、扭转疲劳极限之间存在下列关系

$$
\begin{aligned}
\sigma_{-1p} &= 0.85\sigma_{-1(\text{钢})} \\
\sigma_{-1p} &= 0.65\sigma_{\sigma-1(\text{铸铁})} \\
\tau_{-1p} &= 0.8\sigma_{-1(\text{铸铁})} \\
\tau_{-1p} &= 0.85\sigma_{-1(\text{钢及轻合金})}
\end{aligned}
\tag{5-1}
$$

式中：σ_{-1p}——对称拉压疲劳极限；

τ_{-1p}——对称扭转疲劳极限；

σ_{-1}——对称弯曲疲劳极限。

若需要拉压疲劳极限或扭转疲劳极限时，最好做该应力状态的疲劳试验，但在许多情况下可以根据上述经验公式估算。

4）疲劳极限与静强度间的关系

试验表明，金属材料的抗拉强度越大，其疲劳极限也越大。对于中、低强度钢，疲劳极限与抗拉强度之间大体呈线性关系（图5-8）。当 σ_b 较低时，可近似地写成 $\sigma_{-1}=0.5\sigma_b$。但当抗拉强度较高时，这种关系就要发生偏离，其原因是强度较高时因材料塑性和断裂韧性下降，裂纹易于形成和扩展。屈强比对光滑试样的疲劳极限也有一定影响，因此建议用下面的经验公式计算对称循环下的疲劳极限。

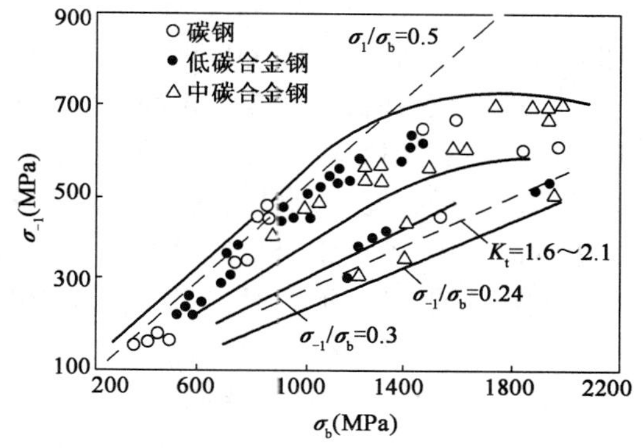

图5-8　钢的疲劳极限与抗拉极限的关系

结构钢：$\sigma_{-1p}=0.23(\sigma_s+\sigma_b)$，$\sigma_{-1}=0.27(\sigma_s+\sigma_b)$；

铸铁：$\sigma_{-1p}=0.4\sigma_b$，$\sigma_{-1}=0.45\sigma_b$；

铝合金：$\sigma_{-1p}=\dfrac{1}{6\sigma_b}+7.5\text{MPa}$，$\sigma_{-1}=\dfrac{1}{6\sigma_b}-7.5\text{MPa}$；

青铜：$\sigma_{-1}=0.21\sigma_b$。

5.2.2　疲劳缺口敏感度 q

机件由于使用的需要，常常带有台阶、拐角、键槽、油孔、螺纹等。这些结构类似于缺口作用，会改变应力状态并造成应力集中。图5-9给出了40Cr钢在不同的理论应力集中系数 K_t 时的疲劳极限 σ_{-1}。由该图可见，缺口越尖锐，疲劳极限下降越多。因此，了解缺口引起的应力集中对疲劳极限的影响也很重要。

金属材料在交变载荷作用下的缺口敏感性，常用疲劳缺口敏感度 q_f 来评定，即

$$q_f=\frac{K_f-1}{K_t-1}\tag{5-2}$$

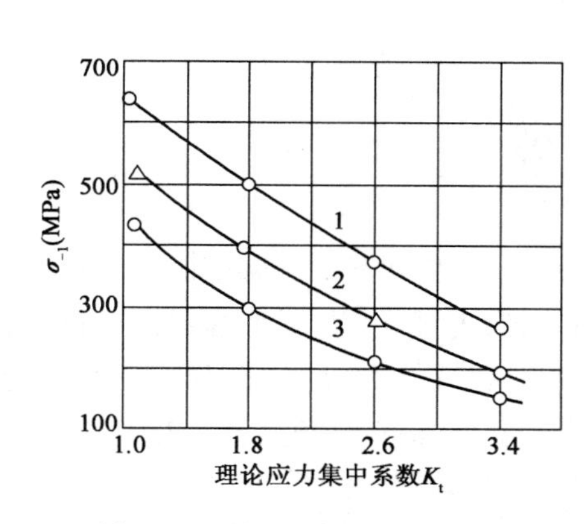

图5-9　K_t 对40Cr钢的 σ_{-1} 的影响

式中：K_t——理论应力集中系数，可从有关手册中查到，$K_t>1$；

K_f——疲劳缺口系数，也称为有效应力集中系数，其中，K_f 等于光滑试样与缺口试样疲劳极限之比，即 $K_f=\sigma_{-1}/\sigma_{-1N}$，$K_f>1$，其具体的数值与缺口几何形状、材料等因素有关。

根据疲劳缺口敏感度评定材料时，可能出现两种极端情况：①$K_f=K_t$，即缺口试样疲劳过程中应力分布与弹性状态完全一样，没有发生应力重新分布，这时缺口

降低疲劳极限最严重，$q_f=1$，材料的疲劳缺口敏感性最大；②$K_f=1$，即 $\sigma_{-1}=\sigma_{-1N}$，缺口不降低疲劳极限，说明疲劳过程中应力产生了很大的重分布，应力集中效应完全被消除，$q_f=0$，材料的疲劳缺口敏感性最小。由此可以看出，q_f 值能反映在疲劳过程中材料发生应力重新分布的情况，有降低应力集中的能力。由于一般材料 σ_{-1N} 小于 σ_{-1}，即 $K_f>1$，故通常 q_f 值在 0～1 范围内变化。在实际金属材料中，结构钢的 q_f 值一般为 0.6～0.8，粗晶粒钢的 q_f 值为 0.1～0.2，球墨铸铁的 q_f 值为 0.11～0.25。灰铸铁的 q_f 值为 0～0.05。

在高周疲劳时，大多数金属都对缺口十分敏感；但在低周疲劳时，它们却对缺口不太敏感。这是因为后者缺口根部一部分区域已处于塑性区内，发生应力松弛，使应力集中降低。钢经热处理后获得的强度（或硬度）不同，q_f 也不相同。强度（或硬度）增加，q_f 值增大。因此，淬火-回火钢比正火、退火钢对缺口敏感。

试验证明，缺口形状对 q_f 值有一定影响。如图 5-10 所示，缺口根部曲率半径较小时，缺口越尖锐，q_f 值越低。这是因为 K_t 和 K_f 都随缺口尖锐度增加而提高，但 K_t 比 K_f 增高快。当缺口曲率半径较大时，缺口尖锐度对 q_f 的影响明显减小，q_f 与缺口形状关系不大。可见，测定材料的疲劳缺口敏感度时，缺口曲率半径应选用比较大的数值。

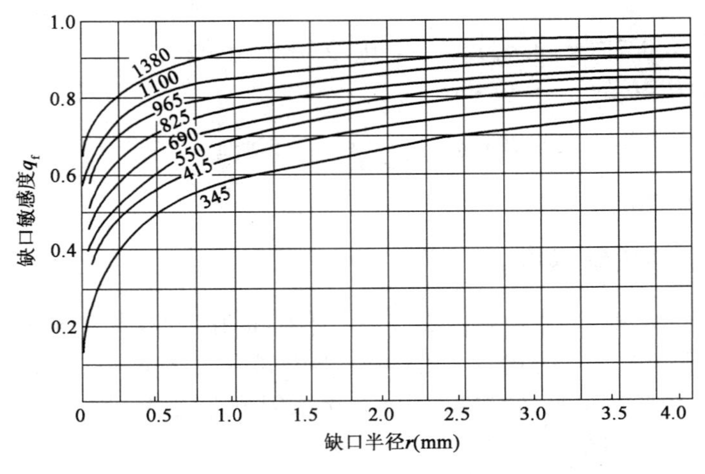

图 5-10　缺口半径和材料强度对缺口敏感度 q_f 的影响

注：图上曲线所标数值为 σ_b，单位 MPa。

5.3　低 周 疲 劳

有些机器的零部件或构件，有时受到很大的交变应力。如飞机在起飞和降落时，相对于它在高空稳定飞行时（承受比较均匀的载荷），其载荷幅度的变化是很大的；压力容器也是这样，也有周期的升压和降压。这种运行状态虽然相对于整个机件的工作寿命是较短的，但因承受的负荷较大，即使在设计时的名义应力规定只允许发生弹性变形，但在缺口处甚至在有微裂纹处，会因局部的应力集中，使应力超过材料的屈服强度，最终导致疲劳破坏。有的零件寿命只有几千次，像飞机的起落架，这种在大应力低周次下的破坏，称之为低周疲劳。

低周疲劳时，机件或构件的名义应力低于材料的屈服强度，但在实际机件缺口根部因应力集中却能产生塑性变形，并且这个变形总是受到周围弹性体的约束，即缺口根部的变形是受控制的。所以，机件或构件受循环应力作用，而缺口根部则受循环塑性应变作用，疲劳裂纹总是在缺口根部形成。因此，这种疲劳也称为塑性疲劳或应变疲劳。

在低应力长寿命（高周疲劳）条件下，材料的疲劳行为主要受控于其所受的名义应力水平，疲劳行为的描述借助于 S-N 曲线，相应零件或结构的设计则依据疲劳极限或过载持久值。对材料低周疲劳行为的研究，采用控制应变条件的疲劳试验，对试验结果的描述则借助于应变-寿命（ε-N）曲线。

5.3.1　低周疲劳的特点

（1）低周疲劳时，由于机件设计的循环许用应力比较高，加上实际机件不可避免地存在缺口应力集中，因而局部区场合产生宏观塑性变形，使应力、应变之间不再呈直线关系，而是形成如图 5-11 所示的滞后回线。在图 5-11 中，开始加载时，曲线沿 OAB 进行，卸载时沿 BC 进行；反向加载时沿 CD 进行，从 D 点卸载时沿 DE 进行。再次拉伸时沿 EB 进行。如此循环经过一定周次（通常不超过 100 周次）后，就达到图 5-11 所示的稳定状态滞后回线。

（2）低周疲劳试验时，或者控制总应变范围，或者控制塑性应变范围，在给定的 $\Delta\varepsilon_t$ 或 $\Delta\varepsilon_p$ 下测定疲劳寿命。试验结果处理不用 S-N 曲线，而要改用 $\Delta\varepsilon_t/2-2N_f$ 或 $\Delta\varepsilon_p/2-2N_f$ 曲线，以描述材料的低周疲劳规律。$\Delta\varepsilon_t/2$ 和 $\Delta\varepsilon_p/2$ 分别为总应变幅和塑性应变幅。

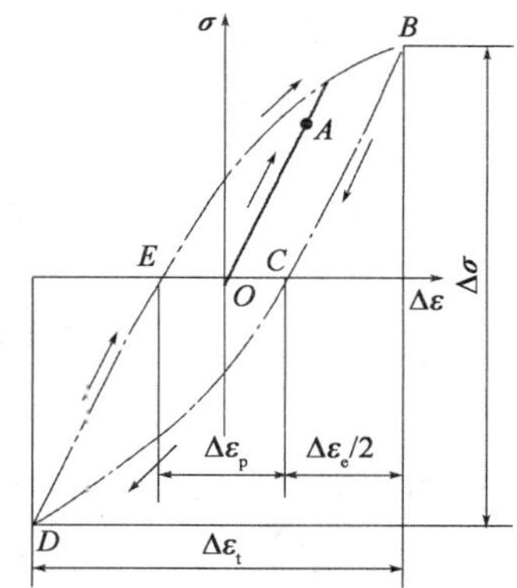

图 5-11　低周疲劳应力-应变滞后回线 $\Delta\varepsilon_t$-总应变；$\Delta\varepsilon_p$-塑性应变；$\Delta\varepsilon_e$-弹性应变；$\Delta\varepsilon_t=\Delta\varepsilon_p+\Delta\varepsilon_e$

（3）低周疲劳破坏有几个裂纹源，这是由于应力比较大，裂纹容易形核，其形核期较短，只占总寿命的 10%。低周疲劳微观断口的疲劳条带较粗，间距也宽一些，并且常常不连续。在许多合金中，特别是在超高强度钢中可能不出现条带。在某些金属材料中，只有破坏的应力循环不小于 1000 周次时才会出现疲劳条带。破坏的应力循环在 90 周次以下时，断口呈窝状；大于 100 周次时，还出现轮胎花样。

（4）低周疲劳寿命取决于塑性应变幅，而高周疲劳寿命则取决于应力幅或应力强度因子范围，但两者都是循环塑性变形累积损伤的结果。

5.3.2　循环硬化和循环软化

循环加载初期，材料对循环加载的响应有一个由不稳定向稳定过渡的过程。此过程可分别由应力控制下的应变-时间（ε-t）函数或在应变控制下的应力-时间（σ-t）函数（图 5-12）给出。

金属承受恒定应变范围的循环加载时，循环开始的应力-应变滞后回线是不封闭的，只有经过一定周次后才形成封闭滞后回线。金属材料由循环开始状态变成稳定状态的过程，与其在循环应变作用下的形变抗力变化有关。这种变化有两种情况，即循环硬化和循环软化。若金属材料在恒定应变范围内循环作用下，随循环周次增加，其应力（形变抗力）不断增加，即为循环硬化,如图 5-13a) 所示;若在循环过程中,应力逐渐减小,则为循环软化,如图 5-13b) 所示。

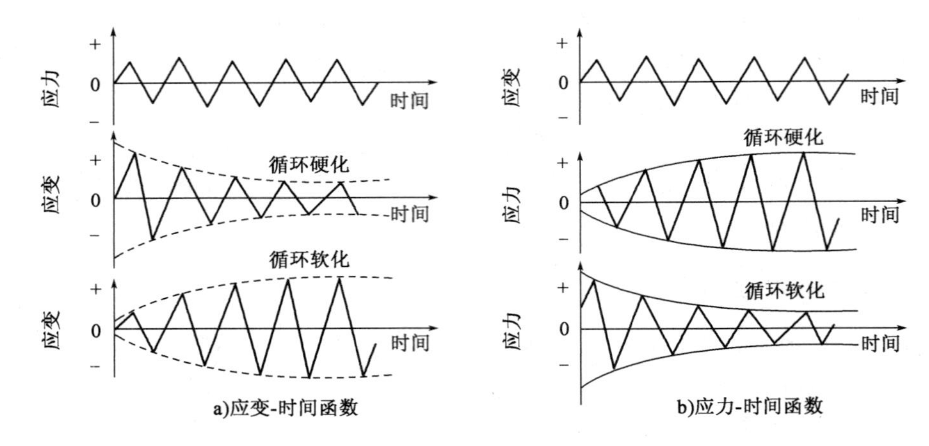

图 5-12　应力-应变控制下的材料 ε-t、σ-t 函数

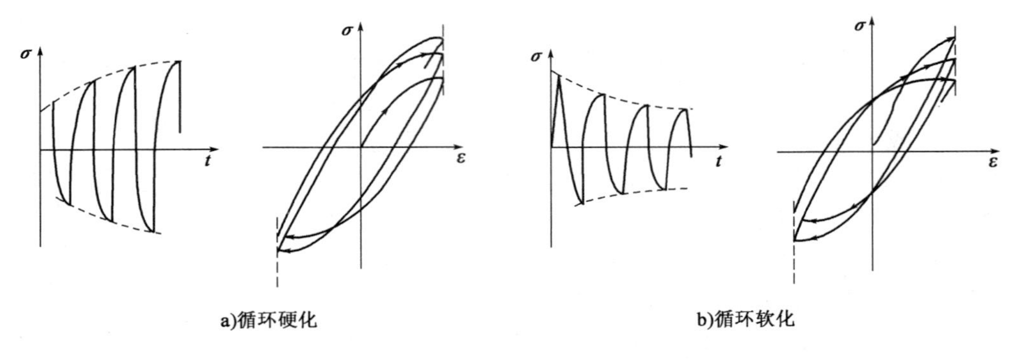

图 5-13　低周疲劳初期的 σ-t 曲线和 σ-ε 曲线

有必要指出,在恒应力幅循环加载下,材料发生循环软化是危险的,因为这时应变幅将连续增大,可引起受载构件的过早断裂。相反,在恒应变幅循环条件下,如果材料是循环硬化型的,则材料所受应力幅越来越高,也可引起受载构件的早期断裂。实践中对这些情况应特别注意。

5.3.3　循环应力-应变曲线

不论是产生循环硬化的材料,还是产生循环软化的材料,它们的应力-应变滞后回线只有在应力循环周次达到一定值后才是闭合的,此时即达到循环稳定状态。对于每一个固定的应变范围,都能得到相应的稳定滞后回线。将不同应变范围的稳定滞后回线的顶点连接起来,便得到一条如图 5-14 所示的循环应力-应变曲线。

图 5-14 中还用虚线画出 40CrNiMo 钢的单次拉伸应力-应变曲线。比较循环应力-应变曲线与单次应力-应变曲线,可以判断循环应变对材料性能的影响。因此,循环应力-应变曲线和下面将要介绍的应变-寿命曲线都是评定材料低周疲劳特性的曲线。例如,40CrNiMo 钢的循环应力-应变曲线低于它的单次应力-应变曲线,表明这种钢具有循环软化现象;反之,若材料的循环应力-应变曲线高于它的单次应力-应变曲线时,则表明该材料具有循环硬化现象。

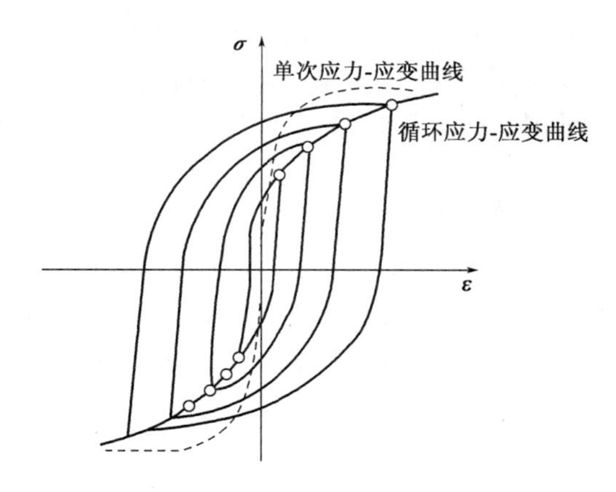

图 5-14　40CrNiMo 钢的循环应力-应变曲线

由此可见，循环应变会导致材料形变抗力发生变化，使材料的强度变得不稳定，特别是由循环软化材料制作的机件，在承受大应力循环使用过程中，将因循环软化产生过量的塑性变形而使机件破坏。因此，承受低周大应变的机件，应该选用循环稳定或循环硬化型材料。

5.3.4　应变-寿命曲线

曼森（S. S. Manson）和柯芬（L. F. Coffin）等分析了低周疲劳的试验结果和规律，提出了低周疲劳寿命公式，即

$$\frac{\Delta\varepsilon_t}{2}=\frac{\Delta\varepsilon_e}{2}+\frac{\Delta\varepsilon_p}{2}=\frac{\sigma_f'}{E}(2N_f)^b+\varepsilon_f'(2N_f)^c \tag{5-3}$$

式中：σ_f'——疲劳强度系数，约等于材料静拉伸的真实断裂应力，即 $\sigma_f\approx\sigma_f$；

b——疲劳强度指数，$b=-0.12\sim-0.05$，通常取 $b=-0.1$；

ε_f'——疲劳塑性系数，约等于材料静拉伸时的真实断裂应变，$\varepsilon_f'\approx e_f$，$e_f=\ln\frac{1}{1-\psi}$；

c——疲劳塑性指数；

E——弹性模量；

ψ——断面收缩率；

$2N_f$——总的应力反向次数，一个循环周次中应力反向两次。

在对数坐标图上，式（5-3）等号右边两项是两条直线，分别代表弹性应变幅-寿命线和塑性应变幅-寿命线。其中表示塑性应变幅-寿命关系的公式，通常称为曼森-柯芬公式。两条直线叠加，即得总应变幅-寿命曲线（图5-15）。两条直线斜率不同，故存在一个交点，交点对应的寿命称为过渡寿命 $(2N_f)_t$。在交点左侧，即低周疲劳范围内，塑性应变幅起主导作用，材料的疲劳寿命由塑性控制；在交点右侧，即高周疲劳范围内，弹性应变幅起主

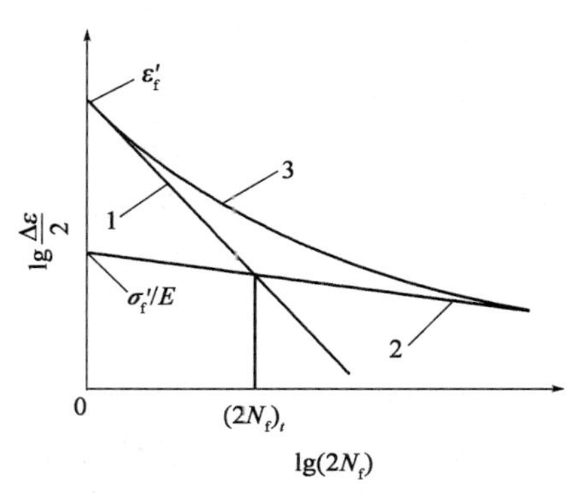

图 5-15　总应变幅-寿命曲线
1-$\Delta\varepsilon_p/2$-$2N_f$ 曲线；2-$\Delta\varepsilon_e/2$-$2N_f$ 曲线；3-$\Delta\varepsilon_t/2$-$2N_f$ 曲线

导作用,材料的疲劳寿命由强度决定。为此,在选择机件材料和确定工艺时,要区分机件服役条件属于哪一类疲劳,如属于高周疲劳,应主要考虑材料的强度;如属于低周疲劳,则应在保持一定强度基础上尽量选用塑性好的材料。显然,此处提出的以过渡寿命为界划分高周疲劳和低周疲劳,比以 $1.0\times10^2\sim1.0\times10^5$ 周次分界要严密、科学得多。

过渡寿命也是材料的疲劳性能指标,在设计与选材方面具有重要意义,其值与材料性能有关。一般情况下,提高材料强度,过渡寿命减小;提高材料塑性和韧性,过渡寿命增大。高强度材料过渡寿命可能少至10周次;低强度材料则可能超过 1.0×10^5 周次。

为了应用更为方便,曼森通过对29种金属材料的试验研究发现,总应变幅上 $\Delta\varepsilon_t/2$ 与疲劳断裂寿命 $2N_f$ 之间存在下列关系,即:

$$\frac{\Delta\varepsilon_t}{2}=3.5\left(\frac{\sigma_b}{E}\right)(2N_f)^{-0.12}+e_f^{0.6}(2N_f)^{-0.6}$$

可见,只要知道材料的静拉伸性能 σ_b、E、e_f,就可求得材料光滑试样完全对称循环下的低周疲劳寿命曲线。这种预测低周疲劳寿命的方法,称为通用斜率法。有必要指出,各种表面强化手段对提高低周疲劳寿命均无明显效果。

5.4 热 疲 劳

有些机件在服役过程中温度要发生反复变化,如热锻模、热轧辊及涡轮机叶片等。机件在由温度循环变化时产生的循环热应力及热应变作用下发生的疲劳,称为热疲劳。温度循环和机械应力循环叠加所引起的疲劳,则为热机械疲劳。产生热应力必须有两个条件,即温度变化和机械约束。温度变化使材料膨胀或收缩,但因有约束而产生热应力。约束可以来自外部(如管道温度升高时,刚性支承约束管道膨胀),也可以来自材料的内部。所谓内部约束,是指机件截面内存在温度差,一部分材料约束另一部分材料,使之不能自由胀缩,于是也产生热应力。

温度差 Δt 引起的膨胀热应变为 $\alpha\Delta t$(α 为材料的线膨胀系数),如果该应变完全被约束,则产生热应力 $\Delta\sigma=E\alpha\Delta t$($E$ 为弹性模量)。当热应力超过材料高温下的弹性极限时,将发生局部塑性变形。经过一定循环次数后,热应变可引起疲劳裂纹。可见,热疲劳和热机械疲劳破坏也是塑性应变累积损伤的结果,基本上服从低周应变疲劳规律。例如,柯芬研究一些材料的热疲劳行为时发现,塑性应变范围 $\Delta\varepsilon_p$ 和寿命 N_f 之间也存在下列关系

$$\Delta\varepsilon_p N_f^{\frac{1}{2}}=c,\quad c=0.5e_f=0.5\ln\left(\frac{1}{1-\psi}\right) \tag{5-4}$$

式中:e_f——温度循环平均温度下材料的静拉伸真实断裂应变;

ψ——同一温度下材料的断面收缩率。

热疲劳裂纹是在表面热应变最大的区域形成的,也常从应力集中处萌生。裂纹源一般有几个,在热循环过程中,有些裂纹发展形成主裂纹。裂纹扩展方向垂直于表面,并向纵深扩展而导致断裂。

金属材料抗热疲劳性能，不但与材料的热传导、比热容等热学性质有关，而且还与弹性模量、屈服强度等力学性能，以及密度、几何因素等有关。一般情况下，脆性材料导热性差，热应力又得不到应有的塑性松弛，故热疲劳危险性较大；而塑性好的材料，其热疲劳寿命较高。

5.5　疲劳裂纹扩展

当构件中存在裂纹并且外加应力达到临界值时，就会发生裂纹的失稳扩展，结构破坏。在绝大多数情况下，这种宏观的临界裂纹是零件在循环载荷作用下由萌生的小裂纹（如由缺口处）逐渐长大而成的，即所谓亚临界（稳态）裂纹扩展过程。从预防发生破坏的意义上说，这类过程的研究颇为重要。因为，如果零件中有一个大到足以在服役载荷下立即破坏的裂纹或类似缺陷，则这类缺陷完全可能被无损检测手段发现，从而在破坏前就被修理或报废。所以，讨论工程材料疲劳裂纹扩展过程的规律和影响因素，对延长疲劳寿命和预测实际机件疲劳剩余寿命具有重要意义，是保证结构安全运行的重要课题。

5.5.1　疲劳裂纹扩展曲线

在高频疲劳试验机上测定疲劳裂纹扩展曲线，一般常用三点弯曲单边缺口试样（SENB3）、中心裂纹拉伸试样（CCT）或紧凑拉伸试样（CT）。先预制疲劳裂纹，随后在固定应力比 r 和应力范围 $\Delta\sigma$ 条件下循环加载。观察并记录裂纹长度 a 随循环周次 N 扩展增长的情况，便可做出疲劳裂纹扩展曲线（a-N 曲线，图 5-16）。由图 5-16 可见，在一定循环应力条件下，疲劳裂纹扩展时其长度 a 是不断增长的。曲线的斜率表示疲劳裂纹扩展速率 $\mathrm{d}a/\mathrm{d}N$，即每循环一次裂纹扩展的距离，也是不断增加的。当加载循环周次达到 N_p 时，a 长大到临界裂纹尺寸 a_c。$\mathrm{d}a/\mathrm{d}N$ 增大到无限大，裂纹失稳扩展，试样最后断裂。若改变应力，将 $\Delta\sigma_1$ 增加到 $\Delta\sigma_2$，则裂纹扩展加快，曲线位置向左上方移动，a_c 和 N_p 都相应减小。

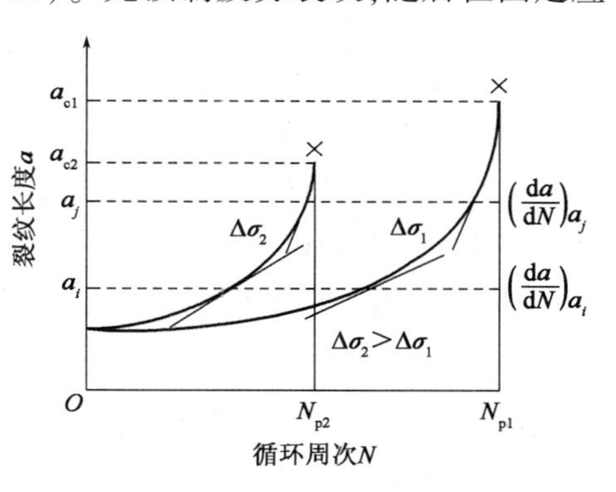

图 5-16　疲劳裂纹扩展曲线

5.5.2　疲劳裂纹扩展速率

1）疲劳裂纹扩展速率曲线

材料的疲劳裂纹扩展速率 $\mathrm{d}a/\mathrm{d}N$ 不仅与应力水平有关，而且与当时的裂纹尺寸有关。将应力范围 σ 和 a 复合为应力强度因子范围 ΔK。如果认为疲劳裂纹扩展的每一微小过程类似于裂纹体在小区域的断裂过程，则 ΔK 就是在裂纹尖端控制裂纹扩展的复合力学参量，从而可建立由 ΔK 起控制作用的 $\mathrm{d}a/\mathrm{d}N$-ΔK 曲线，即疲劳裂纹扩展速率曲线（纵、横坐标均用对数表示，见图 5-17）。曲线分为Ⅰ、Ⅱ、Ⅲ三个区段。在Ⅰ、Ⅲ区，ΔK 对 $\mathrm{d}a/\mathrm{d}N$ 影响较大；在Ⅱ区，ΔK 与 $\mathrm{d}a/\mathrm{d}N$ 之间呈幂函数关系。

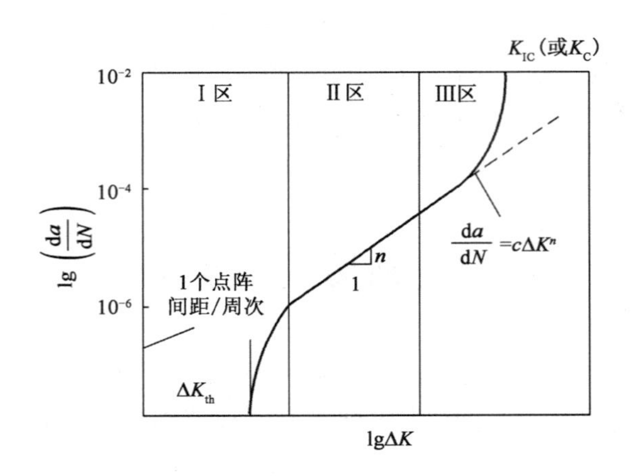

图 5-17　疲劳裂纹扩展速率曲线

Ⅰ区是疲劳裂纹初始扩展阶段，da/dN 值很小，为 $1.0\times10^{-8}\sim1.0\times10^{-6}$ mm/周次，从 ΔK_{th}开始，随 ΔK 增加，da/dN 快速提高，但因 ΔK 变化范围很小，所以 da/dN 提高有限，所占扩展寿命不长。

Ⅱ区是疲劳裂纹扩展的主要阶段，占据亚稳扩展的绝大部分，是决定疲劳裂纹扩展寿命的主要组成部分，da/dN 较大，为 $1.0\times10^{-5}\sim1.0\times10^{-2}$ mm/周次；且 ΔK 变化范围大，扩展寿命长。

Ⅲ区是疲劳裂纹扩展的最后阶段，da/dN 很大，并随 ΔK 增加而快速增大，只需扩展很少周次就会导致材料失稳断裂。

2）疲劳裂纹扩展门槛值

由图 5-17 可见，在Ⅰ区，当 $da/dN<0$ 时，da 表示裂纹不扩展；只有当 $da/dN>0$ 时，疲劳裂纹才开始扩展。因此，ΔK_{th}是疲劳裂纹不扩展的 ΔK 临界值，称为疲劳裂纹扩展门槛值。ΔK_{th}表示材料阻止疲劳裂纹开始扩展的性能，也是材料的力学性能指标，其值越大，阻止疲劳裂纹开始扩展的能力就越大，材料就越好。ΔK_{th}的单位和 ΔK 相同，也是 $MN\cdot m^{\frac{1}{2}}$或 $MPa\cdot m^{\frac{1}{2}}$。

ΔK_{th}与疲劳极限 σ_{-1}有些相似，都是表示无限寿命的疲劳性能，也都受材料成分和组织、载荷条件及环境因素等影响。但 σ_{-1}是光滑试样的无限寿命疲劳强度，用于传统的疲劳强度设计和校核；ΔK_{th}是裂纹试样的无限寿命疲劳性能，适于裂纹件的设计和校核。

根据 ΔK_{th}的定义可以建立裂纹件不疲劳断裂（无限寿命）的校核公式，即

$$\Delta K = Y\Delta\sigma\sqrt{a} \geqslant \Delta K_{th} \tag{5-5}$$

利用式(5-5)，即可在 ΔK_{th}、a、$\Delta\sigma$ 三个参量中已知两个去求另一个。如已知裂纹件的裂纹尺寸 a 和材料的疲劳门槛值 ΔK_{th}，则可求得该件无限疲劳寿命的承载能力，即

$$\Delta\sigma \leqslant \frac{\Delta K_{th}}{Y\sqrt{a}} \tag{5-6}$$

显然，这里的 $\Delta\sigma$ 小于光滑试样的疲劳极限 σ_{-1}。照此设计的机件会很笨重，只适用于地

面结构,而航空航天机件绝不可能采用这种设计方法。

若已知裂纹件的工作载荷 $\Delta\sigma$ 和材料的疲劳门槛值 ΔK_{th},则可求得裂纹的允许尺寸,即

$$a < \frac{1}{Y^2}\left(\frac{\Delta K_{th}}{\Delta\sigma}\right)^2 \tag{5-7}$$

实际在测定材料 ΔK_{th}时很难做到 $da/dN=0$ 的情况,因此试验时,常规定在平面应变条件下 $da/dN=1.0\times10^{-7}\sim1.0\times10^{-6}$mm/周次,它所对应的 ΔK 作为 ΔK_{th},称之为工程(或条件)疲劳门槛值。

工程金属材料的 ΔK_{th}值很小,为 $5\% K_{IC}\sim10\% K_{IC}$,如钢、铝合金。表 5-1 所示为几种工程金属材料的 ΔK_{th}测定值,可供比较。

几种工程金属材料的 ΔK_{th} 测定值($r=0$) 表 5-1

材　料	ΔK_{th}($\mathrm{MPa\cdot m^{\frac{1}{2}}}$)	材　料	ΔK_{th}($\mathrm{MPa\cdot m^{\frac{1}{2}}}$)
低合金钢	6.6	纯铜	2.5
18-8 不锈钢	6.0	60/40 黄铜	3.5
纯铝	1.7	纯镍	7.9
4.5 钢铝合金	2.1	镍基合金	7.1

3)Paris 公式

1916 年,Paris 根据大量试验数据,提出了在疲劳裂纹扩展速率曲线Ⅱ区,$\frac{da}{dN}$与 ΔK 关系的经验公式,即

$$\frac{da}{dN}=c(\Delta K)^n \tag{5-8}$$

式中:c、n——材料试验常数,与材料、应力比、环境等因素有关,但显微组织对 n 的影响不明显,根据试验曲线的截距及斜率可求得 c、n 值,多数材料的 n 值为 2~4。

图 5-18 是 3 类钢的 da/dN-ΔK 曲线,它们的 Paris 公式分别为

铁素体-珠光体钢:$da/dN = 6.9\times10^{-12}\Delta K^{3.0}$;

奥氏体不锈钢:$da/dN = 5.6\times10^{-12}\Delta K^{3.25}$;

马氏体钢:$da/dN = 1.35\times10^{-10}\Delta K^{2.25}$。

由图 5-18 可见,上述 3 类钢的 da/dN 数据都集中在很窄的分散带内。因此,钢的强度水平和显微组织对Ⅱ区的疲劳裂纹扩展速率影响不大。

铝合金的 da/dN 分散度较大,$n=2\sim7$;典型的航空用高强度铝合金,其 Paris 公式为

$$da/dN=1.6\times10^{-1}\Delta K^{3.0}$$

以上诸式中 da/dN 的单位为 m/周次,ΔK 的单位是 $\mathrm{MPa\cdot m^{\frac{1}{2}}}$。

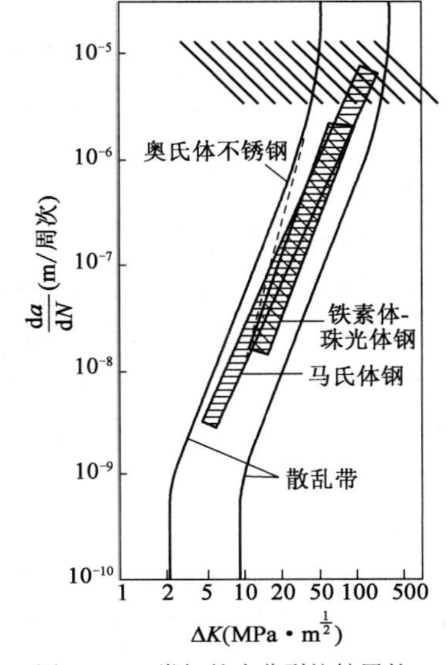

图 5-18 3 类钢的疲劳裂纹扩展的分散带

Paris 公式可以描述各种材料和各种试验条件下的疲劳裂纹扩展规律,为疲劳机件的设计或失效分析提供了有效的寿命估算方法。但 Paris 公式一般只适用于低应力($\sigma_s > \sigma \geqslant \sigma_{-1}$)、低扩展速率($da/dN < 1.0 \times 10^{-2}$mm/周次)的范围及较长的疲劳寿命($N_f > 1.0 \times 10^4$周次),即所谓的高周疲劳场合。

5.5.3 影响疲劳裂纹扩展速率的因素

1)应力比 r(或平均应力 σ_m)的影响

平均应力 σ_m 可用应力比 r 和应力幅 σ_a 表示,在 σ_a 一定的条件下,σ_m 随 r 增大而增高,因此平均应力和应力比的影响具有等效性。由于压应力使裂纹闭合,不会使裂纹扩展,所以研究 r 对 da/dN 的影响,都是在 $r>0$ 的情况下进行的。

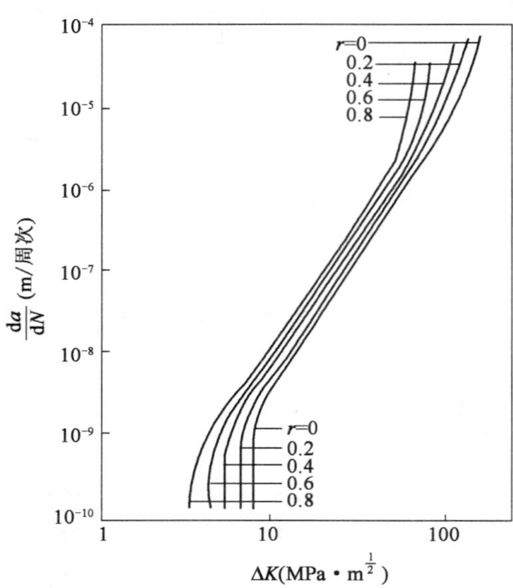

图 5-19　各种钢的疲劳裂纹扩展的分散带

如图 5-19 所示,应力比影响裂纹扩展速率曲线的位置,随 r 增加,曲线向左上方移动,使 da/dN 升高,而且在Ⅰ、Ⅲ区的影响比在Ⅱ区的大。在Ⅰ区,ΔK_{th}随 r 的增加而降低,其影响规律为:

$$\Delta K_{th} = \Delta K_{th0}\left(\frac{1-r}{1+2}\right)^{\frac{1}{2}}(r>0) \qquad (5\text{-}9)$$

式中:ΔK_{th}——脉动循环($r=0$)下的疲劳门槛值。

1967 年,Forman 考虑了应力比和材料断裂韧性对 da/dN 的影响,提出了如下公式:

$$\frac{da}{dN} = \frac{c(\Delta K)^n}{(1-r)K_C - \Delta K} \qquad (5\text{-}10)$$

式中:r——应力比;

K_C——与试件厚度有关的材料断裂韧性。

实际上,式(5-10)是对 Paris 公式的修正,它可以描述裂纹在Ⅱ、Ⅲ区的扩展,但没有反映Ⅰ区的裂纹扩展情况。

当机件内部存在残余应力时,因与外加循环应力叠加将改变实际应力比,所以也会影响 da/dN 和 ΔK_{th}。残余压应力会减小 r,使 da/dN 降低和使 ΔK_{th} 升高,对疲劳寿命有利;而残余拉应力会增大 r,使 da/dN 升高,使 ΔK_{th}降低,对疲劳寿命不利,因此生产中总是用喷丸、滚压等表面强化处理工艺。除表面强化外,还使机件表面形成残余压应力,意在降低 da/dN,提高 ΔK_{th}和延长疲劳寿命。试验表明,在对机件进行具体表面强化处理时,残余压应力层深 s 要足够厚。一般,s 比裂纹长度 a 大 2 ~4 倍($s/a=3\sim5$)时效果较好。

2)过载峰的影响

实际机件在工作时很难一直是恒载,往往会有偶然过载现象。前已述及,偶然过载进入过载损伤区内,将使材料受到损伤并降低疲劳寿命。但若过载适当,有时反而是有益的。试验表明,在恒载裂纹疲劳扩展期内,适当的过载峰会使裂纹扩展减慢或停滞一段时间,发生裂纹扩展过载停滞现象,并延长疲劳寿命。图 5-20 所示是过载峰对铝合金 2024-T3(美国铝合金牌号,T3 表示固溶处理、冷加工)疲劳裂纹扩展的影响情况。三次过载峰都使裂纹扩展停滞了一段时间,随后扩展又恢复正常。

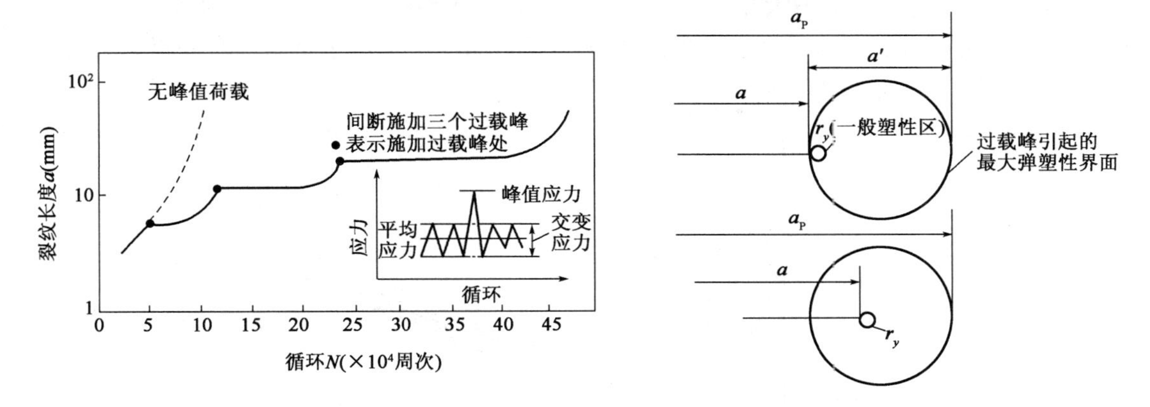

图 5-20 过载峰对 2024-T3 铝合金 da/dN 的影响和过载在裂纹尖端形成的塑性

裂纹扩展发生过载停滞的原因,可用裂纹尖端过载塑性区的残余压应力影响来说明。如图 5-20 所示,在应力循环正半周时,过载拉应力产生较大的塑性区,当这个较大的塑性区在循环负半周时,因阻止周围弹性变形恢复而产生残余压应力。这个压应力叠加在裂纹上,使裂纹提前闭合,减小裂纹尖端的 ΔK,从而降低 da/dN,这种影响一般称为裂纹闭合效应。当疲劳裂纹扩展使裂纹尖端超出大塑性区后,由于应力恢复正常,疲劳裂纹扩展也恢复正常。研究 42CrMo 钢经亚温淬火的疲劳性能结果表明,一定的软相铁素体分布于马氏体基体上,因增大裂纹的闭合效应,使疲劳裂纹扩展寿命明显提高。

3)材料组织的影响

在疲劳裂纹扩展过程中,材料组织对Ⅲ区的 da/dN 影响比较明显,而对Ⅱ区的 da/dN 影响不太明显。一般来说,近门槛Ⅰ区的裂纹扩展对疲劳安全性更为重要,所以对该区的组织影响研究较多。

通常,晶粒越粗大,其 ΔK_{th} 值越高,da/dN 越低。此规律正好与晶粒对屈服强度的影响规律相反,因此在选用材料、控制材料晶粒度时,提高疲劳裂纹萌生抗力和提高疲劳裂纹扩展抗力采用截然不同的途径。实践中常采用折中方法,或抓主要矛盾的方法处理问题。

亚共析钢的 ΔK_{th} 与铁素体及珠光体的含量有关,因纯铁的 ΔK_{th} 比共析钢的高,所以钢的含碳量越低,铁素体含量越多时,其 ΔK_{th} 值就越高。

当钢的淬火组织中存在一定量的残余奥氏体和贝氏体等韧性组织时,可以提高钢的 ΔK_{th},降低 da/dN。对高强度钢等温淬火疲劳性能进行研究发现,钢中马氏体、贝氏体和残留奥氏体对 ΔK_{th} 的贡献大致比例是 M∶B∶A = 1∶4∶7。可见,在高强度基体上存在适量的软相奥氏体,可以抑制裂纹在Ⅰ区扩展,提高 ΔK_{th}。

喷丸强化也能提高 ΔK_{th},尤其是高强度钢,在高应力比 r 条件下进行喷丸强化可以大幅度提高 ΔK_{th}。钢的高温回火组织韧性好,强度低,其 ΔK_{th} 较高;而低温回火的组织韧性差,强度高,其 ΔK_{th} 较低;中温回火的 ΔK_{th} 则介于上述二者之间。图 5-21 是 300M 钢(美国牌号)的疲劳裂纹扩展速率曲线,正好说明了这种规律。可以看出,回火对Ⅰ、Ⅲ区的影响比对Ⅱ区的大。

在Ⅰ区，650℃高温回火的ΔK_{th}最高，da/dN最低；300℃回火的ΔK_{th}最低，da/dN最高；470℃回火的ΔK_{th}和da/dN居中。在Ⅲ区，三种回火温度下，回火温度最低者，da/dN最大。但在另外一些研究中，发现也有和此不太相同的规律，如45Cr钢经淬火后400℃回火的ΔK_{th}最大；T12钢淬火后500℃回火的ΔK_{th}最大。可见，组织和性能对ΔK_{th}的影响不是简单的单调变化，而是组织、强度和韧性的最佳配合问题。

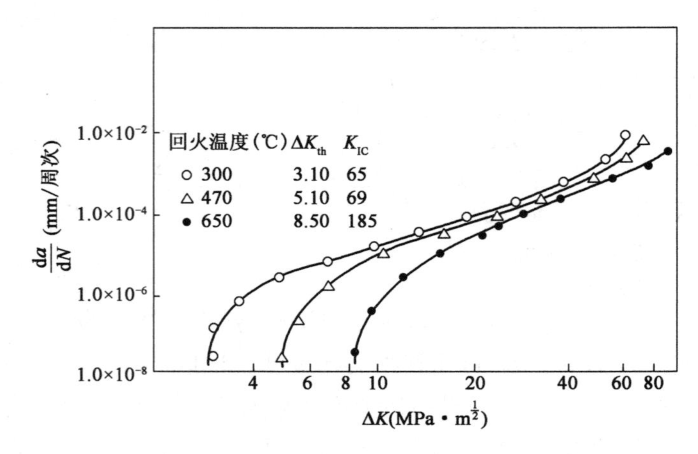

图5-21 300M钢不同热处理对da/dN及ΔK_{th}的影响

5.5.4 疲劳裂纹扩展寿命估算

根据疲劳裂纹扩展速率表达式，用积分方法算出疲劳裂纹扩展寿命N_p，也可计算出带裂纹或缺陷机件的剩余疲劳寿命。这在生产上是非常有实用意义的。

对于机件疲劳剩余寿命的估算，一般先采用无损探伤方法确定机件初始裂纹尺寸a_0、形状位置和取向，从而确定ΔK的表达式，再根据材料的断裂韧性K_{IC}及工作名义应力，确定临界裂纹尺寸a_c，然后根据由试验确定的疲劳裂纹扩展速率表达式，最后用积分方法计算从a_0到a_c所需的循环周次，即疲劳剩余寿命N_c。所以，从这个意义上说，这种寿命是机件有初始裂纹a_0后的疲劳裂纹扩展寿命，必要时还要考虑机件服役的温度、环境介质、加载频率及过载等的影响。

在选择da/dN表达式时，从简便角度出发，常选用Paris公式。若取$\Delta K = Y\Delta\sigma\sqrt{a}$，则

$$\frac{da}{dN} = c(Y\Delta\sigma\sqrt{a})^n$$

所以

$$\frac{da}{cY^n(\Delta\sigma)^n a^{n/2}} = dN$$

当$n \neq 2$时，有

$$N_c = \int_0^{N_c} dN = \int_0^{a_c} \frac{da}{cY^n(\Delta\sigma)^n a^{n/2}} = \frac{2}{(n-2)c(Y\Delta\sigma)^{n0}}\left[\frac{1}{a_0^{(n-2)/2}} - \frac{1}{a_c^{(n-2)/2}}\right]$$

当 $n=2$ 时，有

$$N_c = \frac{1}{c(Y\Delta\sigma)^2}[\ln a_c - \ln a_0]$$

5.6　疲劳裂纹萌生及扩展机理

疲劳过程包括疲劳裂纹萌生、裂纹亚稳扩展及最后失稳扩展3个阶段，其疲劳寿命 N_f 由疲劳裂纹萌生期 N_i 和裂纹亚稳扩展期 N_p 组成。了解疲劳各阶段的物理过程，对认识疲劳本质、分析疲劳原因、采取强韧化对策、延长疲劳寿命都是很有意义的。

5.6.1　疲劳裂纹的萌生

宏观疲劳裂纹是由微观裂纹的形成、长大及连接而成。关于疲劳裂纹萌生期，目前尚无统一的裂纹尺度标准，常将0.05～0.1mm的裂纹定为疲劳裂纹核，并由此定义疲劳裂纹萌生期。大量研究表明，疲劳微观裂纹都是由不均匀的局部滑移和显微开裂引起的，主要形成方式有表面滑移带开裂，第二相、夹杂物或其界面开裂，晶界或亚晶界开裂等。

1）滑移带开裂产生裂纹

严格来说，首先要区分疲劳裂纹的萌生期和扩展期，才能对疲劳裂纹萌生有较确切的定义，然而，这种区分还难以做到，所以，目前认为疲劳裂纹核心的临界尺寸大致在微米（μm）的数量级可能是适当的。

试验表明，疲劳裂纹起源于应变集中的局部显微区域，即所谓疲劳源区。尽管塑性应变的主要方式都是滑移，但与单调塑性应变时滑移分布比较均匀不同，循环塑性应变的滑移局限于某些晶粒内，而且滑移带较细。这种滑移首先在试样表面形成，然后逐渐扩展到内部，形成所谓“驻留滑移带”。这是因为它一旦形成，即使用表面抛光的办法也不能根除。当表面驻留滑移带形成后，由于不可逆的反复变形，便在表面形成“挤出带”和“侵入沟”（图5-22），通常认为其中的侵入沟将发展成为疲劳裂纹的核心。关于由表面滑移带如何形成挤出带和侵入沟，有很多模型，这里仅以其中的柯垂尔（Cottell）-赫尔（Hull）模型作为示例（图5-23）加以说明。模型显示，当两个滑移系交替动作时，在一个循环周次之后，便可分别形成一个挤出带和一个侵入沟。随着循环周次增加，挤出带更凸起，侵入沟更凹进。

许多试验证实，疲劳裂纹的形成与位错交滑移的难易程度有关：容易交滑移的单相合金，容易形成疲劳裂纹。至于侵入沟是否就是显微裂纹，在试验上还难以鉴别。所以，把显微裂纹看作是由位错运动时异号位错相消形成空位，空位聚合形成微裂纹，也许更容易被认为是一个合理的形核机制。

当然，疲劳裂纹形核除了上述的形核机理外，还与某些损伤所造成的高度应力集中有关。如许多工业用合金，特别是高强度材料表面或次表面层的冶金缺陷（如非金属夹杂）、相界面、晶界等处就是这类部位。此外，零件表面的加工损伤本身就相当于疲劳裂纹的核心，虽然它们不是由疲劳本身形核的。

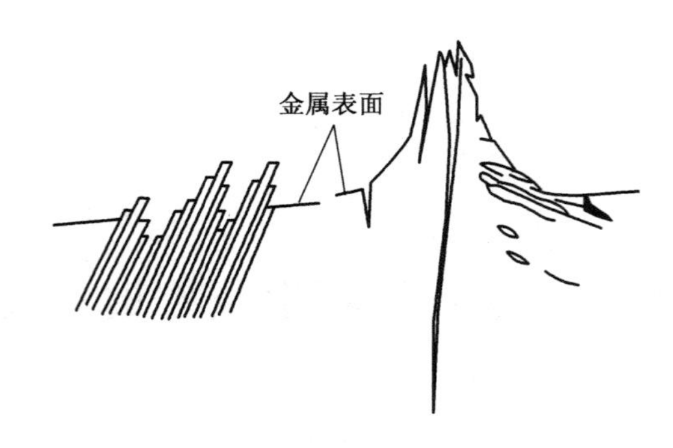

图 5-22　金属表面“挤出”“侵入”并形成裂纹

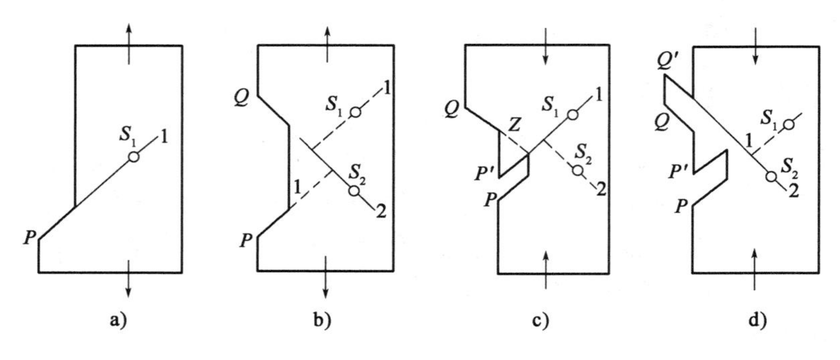

图 5-23　柯垂尔-赫尔模型

2）相界面开裂产生裂纹

在疲劳失效分析中，常常发现很多疲劳源都是由材料中的第二相或夹杂物引起的，因此便提出了第二相、夹杂物和基体界面开裂，或第二相、夹杂物本身开裂的疲劳裂纹萌生机理（图 5-24）。

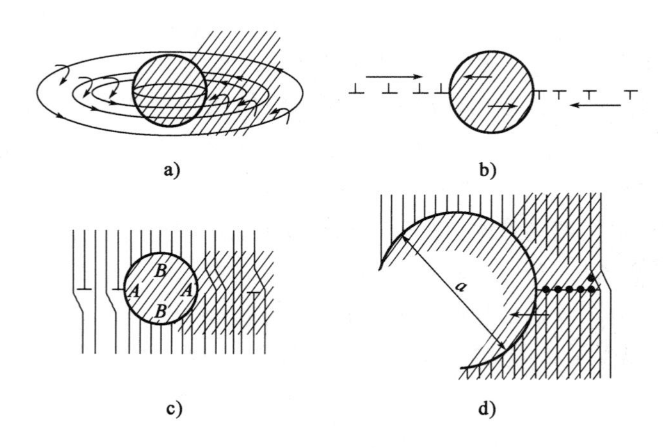

图 5-24　微孔形核长大模型图

从第二相或夹杂物可引发疲劳裂纹的机理来看，只要能降低第二相或夹杂物的脆性，提高相界面强度，控制第二相或夹杂物的数量、形态、大小和分布，使之“少、圆、小、匀”，均可抑制或延缓疲劳裂纹在第二相或夹杂物附近萌生，提高疲劳强度。

3)晶界开裂产生裂纹

多晶体材料由于晶界的存在和相邻晶粒的不同取向性,位错在某晶粒内运动时会受到晶界的阻碍作用,在晶界处发生位错塞积和应力集中现象。在应力不断循环下,晶界处的应力集中得不到松弛时,应力峰会越来越高,当超过晶界强度时就会在晶界处产生裂纹(图5-25)。

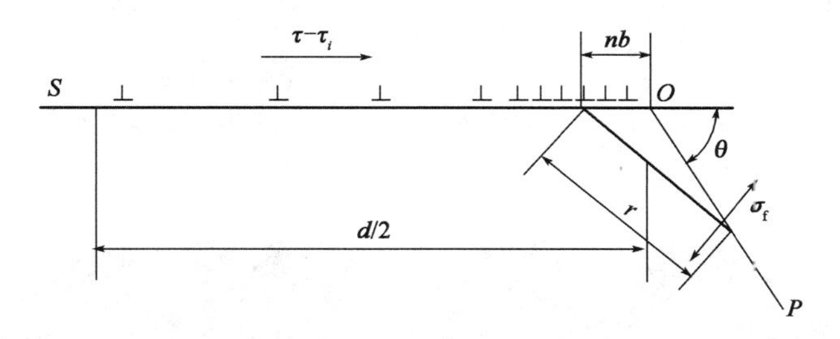

图5-25 位错塞积形成裂纹

从晶界萌生裂纹来看,凡使晶界弱化和晶粒粗化的因素,如晶界有低熔点夹杂物等有害元素和成分偏析、回火脆、晶界析氢及晶粒粗化等,均易产生晶界裂纹,降低疲劳强度;反之,凡使晶界强化、净化和细化晶粒的因素,均能抑制晶界裂纹形成,提高疲劳强度。

5.6.2 疲劳裂纹扩展过程及机理

1)疲劳裂纹扩展过程及机理

疲劳微裂纹萌生后即进入裂纹扩展阶段。根据裂纹扩展方向,裂纹扩展可分为两个阶段,如图5-26所示。

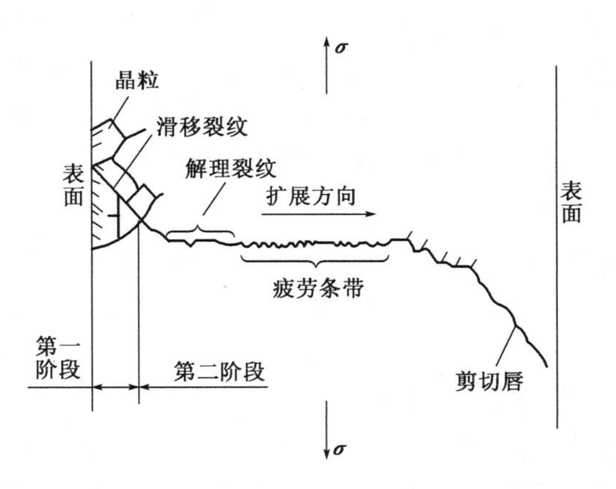

图5-26 疲劳裂纹扩展的两个阶段

在第一阶段是从表面个别侵入沟(或挤出脊)先形成微纹,随后,裂纹主要沿主滑移系方向(最大切应力方向),以纯剪切方式向内扩展。在扩展过程中,多数微裂纹成为不扩展裂纹,只有少数微裂纹会扩展2~3个晶粒范围。

第一阶段的裂纹扩展速率很低,每一应力循环大约只有0.1μm的扩展量。在许多铁合金、铝合金、钛合金中都曾观察到裂纹扩展第一阶段,但缺口试样可能不出现裂纹扩展第一阶段。由于此阶段的裂纹扩展速率很低,而且其扩展总进程也很小,所以该阶段的断口很难分析,常常看不到什么形貌特征,只有一些擦伤的痕迹;但在一些强化材料中,有时可看到周期解理或准解理花样，甚至还有沿晶开裂的冰糖状花样。在第一阶段裂纹扩展时，由于晶界的不断阻碍作用，裂纹扩展逐渐转向垂直于拉应力的方向，进入扩展第二阶段。

在第二阶段扩展过程中，在室温及无腐蚀条件下疲劳裂纹扩展是穿晶的。这个阶段的大部分循环周期内，裂纹扩展速率为 $1.0\times10^{-5}\sim1.0\times10^{-2}$mm/次，正好与图 5-21 所示的 $\mathrm{d}a/\mathrm{d}N$-ΔK 曲线的Ⅱ区相对应，所以第二阶段应是疲劳裂纹亚稳扩展的主要部分。

第二阶段的断口特征是具有略呈弯曲并相互平行的沟槽花样，称为疲劳条带（或疲劳条纹、疲劳辉纹）。它是裂纹扩展时留下的微观痕迹，每一条带可以视作一次应力循环的扩展痕迹，裂纹的扩展方向与条带垂直。图 5-27 所示为疲劳条带。

a)韧性条带(×10000)

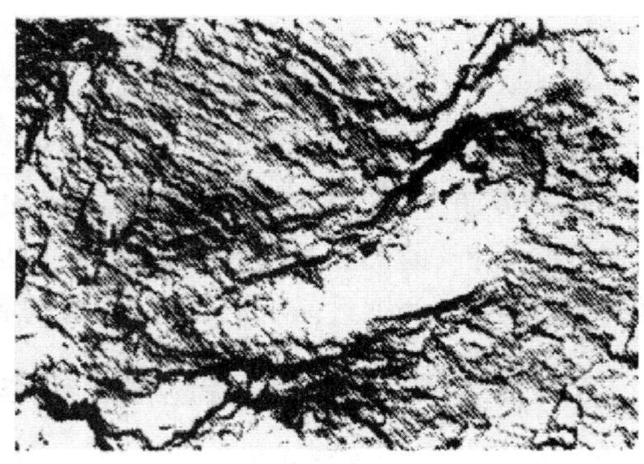

b)脆性条带(×6000)

图 5-27　疲劳条带（SEM）

疲劳条带是疲劳断口最典型的微观特征。这里所指的疲劳条带和前面提到的宏观疲劳断口的裂纹线并不是一回事，条带是疲劳断口的微观特征，裂纹线是疲劳断口的宏观特征，在相邻裂纹线之间可能有成千上万的疲劳条带。在断口上二者可以同时出现，即宏观上既可以看到裂纹线，微观上又可看到疲劳条带；二者也可以不同时出现。

2）疲劳条带的形成过程

疲劳条带的形成过程可以用 Laird 模型来说明，具体扩展过程如图 5-28 所示。图 5-28a）~e）左侧曲线的实线段表示交变应力的变化，右侧为疲劳扩展第二阶段中疲劳裂纹的剖面示意图。

图 5-28a）表示交变应力为零时，右侧裂纹是闭合状态。

图 5-28b）表示受拉应力时裂纹张开，裂纹尖端由于应力集中，沿 45°方向发生滑移。

图 5-28c）表示拉应力达到最大值时，滑移区扩大，裂纹尖端变为半圆形，发生钝化，裂纹停止扩展。这种由于塑性变形使裂纹尖端的应力集中减小，滑移停止，裂纹不再扩展的过程称为"塑性钝化"。图 5-28c）中两个同向箭头表示滑移方向，两箭头之间的距离表示滑移进行的宽度。

图 5-28d）表示交变应力为压应力时，滑移沿相反方向进行，原裂纹与新扩展的裂纹表面被压近，裂纹尖端被弯折成一对耳状切口，为沿 45°方向滑移准备了应力集中条件。

图 5-28e）表示压应力达到最大值时，裂纹表面被压合，裂纹尖端又由钝变锐，形成一对尖角。

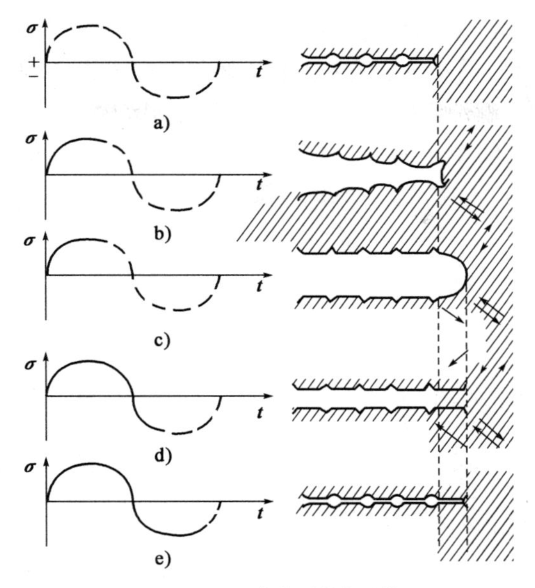

图 5-28 Laird 疲劳裂纹扩展模型

由此可见,应力循环一个周期,在断口上便留下一条疲劳条带,裂纹向前扩展一个条带的距离。如此反复进行,不断形成新的条带,疲劳裂纹也就不断向前扩展。因此,疲劳裂纹扩展的第二阶段就是在应力循环下,裂纹尖端钝锐反复交替变化的过程。在电子显微镜下,看到的疲劳断口上的疲劳条带就是这种疲劳裂纹扩展所留下的痕迹。

显然,这种模型对说明塑性材料的疲劳扩展过程、韧性疲劳条带的形成过程是很成功的:材料强度越低,裂纹扩展越快,疲劳条带越宽。

本章习题

1. 试述金属疲劳断裂的特点。

2. 试述疲劳宏观断口的特征及其形成过程。

3. 试述疲劳裂纹的形成机理及阻止疲劳裂纹萌生的一般方法。

4. 试述影响疲劳裂纹扩展速率的主要因素及其力学规律,并与疲劳裂纹萌生的影响因素进行对比分析。

5. 试述疲劳微观断口的主要特征及其形成模型。

本章参考文献

[1] 时海芳,任鑫. 材料力学性能[M]. 北京:北京大学出版社,2010.

[2] 王吉会,郑俊萍,刘家臣,等. 材料力学性能[M]. 天津:天津大学出版社,2006.
[3] 郑修麟. 材料的力学性能[M]. 西安:西北工业大学出版社,2000.
[4] 石德珂,金志浩. 材料力学性能[M]. 西安:西安交通大学出版社,1998.
[5] 黄明志,石德珂,金志浩. 材料力学性能[M]. 西安:西安交通大学出版社,1986.
[6] 束德林. 金属力学性能[M]. 北京:机械工业出版社,1987.

第6章　材料在环境条件下的力学性能

1~5章主要介绍材料在外力作用下所表现的力学行为规律。然而,实际工程结构或零件,都是在一定环境或介质条件下工作的。金属构件在制造和加工过程中往往产生残余应力,而在服役过程中又承受外加载荷,如果与周围环境中各种化学介质或氢相接触,便会产生特殊的断裂现象,主要包括应力腐蚀断裂、氢脆断裂、腐蚀疲劳断裂等。这些断裂的发生是介质和应力共同作用的结果,断裂形式大多为低应力脆断,具有很大的危险性。

随着航空航天、海洋、原子能、石油、化工等工业的迅速发展,金属机件接触的化学介质的条件更加严苛,使应力腐蚀和氢脆断裂逐年增多,日益受到重视。

本章主要阐述金属材料的应力腐蚀现象及其产生条件、应力腐蚀断裂指标及其测定方法、防止应力腐蚀的措施;介绍金属材料的氢脆类型及特征、氢脆延滞断裂机理、防止氢脆断裂的措施;阐述腐蚀疲劳的特点、腐蚀疲劳裂纹扩展机制及其影响因素、防止腐蚀疲劳的措施等。

6.1　应力腐蚀断裂

6.1.1　应力腐蚀特点及其产生条件

材料、机械零件或构件在静应力(主要是拉应力)和腐蚀的共同作用下,经过一段时间后所产生的低应力脆断现象,称为应力腐蚀断裂(Stress Corrosion Cracking,SCC)。应力腐蚀断裂是一种较为普遍,而且极为危险的断裂形式,其并不是金属在应力作用下的机械性破坏与在化学介质作用下的腐蚀性破坏的叠加所造成的,而是在应力和化学介质的联合作用下,按特有机理产生的断裂,其断裂强度比单个因素分别作用后再叠加起来的强度要低得多。

现已查明,绝大多数金属材料在一定的化学介质条件下都有应力腐蚀倾向,在工业上最常见的有:低碳钢和低合金钢在氢氧化钠溶液中的"碱脆"和在含有硝酸根离子介质中的"硝脆";奥氏体不锈钢在含有氯离子介质中的"氯脆";铜合金在氨气介质中的"氨脆";高强度铝合金在潮湿空气、蒸馏水介质中的脆裂现象等。这些金属材料无论是韧性的或脆性的,产生应力腐蚀后都会在没有明显预兆的情况下发生脆断,常常造成灾难性事故。

应力、环境(化学介质)和金属材料是金属产生应力腐蚀的必要条件,以下将分别论述以上三方面因素的影响。

(1)应力。机件所承受的应力包括工作应力和残余应力。在化学介质诱导开裂过程中起作用的是拉应力(现已发现,在压应力作用下也可产生应力腐蚀,但孕育期长,裂纹扩展速率慢,如不锈钢的应力腐蚀)。焊接、热处理或装配过程中产生的残余拉应力,在应力腐蚀中也有重要作用。一般来说,产生应力腐蚀的应力并不一定很大,如果没有化学介质的协同作用,机件在该应力作用下可以长期服役而不致断裂。

(2)环境(化学介质)。某种金属材料,只有在特定的化学介质中,才能产生应力腐蚀。即对一定的金属材料,需要有一定特效作用的离子、分子或络合物才能导致应力腐蚀。这些离子、分子或络合物的浓度即使很低,也会引起应力腐蚀。表6-1中列举了对一些常用金属材料引起应力腐蚀的敏感介质。从电化学角度来看,金属材料受特定介质作用而导致应力腐蚀现象,一般都发生在一定的敏感电位范围内。这个电位范围通常是在钝化-活化的过渡区域。如碳钢(含碳量为0.8wt%)在70℃、2N$(NH_4)_2CO_3$溶液中,在-625~-475mV之间产生应力腐蚀。由表6-1中可见,这些化学介质一般都不是腐蚀性的,至多也只是弱腐蚀性的。如果机件不承受应力,大多数金属材料在这些化学介质中是耐蚀的。

常用金属材料发生应力腐蚀的敏感介质 表6-1

金属材料	化学介质
低碳钢和低合金钢	NaOH溶液、沸腾硝酸盐溶液、海水、海洋性和工业性气氛
奥氏体不锈钢	酸性和中性氯化物溶液、熔融氯化物、海水
镍基合金	热浓NaOH溶液、HF蒸气和溶液
铝合金	氯化物水溶液、海水及海洋大气、潮湿工业大气
铜合金	氨蒸气、含氨气体、含氨离子的水溶液
钛合金	发烟硝酸、300℃以上的氯化物、潮湿空气及海水

(3)金属材料。一般认为,纯金属不会产生应力腐蚀,所有合金对应力腐蚀都有不同程度的敏感性。但在每一种合金系列中,都有对应力腐蚀不敏感的合金成分,例如,铝镁合金中,当镁含量大于4wt%时,对应力腐蚀很敏感;而镁含量小于4wt%时,则无论热处理条件如何,它几乎都具有抗应力腐蚀的能力。又如,钢中含碳量约0.12wt%时,应力腐蚀敏感性最大。此外,合金中位错结构对应力腐蚀也有影响,层错能低或滑移系少的合金,其位错易形成平面状结构;层错能高或滑移系多的合金,易形成波纹状结构。前者对应力腐蚀的敏感性要比后者明显增大。

6.1.2 应力腐蚀断口特征及断裂机理

1)应力腐蚀断裂机理

应力腐蚀断裂过程包括裂纹形成和扩展,整体上可分为以下3个阶段:

(1)孕育阶段。这是裂纹产生前的一段时间,在此期间,主要是形成蚀坑,以作为裂纹核心。当机件表面存在可作为应力腐蚀裂纹的缺陷时,则没有孕育期,而是直接进入裂纹扩展期。

(2)裂纹亚稳扩展阶段。在应力和介质联合作用下,裂纹缓慢地扩展。

(3)裂纹失稳扩展阶段。裂纹达到临界尺寸后发生的机械性断裂。

关于在应力和介质的联合作用下裂纹的形成和扩展问题,有多种理论,但经过一个多世纪的研究,尚未得到统一的见解。目前被普遍接受的是滑移-溶解理论(或称为钝化膜破坏理论)和氢脆理论。本节主要介绍钝化膜破坏理论,而氢脆理论将在下一节中涉及。

图 6-1 为应力腐蚀断裂机理示意图。对应力腐蚀敏感的合金,在特定的弱腐蚀介质中,首先在表面形成一层保护膜,使金属的进一步腐蚀得到抑制,即处于钝化状态。因此,在没有应力作用的情况下,金属不会发生腐蚀破坏。若有拉应力作用,则可使局部地区的保护膜破裂,显露出新鲜表面(图 6-2),这个新鲜表面在电解质溶液中成为阳极,而其余具有钝化膜的金属表面便成为阴极,两者组成一个腐蚀微电池。由于电化学反应作用,阳极金属变成正离子($M \rightarrow M^{+n} + ne$),进入电解质中而产生阳极溶解,从而在金属表面形成蚀坑。拉应力除促使裂纹尖端区域钝化膜破坏外,更主要的是在蚀坑或原有裂纹的尖端形成应力集中,使阳极电位降低,加速阳极金属的溶解。如果裂纹尖端的应力集中始终存在,那么,电化学反应便不断进行,钝化膜不能恢复,裂纹将逐步向纵深扩展。

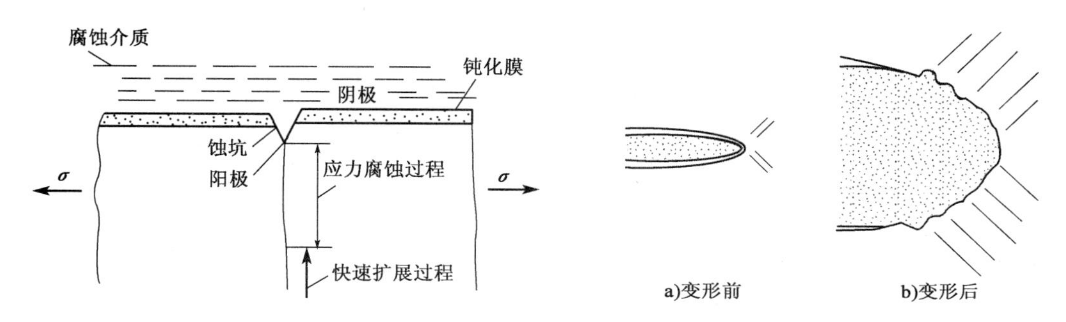

图 6-1　应力腐蚀断裂机理

图 6-2　裂纹尖端塑性变形引起钝化膜破坏的模型

在应力腐蚀过程中,衡量腐蚀速度的腐蚀电流 A 可用式(6-1)表示,即

$$I = \frac{1}{R}(V_c - V_a) \tag{6-1}$$

式中:R——微电池中的电阻;

V_c、V_a——电池两极的电位。

由式(6-1)可见,应力腐蚀是由金属与化学介质相互间性质的配合作用决定的。如果在介质中的极化过程相当强烈,则式(6-1)中($V_c - V_a$)值将变得很小,腐蚀过程大受抑制。极端的情况是阳极金属表面形成了完整的钝化膜,金属进入钝化状态,腐蚀停止。如果介质中去极化过程很强,则($V_c - V_a$)值很大,腐蚀电流增大。此时,金属表面受到强烈而全面的腐蚀,表面不能形成钝化膜。在这种情况下,即使金属承受拉应力也不可能产生应力腐蚀,而主要产生腐蚀损伤。应力腐蚀现象只是金属在介质中生成略具钝化膜的条件下,即金属和介质处于某种程度的钝化与活化过渡区域的情况下,才最容易发生。

应力腐蚀裂纹的形成与扩展路径可以是穿晶的,也可以是沿晶的。

穿晶型应力腐蚀断裂,可结合应力作用下局部微区产生滑移台阶使保护膜破裂来说明。在应力作用下,位错沿滑移面运动,并在表面形成滑移台阶,使金属产生塑性变形。若金属表面的保护膜不能随此台阶产生相应的变形,且滑移台阶的高度又比保护膜的厚度大,则该处的保护膜遭到破坏,进而产生阳极溶解,并逐渐形成穿晶裂纹,如图 6-3a)所示。

沿晶型应力腐蚀断裂的形成如图 6-3b)所示。一般认为,沿晶型应力腐蚀断裂是由于应力破坏了晶界处保护膜的结果。由于金属在所有腐蚀性介质中,都将在大角度晶界处受到侵蚀。但在无应力的情况下，侵蚀很快被腐蚀产物所阻止。当有附加应力作用时，在侵蚀形成的晶界处，造成应力集中，破坏了晶界上的保护膜，从而使裂纹不断沿晶界发展。关于裂纹穿晶扩展或沿晶扩展的产生条件，有人认为与合金中是否易形成扩展位错有关：易于形成扩展位错，裂纹就容易穿晶扩展，否则就易于沿晶扩展。

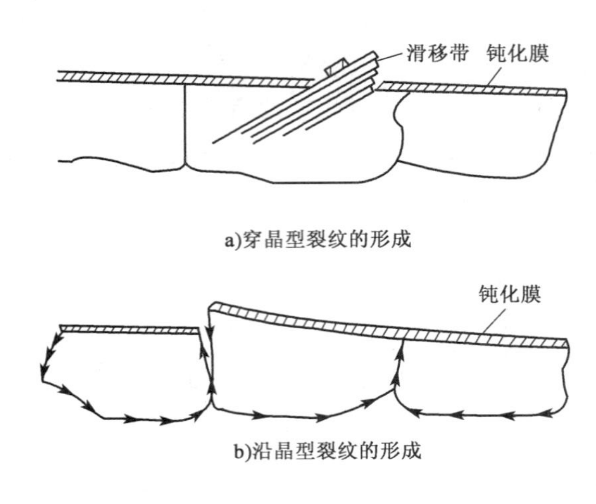

图 6-3　应力腐蚀裂纹的类型

2）应力腐蚀断口特征

应力腐蚀断口的宏观形貌与疲劳断口颇为相似，包括亚稳扩展区和最后瞬断区。在亚稳扩展区可见到腐蚀产物和氧化现象，故常呈黑色或灰黑色，具有脆性特征，断裂前没有明显的塑性变形；最后瞬断区一般为快速撕裂破坏，显示出基体材料的特性。

不锈钢应力腐蚀显微裂纹常有分叉现象，呈枯树枝状（图 6-4）。这表明，在应力腐蚀时，有一主裂纹扩展较快，其他分支裂纹扩展较慢。根据这一特征可以将应力腐蚀与腐蚀疲劳、晶间腐蚀以及其他形式的断裂相区分。

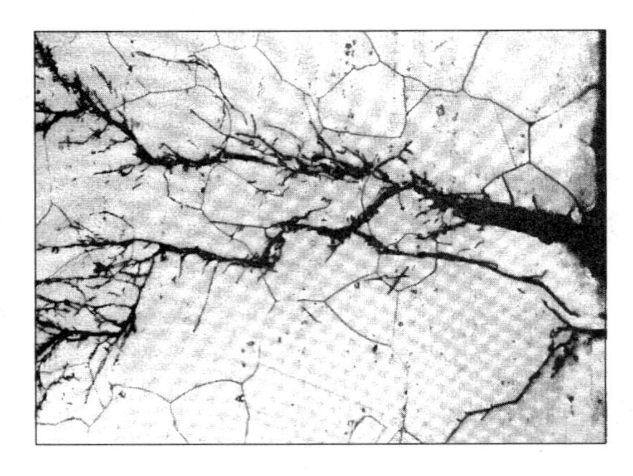

图 6-4　不锈钢应力腐蚀裂纹的分叉现象

断口的微观形貌一般为沿晶断裂型，也可能为穿晶解理断裂型或准解理断裂型，有时还出现混合断裂型。其表面可见到“泥状花样”的腐蚀产物［图 6-5a）］及腐蚀坑［图 6-5b）］。

a)泥状花样

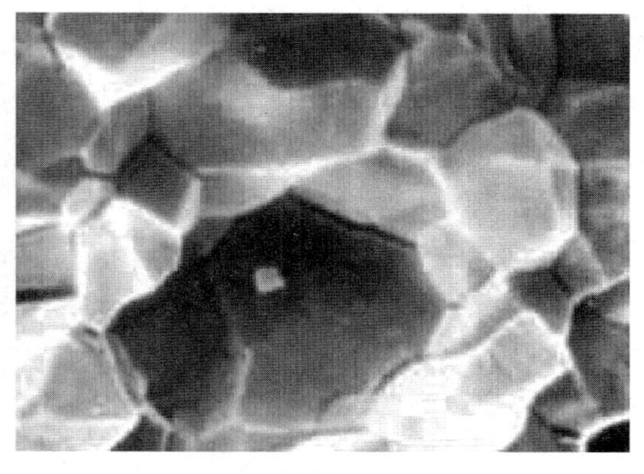

b)腐蚀坑

图 6-5 应力腐蚀断口的微观形貌特征

6.1.3 应力腐蚀抗力指标

1)应力腐蚀抗力指标

(1)应力腐蚀曲线。

金属材料的抗应力腐蚀性能,通常用光滑试样在拉应力和化学介质共同作用下,依据发生断裂的持续时间来评定。其过程为:先采用一组相同规格试样,在不同应力水平作用下测定其断裂时间 t_f,绘制 σ-t_f 曲线图(图 6-6),进而求出该材料不发生应力腐蚀的临界应力 σ_{scc}。当合金所受外加应力低于此应力值时，腐蚀断裂不再发生。据此来研究合金元素、组织结构及化学介质对材料应力腐蚀敏感性的影响。由于这种方法所用的试样是光滑的,所测定的断裂总时间 t_f 包括裂纹形成与裂纹扩展的时间,前者约占断裂总时间的 90%。而实际机件大都不可避免地存在裂纹或类似裂纹的缺陷。因此,用常规方法测定金属材料抗应力腐蚀性能指标 σ_{scc},不能客观反映带裂纹的机件对应力腐蚀的抗力。

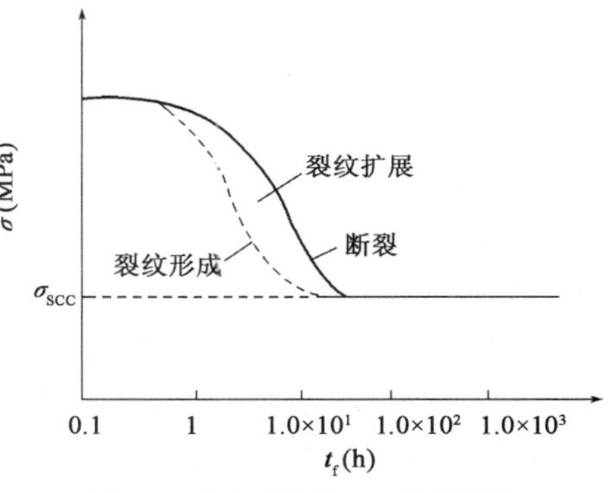

图 6-6 应力腐蚀的 σ-t_f 关系曲线

自从断裂力学发展以来,根据断裂力学原理,人们利用预制裂纹的试样,引入应力强度因子的概念,来研究金属材料的抗应力腐蚀性能,得到了两个重要的应力腐蚀抗力指标,即应力腐蚀临界应力强度因子 K_{ISCC} 和应力腐蚀裂纹扩展速率 da/dt。这两个指标可用于机件的选材和设计。

(2)应力腐蚀临界应力强度因子 K_{ISCC}。

试验表明,在恒定载荷和特定化学介质作用下,带有预制裂纹的金属试样,产生应力腐蚀断裂的时间与初始应力强度因子 $K_{I初}$ 有关。图 6-7 所示为某钛合金的预制裂纹试样在恒载荷下,在 3.5% 的 NaCl 水溶液中进行应力腐蚀试验的结果。由图 6-7 可见,该合金的 $K_{IC} = 100\text{MPa} \cdot \text{m}^{\frac{1}{2}}$,当 $K_{I初} \geq K_{IC}$ 时,加上初始载荷后,裂纹便立即失稳扩展而断裂。当 K_I 降低时,

应力腐蚀断裂时间 t_f 随之增长。在这一段时间内,尽管外加应力不变,但裂纹长度却不断增长,相应的 K_I 值随之不断增加。当 K_I 值增加到材料的 K_{IC} 时,试样便突然断裂。因此,虽然试样上裂纹尖端所受的初始应力强度因子 $K_{I初}$ 较低,但经亚稳扩展后 K_I 不断增大,至达到临界值而脆断。由图 6-7 还可见到,$K_{I初} \leqslant 38\text{MPa} \cdot \text{m}^{\frac{1}{2}}$ 时,该合金试样不发生应力腐蚀断裂。人们将试样在特定化学介质中不发生应力腐蚀断裂的最大应力强度因子称为应力腐蚀临界应力强度因子(或称为应力腐蚀门槛值),以 K_{ISCC} 表示。

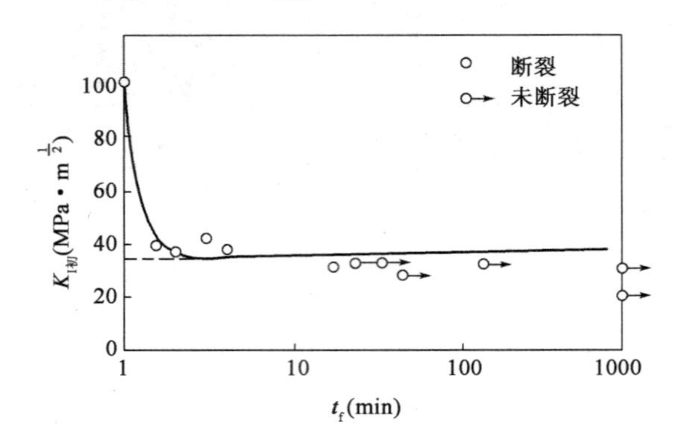

图 6-7 Ti-8Al-1Mo-1V 钛合金预制裂纹试样 $K_{I初}$-t_f 曲线

对于大多数金属材料而言,其在特定的化学介质中 K_{ISCC} 值是一定的。因此,K_{ISCC} 可作为金属材料的力学性能指标。它表示含有宏观裂纹的材料在应力腐蚀条件下的断裂韧性。对于含有裂纹的机件,当作用于裂纹尖端的初始应力强度因子 $K_{I初} < K_{IC}$ 时,原始裂纹在化学介质和力的共同作用下不会扩展,机件可以安全服役。因此,$K_{I初} > K_{IC}$ 为金属材料在应力腐蚀条件下的断裂判据。对于某种材料,在一定的介质下,其 K_{ISCC} 为一常数。K_{ISCC} 可作为金属材料的力学性能指标。它表示含有宏观裂纹的材料在应力腐蚀条件下的断裂韧性。当作用在机件上的初始应力场强度因子 $K_I \leqslant K_{ISCC}$ 时,机件中的原始裂纹在介质中不会扩展,机件可以安全服役。因此,$K_I \geqslant K_{ISCC}$ 为应力腐蚀条件下的断裂判据。

(3)应力腐蚀裂纹扩展速率 $\mathrm{d}a/\mathrm{d}t$。

当应力腐蚀裂纹尖端的 $K_{I初} \geqslant K_{ISCC}$ 时,裂纹就会不断扩展。单位时间内裂纹的扩展量称为应力腐蚀裂纹扩展速率,用 $\mathrm{d}a/\mathrm{d}t$ 表示。试验证明,$\mathrm{d}a/\mathrm{d}t$ 与 K_I 有关,即

$$\mathrm{d}a/\mathrm{d}t = f(K_I) \tag{6-2}$$

在 $\lg(\mathrm{d}a/\mathrm{d}t)$-$K_I$ 坐标图上,其关系曲线如图 6-8 所示。曲线可分为以下 3 个阶段:

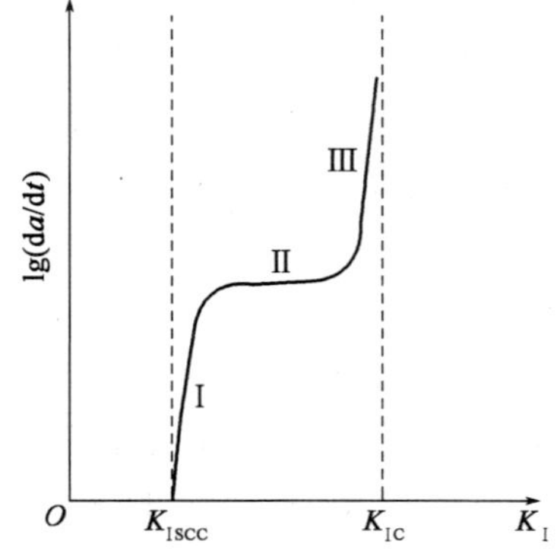

图 6-8 应力腐蚀裂纹的 $\mathrm{d}a/\mathrm{d}t$-K_I

第一阶段,当 K_I 刚超过 K_{ISCC} 时,裂纹经过一段孕育期后突然加速扩展,$\lg(\mathrm{d}a/\mathrm{d}t)$-$K_I$ 曲线几乎与纵坐标轴平行。

第二阶段,曲线出现水平线段,$\lg(\mathrm{d}a/\mathrm{d}t)$ 与 K_I 几乎无关。因为这时裂纹尖端发生分叉现象,裂纹扩展主要受电化学过程控制,故与材料和环境密切相关。

第三阶段,裂纹长度已接近临界尺寸,da/dt 又明显地依赖于 K_{I},da/dt 随 K_{I} 增大而急剧增大。这时材料进入失稳扩展的过渡区。当 K_{I} 达到 K_{IC}时便失稳扩展而断裂。

由于第Ⅲ区段是加速扩展区,因此第二阶段时间越长,材料抗应力腐蚀性能越好。如果通过试验测出某种材料在第二阶段的 da/dt 值及第二阶段结束时的 K_{I} 值,就可估算出机件在应力腐蚀条件下的剩余寿命。

2)应力腐蚀抗力指标测试方法

测定金属材料的 k_{ISCC}值可用恒载荷法或恒位移法。其中以恒载荷的悬臂梁弯曲试验法最常用。

(1)恒载荷法。

恒载荷法所用试样与测定 K_{IC}的三点弯曲试样相同,试验装置如图6-9 所示。试样的一端固定在机架上,另一端与力臂相连,力臂端头通过砝码进行加载,试样穿在溶液槽中,使预制裂纹沉浸在化学介质中。在整个试验过程中载荷恒定,所以随着裂纹的扩展,裂纹尖端的 K_{I} 增大。K_{I} 的计算公式为

$$K_{\mathrm{I}} = \frac{4.12M}{BW^{\frac{3}{2}}}\left(\frac{1}{\alpha^{3}} - \alpha^{3}\right)^{\frac{1}{2}} \tag{6-3}$$

式中:M——裂纹截面上的弯矩,$M = FL$,其中 F 为恒定载荷(N),L 为臂长(m);

B——试样厚度(m);

W——试样宽度(m);

α——系数,$\alpha = 1 - a/W$,a 为裂纹长度(m)。

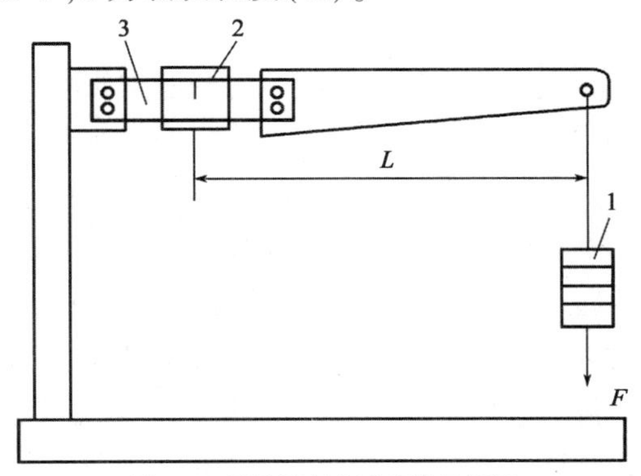

图6-9 悬臂梁弯曲试验装置简图

1-砝码;2-溶液槽(介质);3-试样

试验时,必须制备一组尺寸相同的试样,每个试样承受不同的恒定载荷 F,使裂纹尖端产生不同大小的初始应力强度因子 $K_{\mathrm{I初}}$,记录试样在各种 $K_{\mathrm{I初}}$ 作用下的断裂时间 t_{f}。以 $K_{\mathrm{I初}}$ 与 $\lg t_{\mathrm{f}}$ 为坐标作图,便可得到图6-8 所示的曲线。曲线水平部分所对应的 K_{I} 值即为材料的 K_{ISCC}。

进行 SCC 试验时,测定数值是否有效,取决于两个重要参数、试样尺寸和试验时间。试样尺寸也像 K_{IC}试样一样,要满足平面应变条件。测定材料的 K_{ISCC} 试验时间不能太短,否则该数据没有参考价值。表6-2 所示为屈服强度为 1241MPa 的高合金钢,在室温下模拟在海水中的试验结果。所以为了获得有效的 K_{ISCC},对钛合金、钢和铝合金的试验时间分别应大于 100h、1000h 和 10000h。

高合金钢材料在室温下模拟在海水中的试验结果　　表 6-2

持续时间(h)	表观 K_{ISCC} ($MPa \cdot m^{\frac{1}{2}}$)	持续时间(h)	表观 K_{ISCC} ($MPa \cdot m^{\frac{1}{2}}$)
100	186.83	10000	27.47
1000	126.38		

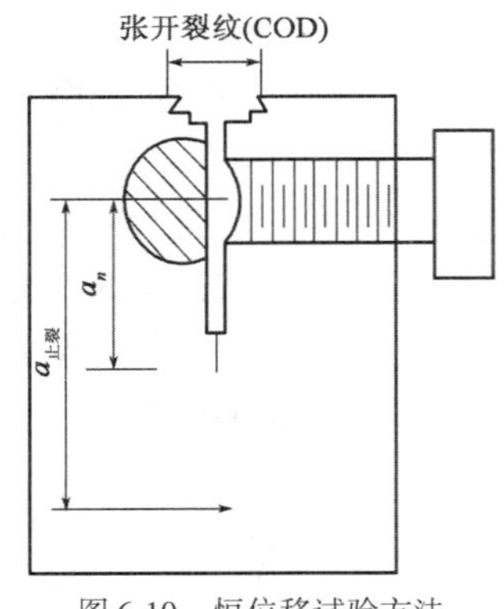

图 6-10　恒位移试验方法

(2)恒位移法。

位移恒定,使 K_I 不断减小。用紧凑拉伸试样和螺栓加载,如图 6-10 所示。一个与试样上半部啮合的螺杆顶在裂纹的下表面上,这样就产生了一个对应某个初始载荷的裂纹张开位移。用这种方法进行加载,当裂纹扩展时,在位移恒定的条件下,载荷会下降,于是 K 值也下降,当 K 值下降到 K_{ISCC} 时裂纹便不再扩展。这种方法不需要特定的试验机,便于现场测试,而且用一个试样即可测得 K_{ISCC},但裂纹扩展趋于停止的时间很长,因此影响 K_{ISCC} 的计算精度。

6.1.4　防止应力腐蚀断裂的措施

从产生应力腐蚀的条件可知,防止应力腐蚀的措施主要是合理选择材料,减少或消除机件中残余拉应力及改变化学介质条件。此外,还可以采用电化学方法防护。防止应力腐蚀断裂的具体措施如下:

(1)合理选择材料。针对机件所受的应力和使用条件(接触的化学介质),选用耐应力腐蚀的金属材料,这是一个基本原则。例如,铜对氨的应力腐蚀敏感性很高,因此,接触氨的机件就应避免使用铜合金。又如,在高浓度氯化物介质中,一般可选用不含镍、铜或仅含微量镍、铜的低碳高铬铁素体不锈钢,或含硅较高的铬镍不锈钢,也可选用镍基和铁镍基耐蚀合金。此外,在选材料时,还应尽可能选用 K_{ISCC} 较高的合金,以提高机件抗应力腐蚀的能力。

(2)减少或消除机件中的残余拉应力。残余拉应力是产生应力腐蚀的主要原因,其是由于金属机件的设计和加工工艺不合理而产生的。因此,应尽量减少机件上的应力集中效应,要均匀加热和冷却。必要时,可采用退火工艺以消除应力。如果能采用喷丸或其他表面处理方法,使机件表面中产生一定的残余压应力,则更为有效。

(3)改善化学介质条件。可从两方面考虑:一方面设法减少和消除促进应力腐蚀开裂的有害化学离子,例如,通过水净化处理,降低冷却水与蒸汽中的氯离子含量,对预防奥氏体不锈钢的氯脆十分有效;另一方面,也可在化学介质中添加缓蚀剂,例如,在高温水中加入 300×10^{-6}mol/L 的磷酸盐,可使铬镍奥氏体不锈钢抗应力腐蚀性能大为提高。

(4)采用电化学保护。由于金属在化学介质中只有在一定的电极电位范围内才会产生应力腐蚀现象,因此,采用外加电位的方法,使金属在化学介质中的电位远离应力腐蚀敏感电位区域,是防止应力腐蚀的一种措施。一般采用阴极保护法,但高强度钢或其他氢脆敏感的材料,不能采用阴极保护法。

6.2 氢　　脆

金属中的氢是一种有害元素，只需极少量的氢如0.0001wt%即可导致金属变脆。由于氢和应力的共同作用而导致金属材料产生脆性断裂的现象，称为氢脆断裂（Hydrogen Embrittlement，HE），简称氢脆，又称为氢致开裂或氢损伤。从力学性能上看，氢脆有以下表现：氢对金属材料的强度指标影响不大，但使断面收缩率严重下降，疲劳寿命明显缩短，冲击韧性值显著降低，在低于断裂强度的拉伸应力作用下，材料经过一段时期后会突然脆断。

引起氢脆的应力可以是外加应力，也可以是残余应力。金属中的氢则可能是本来就存在于其内部的，也可能是由表面吸附而进入其中的。在近代工业发展中，大量的实践证明，几乎所有的金属材料都不同程度存在氢脆倾向，高强度钢含氢不到百万分之一量级就引起滞后破坏便是一例。而氢又是石油化工工业中的重要原料和工作介质，钢材长期和氢接触，不但可能变脆，而且在较高温度下还可能被氢腐蚀。

6.2.1 金属中氢的来源

金属中氢的来源可分为“内含的”和“外来的”两种。前者是使用前材料内部已含有的氢，通常是材料在冶炼、热加工、热处理、焊接、电镀、酸洗等制造过程中产生的。后者则是金属机件在服役时从含氢环境介质中吸收的氢。例如，有些机件在高温和高氢气氛中运行容易吸氢，也有的机件与H_2S气氛接触，或暴露在潮湿的海洋性或工业大气中，表面覆盖一层中性或酸性电解质溶液，因产生如下阴极反应而吸氢：

$$H^+ + e \rightarrow H \tag{6-4}$$

$$2H \rightarrow H_2 \uparrow \tag{6-5}$$

氢在金属中可以有几种不同的存在形式。在一般情况下，氢以间隙原子状态固溶在金属中，对于大多数工业合金，氢的溶解度随温度降低而降低，氢在金属中也可通过扩散聚集在较大的缺陷（如空洞、气泡、裂纹）处以氢分子状态存在。此外，氢还可能和一些过渡族、稀土或碱土金属元素作用生成氢化物，或与金属中的第二相作用生成气体产物，如钢中的氢可以和渗碳体中的碳原子作用形成甲烷等。

6.2.2 氢脆类型及特征

在绝大多数情况下，氢对金属性能的影响都是有害的。但也有利用氢提高金属性能的例子，例如赖祖涵等人对钛合金利用氢进行了韧化研究，他们发现，将氢渗入合金，再从中脱氢，可使合金的韧性大为改善。

由于氢在金属中存在的状态不同，以及氢与金属交互作用性质的不同，氢可通过不同的机制使金属脆化。因而氢脆的种类很多，分类方法也不一样。如根据引起氢脆的氢的来源不同，氢脆可分为内部氢脆与环境氢脆，前者是由于金属材料冶炼和加工过程中吸收了过量氢而造成的，后者是在应力和氢气或其他环境介质联合作用下引起的一种脆性断裂。因氢脆的种类很多，现将常见的几种氢脆现象及其主要特征简介如下。

1）氢蚀

氢蚀是由于氢与金属中的第二相作用生成高压气体，使基体金属晶界结合力减弱而导致金属脆化。如碳钢在300～500℃的高压氢气气氛中工作时，由于氢与钢中的碳化物作用生成高压的CH_4气泡，当气泡在晶界上达到一定密度后，金属的塑性将大幅度降低。这种氢脆现象的断裂源产生在机件与高温、高压氢气相接触的部位。对碳钢来说，温度低于220℃时，不产生氢蚀。氢蚀断裂的宏观断口形貌呈氧化色、颗粒状。微观断口上晶界明显加宽，呈沿晶断裂，图6-11为65Mn钢氢蚀沿晶断口。

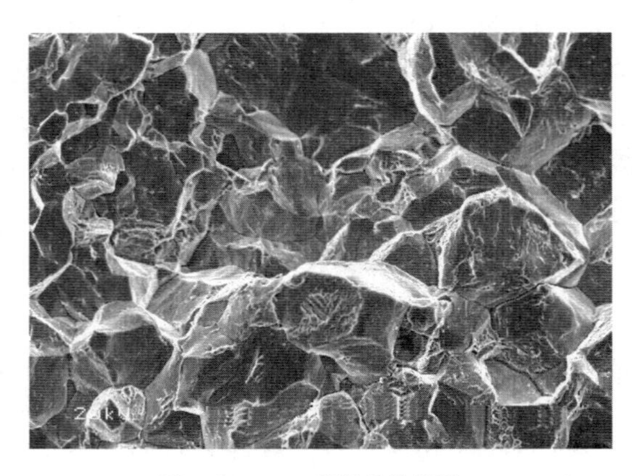

图6-11　65Mn钢氢蚀沿晶断口

为减缓氢蚀，可降低钢中的含碳量，以减少形成CH_4的C原子供应，或者加入碳化物形成元素，如Ti、V等，其形成的稳定碳化物不易分解，可以延长氢蚀的孕育期。

2）白点

白点又称为发裂，是钢中存在过量的氢而引起的。当钢中含有过量的氢时，随着温度降低，氢在钢中的溶解度减小，但过饱和的氢未能扩散逸出，因而在某些缺陷处聚集成氢分子。此时，氢的体积发生急剧膨胀，内压力很大，足以把材料局部撕裂，而使钢中形成微裂纹。这种微裂纹的断面呈圆形或椭圆形，颜色为银白色，故称为白点。这种白点在Cr-Ni结构钢的大锻件中最为严重，历史上曾因此造成许多重大事故。因此，自20世纪初以来，人们对它的成因及防治方法进行了大量而详尽的研究。目前可采用精炼除气、锻后缓冷或等温退火等方法减弱或消除白点，还可在钢中加入稀土或其他微量元素使其减弱或消除。图6-12为10CrNiMoV钢锻材调质后纵断面上的白点形貌。

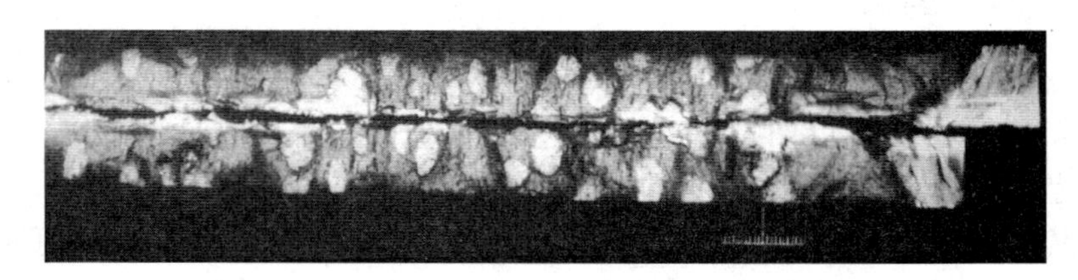

图6-12　10CrNiMoV钢锻材调质后纵断面上的白点形貌

3）氢化物致脆

对于ⅣB或ⅤB族金属（如纯钛、钛合金、钒、锆、铌及其合金），它们与氢有较大的亲和力，极易形成氢化物，使塑性、韧性降低，产生脆化。这种氢化物又分两类：一类是熔融金属冷凝时,由于氢的溶解度降低而从过饱和固溶体中析出时形成的,称为自发形成氢化物;另一类则是在含氢量较低的情况下,受外加拉应力作用,使原来基本上是均匀分布的氢逐渐聚集到裂纹前沿或微孔附近等应力集中处,当其达到足够浓度后,也会析出而形成氢化物。由于它是在外力持续作用下产生的,故称为应力感生氢化物。

金属材料对氢化物造成的氢脆敏感性随温度降低及机件上缺口的尖锐程度增加而增加。裂纹常沿氢化物与基体的界面扩展,因此,在断口上可以见到氢化物。氢化物的形状和分布对金属的变脆有明显影响。若晶粒粗大,氢化物在晶界上呈薄片状,极易产生较大的应力集中,危害很大;若晶粒较细,氢化物多呈块状不连续分布,对氢脆敏感性小。

4)氢致延滞断裂

高强度钢或 $\alpha+\beta$ 钛合金中,含有适量的处于固溶状态的氢(原来存在的或从环境介质中吸收的),在低于屈服强度的应力持续作用下,经过一段孕育期后,在金属内部,特别是在三向拉应力区形成裂纹,裂纹逐步扩展,最后突然发生脆性断裂。这种由于氢的作用而产生的延滞断裂现象称为氢致延滞断裂。工程上所说的氢脆,大多数是指这类氢脆而言的,这类氢脆的特点是:

(1)只在一定温度范围内出现,如高强度钢多出现在 $-100\sim150$℃而以室温下最敏感。

(2)提高应变速率,材料对氢脆的敏感性降低。因此,只有在慢速加载试验中才能显示这类脆性。

(3)此类氢脆显著降低金属材料的断后伸长率,但含氢量超过一定数值后,断后伸长率不再变化,而断面收缩率则随含氢量增加不断下降,且材料强度越高,下降程度越大。

(4)高强度钢的氢致延滞断裂还具有可逆性,即钢材经低应力慢速应变后,由于氢脆使塑性降低。如果卸除载荷,停留一段时间再进行高速加载,则钢的塑性可以得到恢复,氢脆现象消除。

高强度钢氢致延滞断裂断口的宏观形貌与一般脆性断口相似,其微观形貌大多为沿原奥氏体晶界的沿晶断裂,且晶界面上常有许多撕裂棱。但在实际断口上,并不一定全是沿晶断裂形貌,有时还出现穿晶断裂(微孔聚集型,解理、准解理型,或准解理+微孔聚集混合型),甚至是单一的穿晶断裂形貌。这是因为氢脆的断裂方式除与裂纹尖端的应力强度因子 K_{I} 及氢浓度有关外,还与晶界上杂质元素的偏聚有关。对40CrNiMo钢的试验表明,当钢的纯度提高时,氢脆的断口形貌就从沿晶断裂转变为穿晶断裂,同时,断裂临界应力也大大提高。这表明氢脆沿晶断口的出现,除力学因素外,可能更主要的是与杂质偏聚的晶界吸附了较多的氢,使晶界强度削弱有关。图6-13为40CrNiMo钢的氢致延滞断裂形式与裂纹尖端 K_{I} 值的关系示意图。当 K_{I} 较高时为穿晶韧窝断口[图6-13a)];在中等 K_{I} 下,呈准解理断口[图6-13b)];仅当 K_{I} 值较小时,才出现沿晶断口[图6-13c)]。这样,在断口的不同部位可见到规律变化的断口形貌。其他高强度钢也有类似结果。这对帮助鉴别这种类型的氢脆断裂是很有价值的。

6.2.3　氢致延滞断裂机理

高强度钢对氢致延滞断裂非常敏感。其断裂过程也可分为三个阶段,即孕育阶段、裂纹亚稳扩展阶段、失稳扩展阶段。

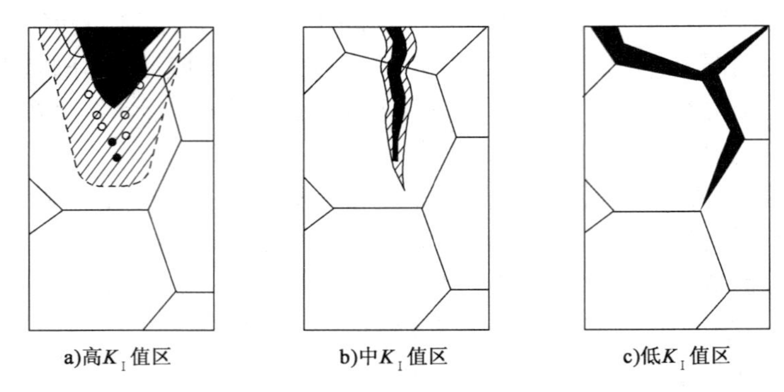

图 6-13　40CrNiMo 钢氢致延滞断裂方式与 K_{I} 值的关系示意图

由环境介质中的氢引起氢致延滞断裂必须经过三个步骤,即氢的进入、氢在钢中的迁移和氢的偏聚。氢必须进入 α-Fe 晶格中,并偏聚到一定浓度后,才能形成裂纹,造成氢脆,单纯的表面吸附不会引起钢变脆。氢进入钢中,必须通过输送过程,将氢偏聚到局部区域,使其浓度达到一定数值。氢的进入、输送和偏聚均需要时间,这就是孕育阶段。

多数人认为,氢致延滞断裂机理是氢与位错交互作用所致。钢中的氢一般固溶于 α-Fe 晶格中,使晶格产生膨胀性弹性畸变。当有刃型位错的应力场存在时,氢原子便与位错产生交互作用,迁移到位错线附近的拉应力区,形成氢气团。显然,在位错密度较高的区域,其氢的浓度也较高。

由于氢使 α-Fe 晶格膨胀,故拉应力将促进氢的溶解。在外加应力作用下,当应变速率较低而温度较高时,氢气团的运动速率与位错运动速率相适应,此时气团随位错运动,但又落后一定距离,因此,气团对位错起"钉扎"作用,产生局部应变硬化。当运动着的位错与氢气团遇到障碍(如晶界)时,便产生位错塞积,同时造成氢原子在塞积区聚集。若应力足够大,则在位错塞积的端部形成较大的应力集中,由于不能通过塑性变形使应力松弛,于是便形成裂纹。该处聚集的氢原子不仅使裂纹易于形成,而且使裂纹容易扩展,最后造成脆性断裂。

裂纹的扩展方式是步进式发展的。在溶入钢中的氢向裂纹尖端处偏聚过程中,裂纹不扩展。当裂纹前方氢的偏聚浓度再次达到临界值时,便形成新裂纹,新裂纹与原裂纹的尖端汇合。裂纹扩展一段距离,随后便停止。以后是再孕育、再扩展。最后,当裂纹经亚稳扩展达到临界尺寸时,便失稳扩展而断裂。这种裂纹扩展的方式及裂纹扩展过程中电阻的变化见图 6-14。

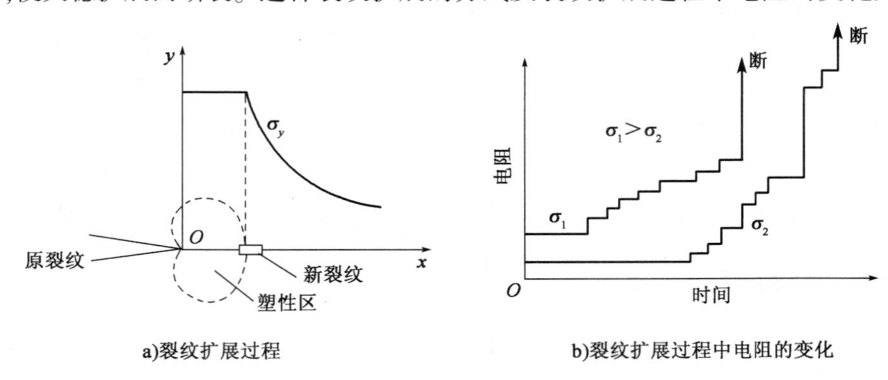

图 6-14　氢致裂纹的扩展过程和扩展方式

由图 6-14a）可见，新裂纹形核的地点一般在裂纹前沿塑性区边界上，那里是位错塞积处，并且是大量氢原子易于偏聚的地方。氢脆裂纹步进式扩展的过程可通过图 6-14b）所示的裂纹扩展过程中电阻的变化来证实。

上述模型可以较好地解释氢致延滞断裂的一些特点。例如，高强度钢氢脆的可逆性。如果在裂纹形成前卸去载荷，则由于热扩散，可使已聚集的氢原子逐渐扩散均匀，最后消除脆性。又如，氢脆一般都是沿晶断裂，也可用位错在晶界处塞积，氢气团在晶界附近富集，裂纹首先在晶界形成并沿晶界扩展得到解释。

6.2.4　氢致延滞断裂与应力腐蚀的关系

应力腐蚀与氢致延滞断裂都是由于应力和化学介质共同作用而产生的延滞断裂现象，两者关系十分密切。图 6-15 所示为钢在特定化学介质中产生应力腐蚀与氢致延滞断裂的电化学原理图。由图 6-15 可见，产生应力腐蚀时总是伴随有氢的析出，析出的氢又易于形成氢致延滞断裂。两者区别在于应力腐蚀为阳极溶解过程[图 6-15a）]，形成所谓阳极活性通道而使金属开裂；而氢致延滞断裂则为阴极吸氢过程[图 6-15b）]。在探讨其一具体合金化学介质系统的延滞断裂究竟属于哪一种断裂类型时，一般可采用极化试验方法，即利用外加电流对静载下产生裂纹时间或裂纹扩展速率的影响来判断。当外加小的阳极电流而缩短产生裂纹时间的是应力腐蚀[图 6-15c）]；当外加小的阴极电流而缩短产生裂纹时间的是氢致延滞断裂[图 6-15d）]。

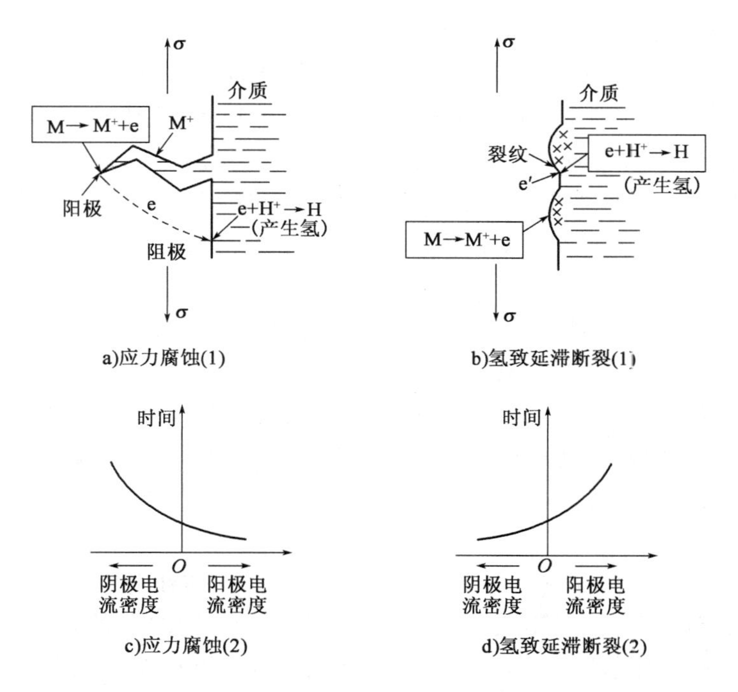

图 6-15　钢在特定化学介质中产生应力腐蚀与氢致延滞断裂电化学原理

对于一个已断裂的机件来说，还可以基于断口形貌区分判断应力腐蚀与氢滞断裂。表 6-3 所示为钢的应力腐蚀与氢致延滞断裂断口形貌的比较。

钢的应力腐蚀与氢致延滞断裂断口形貌的比较　表6-3

类　型	断裂源位置	断口宏观特征	断口微观特征	二次裂纹
应力腐蚀	断裂源在表面，且常在尖角、划痕、点蚀坑等拉应力集中处	脆性，颜色较暗，甚至呈黑色，与最后静断区有明显界限，断裂源区颜色最深	一般为沿晶断裂，也有穿晶解理断裂，有较多腐蚀产物，且有特殊的离子，如氯、硫等，断裂源区腐蚀产物最多	很多
氢致延滞断裂	大多在表皮下，偶尔在表面应力集中处，且随着外应力增加，断裂源位置向表面靠近	脆性，较光亮，刚断开时没有腐蚀，在腐蚀性环境中放置后，受均匀腐蚀	多数为沿晶断裂，也可能出现穿晶解理或准解理断裂，晶界面上常有大量撕裂棱，个别地方有韧窝，若未在腐蚀环境中放置，一般无腐蚀产物	没有或极少

6.2.5　防止氢脆的措施

综上所述，决定氢脆的因素有三个，即环境因素、力学因素和材质因素。因此，要防止氢脆，可以从这三个方面来制定对策。

1）环境因素

设法切断氢进入金属中的途径，或者控制这条途径上的某个关键环节，延缓在这个环节上的反应速度，使氢不进入或少进入金属中。例如，采用表面涂层，使机件表面与环境介质中的氢隔离。还可在含氢介质中加入抑制剂的方法，如在100%干燥 H_2 中加入0.6%体积分数的 O_2 由于氧原子优先吸附于金属表面或裂纹尖端，生成具有保护性的氧化膜，可以有效阻止氢原子向金属内部扩散，抑制裂纹的扩展。又如，在3 wt%的NaCl水溶液中加入浓度为 1.0×10^{-3} mol/L的N-椰子素、β-氨基丙酸，也可降低钢中的含氢量，延长高强度钢的断裂时间。

2）力学因素

在机件设计和加工过程中，应排除各种产生残余拉应力的因素；相反，采用表面处理使表面获得残余压应力层，对防止氢致延滞断裂有良好作用。

金属材料抗氢脆的力学性能指标与抗应力腐蚀性能指标一样，对于裂纹试样可采用氢脆临界应力强度因子（或称为氢脆门槛值）K_{ISCC} 及裂纹扩展速率 da/dt 来表示。设计时应力求使零件服役时 K_I 值小于 K_{ISCC}。

3）材质因素

含碳量较低且硫、磷含量较少的钢，氢脆敏感性低。钢的强度等级越高，对氢脆越敏感。因此，对在含氢介质中服役的高强度钢的强度应有所限制。钢的显微组织对氢脆敏感性有较大影响，一般按下列顺序递增：球状珠光体→片状珠光体→回火马氏体或贝氏体→未回火马氏体。晶粒度对抗氢脆能力的影响比较复杂，因为晶界既可吸附氢，又可作为氢扩散的通道，总的倾向是细化晶粒可提高抗氢脆能力。冷变形使氢脆敏感性增大。因此，合理选材与正确制定冷、热加工工艺，对防止机件的氢脆也是十分重要的。

6.3 腐蚀疲劳

工业上有些机件是在腐蚀介质中承受交变载荷作用的，如船舶的推进器、压缩机和燃气轮机叶片等。在腐蚀介质和交变应力的共同作用下，金属机件的疲劳极限大大降低，因而会过早地破裂。金属零件在交变应力和腐蚀介质的共同作用下导致的断裂称为腐蚀疲劳断裂。它既不同于应力腐蚀破坏也不同于机械疲劳，同时也不是腐蚀和机械疲劳两种因素作用的简单叠加。这种破坏要比单纯交变应力造成的破坏(即疲劳)或单纯腐蚀造成的破坏严重得多，而且有时腐蚀环境不需要有明显的侵蚀性。从失效意义上讲，腐蚀疲劳过程也包括工程裂纹的萌生和扩展两个阶段，不过在交变应力和腐蚀介质共同作用下裂纹萌生要比在惰性介质中容易得多，所以裂纹扩展特性在整个腐蚀疲劳过程中占有更重要的地位。在工程技术上，腐蚀疲劳是造成安全设计的金属构件发生突然破坏的最重要原因之一。

6.3.1 腐蚀疲劳的特点

腐蚀疲劳过程受力学因素、环境因素和材料因素交互影响，与一般腐蚀、纯机械疲劳和应力腐蚀失效相比，表现出诸多自身的特征，其主要特征如下：

(1)腐蚀环境不是特定的。只要环境介质对金属有腐蚀作用，再加上交变应力的作用都可产生腐蚀疲劳。这一点与应力腐蚀极为不同，腐蚀疲劳不需要金属环境介质的特定配合。因此，腐蚀疲劳更具有普遍性。

(2)腐蚀疲劳曲线无水平线段，即不存在无限寿命的疲劳极限。因此，通常采用“条件疲劳极限”条件，即以规定循环周次(一般为 1.0×10^7 次)下的应力值作为腐蚀疲劳极限，来表征材料对腐蚀疲劳的抗力。图6-16所示为纯疲劳试验和腐蚀疲劳试验的疲劳曲线的比较。

(3)腐蚀疲劳极限与静强度之间不存在比例关系。由图6-17可见，不同抗拉强度的钢在海水介质中的疲劳极限几乎没有什么变化。这表明，提高材料的静强度对在腐蚀介质中的疲劳抗力没有什么贡献。

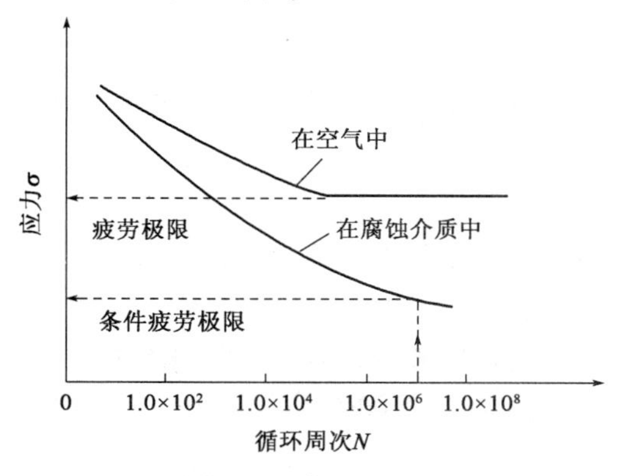

图6-16 纯疲劳试验和腐蚀疲劳试验的疲劳曲线

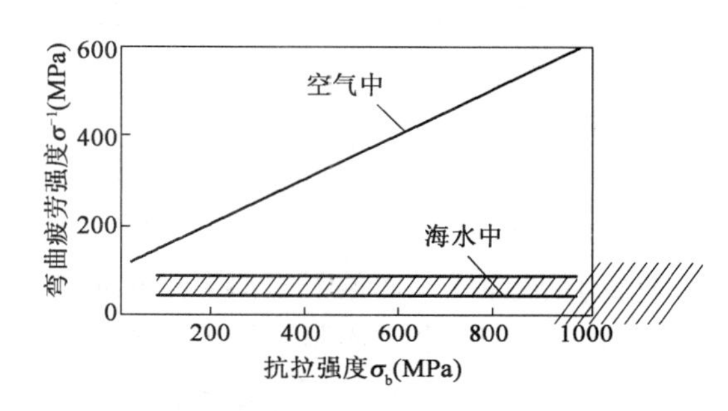

图6-17 钢在空气中及海水中的疲劳强度

(4)腐蚀疲劳断口上可见到多个裂纹源，并具有独特的多齿状特征。

6.3.2 腐蚀疲劳的机理

腐蚀疲劳机理较复杂,下面简单介绍在液体介质中腐蚀疲劳的两种机理。

1)点腐蚀形成裂纹模型

这是早期用来解释腐蚀疲劳现象的一种机理。金属在腐蚀介质作用下在表面形成点蚀坑,并在点蚀坑处形成裂纹,如图6-18所示。由图6-18a)显示,在半圆点蚀坑处,由于应力集中,受力后易产生滑移;图6-18b)所示为滑移形成台阶 BC、DE;图6-18c)所示为台阶在腐蚀介质作用下溶解,形成新表面 $B'C'C$;图6-18d)所示为在反向加载时,沿滑移线生成 $BC'B'$ 裂纹。

2)保护膜破裂形成裂纹模型

保护膜破裂形成裂纹模型与应力腐蚀的保护膜破坏理论观点基本一致,如图6-19所示。

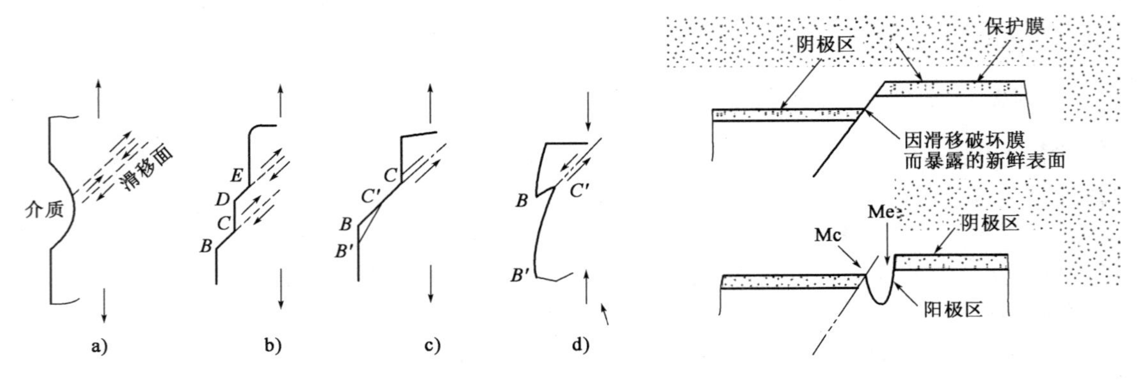

图6-18 点腐蚀产生疲劳裂纹示意图　　图6-19 保护膜破裂形成裂纹示意图

金属表面暴露在腐蚀介质中时,表面将形成保护膜。由于保护膜与金属基体比体积不同,因而在膜形成过程中金属表面存在附加应力,此应力与外加应力叠加,使表面产生滑移。在滑移处保护膜破裂露出新鲜表面,从而产生电化学腐蚀。破裂处是阳极,由于阳极溶解反应,在交变应力作用下形成裂纹。

6.3.3 影响腐蚀疲劳裂纹扩展的因素

影响腐蚀疲劳的因素很多,但归结起来,仍可以从环境介质、力学因素和材料三方面来讨论。

1)环境介质的影响

(1)气体介质中,空气(主要是其中的氧)对腐蚀疲劳性能有明显影响,这是由于氧的吸附使晶界能降低的结果。

(2)溶液介质中卤族元素离子有很强的腐蚀性,能加速腐蚀疲劳裂纹的形成和扩展,溶液的pH值越小,腐蚀性越强。但不论溶液的pH值如何,裂纹尖端处溶液的pH值始终稳定在3~4,恰好处于阳极溶解的范围内。

2)力学因素的影响

以交变应力的频率对腐蚀疲劳裂纹扩展速率的影响最为显著。频率越低,腐蚀介质在裂纹尖端所进行的反应、吸收、扩散和电化学作用就越充分，因此，裂纹扩展速率越快，疲劳寿命越低。

3）材料（强度、成分和显微组织）的影响

不同成分的碳钢和合金钢在水中的腐蚀疲劳强度与材料强度无关。钢中加入不超过5%的合金元素对退火状态下的条件疲劳极限影响很小，只有当加入大量合金元素成为不锈钢时，才能较为明显地提高腐蚀疲劳强度。钢中的夹杂物（如MnS）对腐蚀疲劳裂纹形成的影响很大，因为夹杂物处易形成点蚀和缝隙腐蚀。在腐蚀介质中工作的机件要求具有电化学性能稳定的组织状态。经热处理得到高静强度的组织状态对腐蚀疲劳强度并不有利。具有马氏体组织的碳钢对腐蚀介质很敏感。

6.3.4　腐蚀疲劳裂纹扩展机制

腐蚀疲劳裂纹扩展用裂纹扩展速率 da/dN 对裂纹顶端应力强度因子幅 ΔK 的关系表示。如图6-20所示，腐蚀疲劳裂纹扩展可分为三种类型。图6-20a）所示为真腐蚀疲劳（或称为A型），铝合金在水环境中的腐蚀疲劳即属此类，介质的影响使门槛值 ΔK_{th} 减小，裂纹扩展速率（da/dN）增大。当 K_{max} 接近 K_{IC} 时，介质的影响减小。图6-20b）所示为应力腐蚀疲劳（B型），具有交变载荷作用的疲劳与应力腐蚀相叠加的特征。$K_I < K_{ICC}$ 时，介质作用可以忽略；当 $K_I > K_{ICC}$ 时，介质对 $(da/dN)_{CF}$ 有很大影响，$(da/dN)_{CF}$ 急剧增高，并出现水平台阶，钢在氢介质中的腐蚀疲劳即属此类。图6-20c）所示为A型与B型的混合型（C型）。在大多数工程合金与环境介质组合条件下的腐蚀疲劳属于此类，从图中可以看出，既具有真腐蚀疲劳的特征，又具有应力腐蚀疲劳的特征。

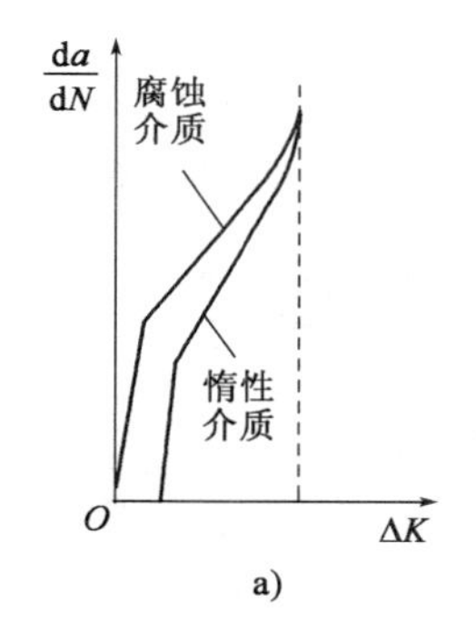

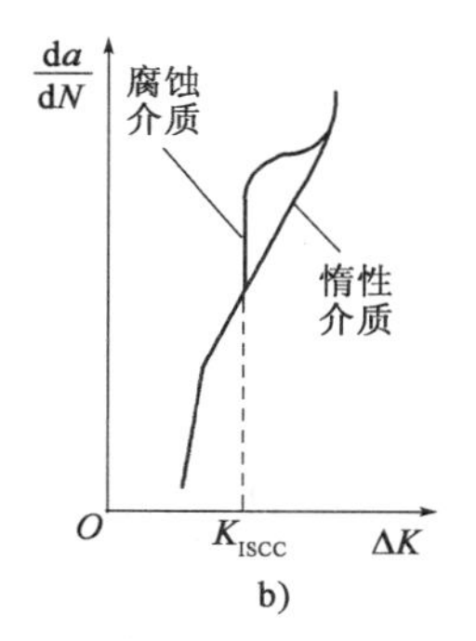

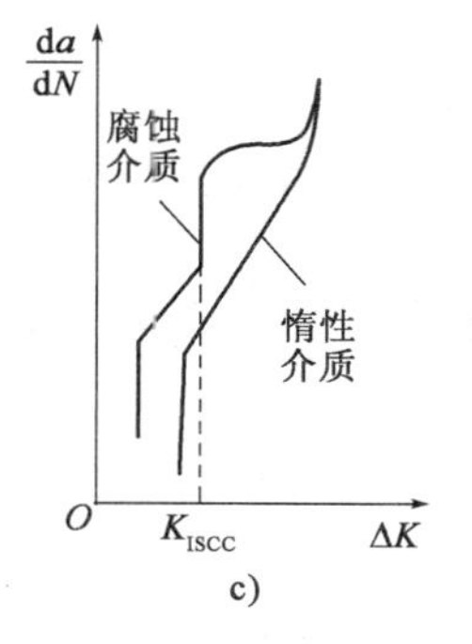

图6-20　腐蚀疲劳裂纹扩展曲线

腐蚀疲劳试验比较复杂，工程上希望利用机械疲劳与应力腐蚀试验的结果，通过某种模型来计算腐蚀疲劳裂纹扩展速率，进而预测腐蚀疲劳寿命。这方面较早的工作是由R. P. Wei提出的线性叠加模型，该模型认为，腐蚀疲劳裂纹扩展速率 $(da/dN)_{CF}$ 是机械疲劳裂纹扩展速率 $(da/dN)_F$ 与应力腐蚀裂纹扩展速率 $(da/dN)_{SCC}$ 之和，即

$$(da/dN)_{CF} = (da/dN)_F + (da/dN)_{SCC} \tag{6-6}$$

式中：$(da/dN)_{SCC}$——一次应力循环所产生的应力腐蚀裂纹扩展量，如果循环一次的时间周期为 τ（$\tau = 1/f$），则

$$(\mathrm{d}a/\mathrm{d}N)_{\mathrm{SCC}} = \int (\mathrm{d}a/\mathrm{d}N)_{\mathrm{SCC}}\mathrm{d}t \tag{6-7}$$

Wei 曾利用上述模型估算过高强度钢在干氢、蒸馏水和水蒸气介质以及钛合金在盐溶液中的疲劳裂纹扩展，结果表明在 $K_{\max}$ 大于 K_{ICC} 时是令人满意的。由于该模型未考虑应力与介质的交互作用，以后又有人对上述模型提出修正，或提出新的模型。

6.3.5 防止腐蚀疲劳的措施

减少腐蚀疲劳的主要方法是选择能在预定的环境中抗腐蚀的材料，也可以通过各种表面处理如喷丸、氮化等工艺使表面残留有压应力。常用的方法有：表面感应加热淬火、表面滚压强化、表面渗金属（渗铬、渗碳化铬）、表面渗碳、渗氮、渗硫等。45 钢经高频淬火或氮化后，在水溶液中的腐蚀疲劳强度可提高 2 ~ 3 倍。一般认为，阳极镀层有益，阴极镀层有害。如镀锌、镉对钢的表面是阳极镀层，可改善腐蚀疲劳抗力；但镀铬、镍对钢的表面是阴极镀层，使表面产生不利的拉应力，出现发状裂纹和氢脆。其他的表面保护，如涂漆、涂油或用塑料、陶瓷形成保护层，只要它在使用中不被破坏，则对减少腐蚀疲劳都是有利的。

高强度铝合金常用纯铝包覆，利用 Al_2O_3 薄膜能显著提高腐蚀疲劳抗力，但这样做会减小在空气中的疲劳强度。喷丸和氧化物保护层共同使用可显著改善腐蚀疲劳抗力。

本章习题

1. 名词解释

（1）应力腐蚀；（2）氢脆；（3）腐蚀疲劳；（4）氢蚀 （5）白点；（6）氢化物致脆；（7）氢致延滞断裂。

2. 说明下列力学性能指标意义

（1）σ_{scc}；（2）K_{ICC}；（3）$\mathrm{d}a/\mathrm{d}t$。

3. 如何判断某一零件的破坏是否由应力腐蚀引起的？应力腐蚀破坏为什么通常是一种脆性破坏？

4. 试述氢脆与应力腐蚀区别。

5. 为什么高强度材料（包括合金钢、铝合金、钛合金），容易产生应力腐蚀和氢脆？

6. 分析应力腐蚀裂纹扩展速率 $\mathrm{d}a/\mathrm{d}t$ 与 K_{I} 关系，并与疲劳裂纹扩展速率曲线进行比较。

7. 简述应力腐蚀裂纹扩展曲线（$\mathrm{d}a/\mathrm{d}t$-K）中的三个阶段，各有何特点？

8. 何谓氢致延滞断裂？为什么高强度钢的氢致延滞断裂是在一定的应变速率下和一定的温度范围内出现？

9. 腐蚀疲劳和应力腐蚀相比有哪些特点？

10. 影响腐蚀疲劳的主要因素有哪些？试将其与影响应力腐蚀的主要因素相比较。

11. 与常规疲劳相比，腐蚀疲劳有何特点？

12. 有一 M24 栓焊桥梁用高强度螺栓，采用 40B 钢调质制成，抗拉强度为 1200MPa，承受拉应力 650MPa。在使用中，由于潮湿空气及雨淋的影响发生断裂事故。观察断口发现，裂纹从螺纹根部开始，有明显的沿晶断裂特征，随后是快速脆断部分。断口上有较多腐蚀产物，且有较多的二次裂纹。请分析该螺栓产生断裂的原因，并讨论防止这种断裂产生的措施。

第 7 章　材料高温力学性能

在高压蒸汽锅炉、汽轮机、燃气轮机、柴油机、化工炼油设备以及航空盘动机中，很多机件是长期在高温条件下工作的。对于制造这类机件的金属材料，如果仅考虑常温短时静载下的力学性能，显然是不够的。因为，温度对金属材料的力学性能影响很大，一般随着温度升高，金属材料的强度降低而塑性增加。另外，如果不考虑环境介质的影响，则可认为材料的常温静载力学性能与载荷持续时间关系不大。但在高温下，载荷持续时间对力学性能有很大影响。例如，蒸汽锅炉且化工设备中的一些高温高压管道，虽然所承载的应力小于工作温度下材料的屈服强度，但在长期使用过程中，会产生缓慢而连续的塑性变形，使管径逐渐增大。如设计、选材不当或使用中疏忽，可能最终导致管道破裂。高温下钢的抗拉强度也随载荷持续时间的增长而降低。试验表明，20 钢在 450℃的短时抗拉强度为 320MPa，当试样承受 225MPa 的应力时，持续 300h 便断裂了；如将应力降至 115MPa 左右，持续 1000h 也能使试样断裂。在高温短时载荷作用下，材料的塑性增加。但在高温长时载荷作用下，金属材料的塑性却显著降低，缺口敏感性增加，往往呈现脆性断裂特征。此外，温度和时间的联合作用还影响材料的断裂路径。图 7-1a）表示试验温度对长期载荷作用下断裂路径的影响。随试验温度升高，金属的断裂由常温下常见的穿晶断裂过渡为沿晶断裂。这是因为温度升高时晶粒强度和晶界强度均降低，但由于晶界上原子排列不规则，扩散容易通过晶界进行，因此，晶界强度下降较快。晶粒与晶界两者强度相等的温度称为“等强温度”，用 T_E 表示。金属材料的等强温度不是固定不变的，变形速率对它有较大影响。由于晶界强度对形变速率的敏感性要比晶粒大得多，因此等强温度随变形速度的增加而升高，如图 7-1b）所示。

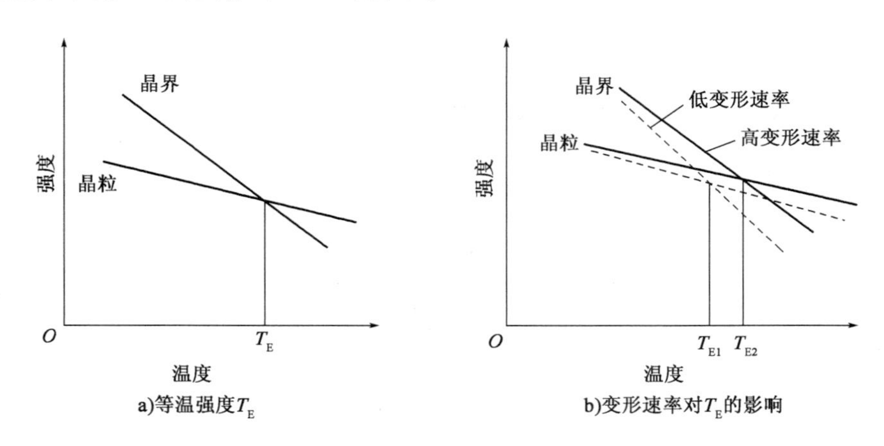

图 7-1　温度和变形速率对断裂路径的影响

综上所述，对于材料的高温力学性能，不能只简单地用常温下短时拉伸的应力-应变曲线来评定，还必须加入温度与时间两个因素，研究温度、应力、应变与时间的关系，建立评定材料高温力学性能的指标，并应适当讨论金属材料在高温长时载荷作用下变形和断裂的机理，了解提高高温力学性能的途径。

必须指出，这里所指的温度的“高”或“低”是相对于该金属的熔点而言的，故采用“约比温度” T/T_m 更为合理（T 为试验温度，T_m 为金属熔点，均为绝对温度）。当 $T/T_m > 0.5$ 时，为“高”温；反之则为“低”温。对于不同金属材料，在同样的约比温度下，其蠕变行为相似，因而力学性能变化规律也是相同的。

7.1　金属的蠕变

蠕变是指金属材料在恒应力长期作用下产生的塑性变形现象。蠕变可以在任何温度范围内发生，不过高温时，形变速度高，蠕变现象更明显。因此，对一些高温条件长时间工作的零件，如化工设备、锅炉、汽轮机、燃气轮机、其他热机部件，因蠕变导致的变形、断裂和应力松弛等导致失效。

描述蠕变变形规律的主要参量为应力、温度、时间、蠕变变形速度、蠕变变形量，即

$$\dot{\varepsilon} = f(\sigma, T, \varepsilon, m_1, m_2) \tag{7-1}$$

式中：$\dot{\varepsilon}$——蠕变形速度；

σ——应力；

T——绝对温度；

ε——蠕变变形量；

m_1、m_2——与晶体结构特性（如弹性模量等）和组织因素（如晶粒度等）有关的参量。

7.1.1　蠕变曲线

在恒应力条件下的蠕变曲线如图 7-2 所示，图中 Oa 为试样刚加上载荷后所产生的瞬时应变 ε_0，是外加载荷引起的一般变形。从 a 点开始随时间延长而产生的应变属于蠕变变形。图中 $abcd$ 曲线即为蠕变曲线。

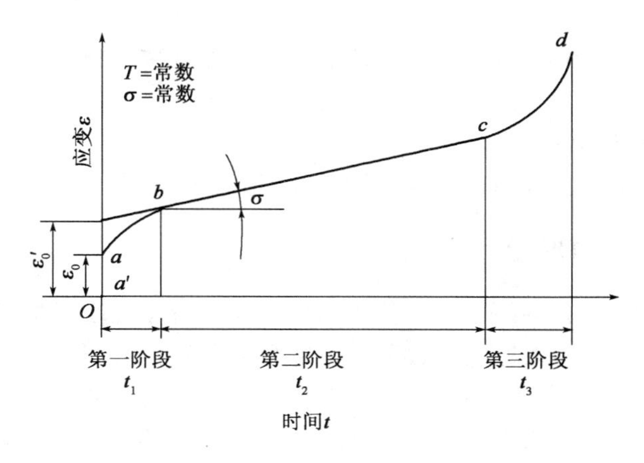

图 7-2　典型蠕变曲线

蠕变曲线上任一点的斜率，表示该点的蠕变速率。按蠕变速率的变化过程，蠕变过程可分为3个阶段。

ab 段为蠕变第1阶段，称为减速蠕变阶段，其蠕变变形速度与时间的关系可用下式表示

$$\dot{\varepsilon} = At^{-n} \tag{7-2}$$

式中：A、n——常数，且 $0 < n < 1$。

bc 段为蠕变的第2阶段，此阶段蠕变速度基本不变，为恒速蠕变阶段。此时的蠕变速度称为最小蠕变速度，即通常所谓的蠕变速度，其蠕变量可表示为

$$\varepsilon = \dot{\varepsilon} t \tag{7-3}$$

式中：$\dot{\varepsilon}$——蠕变速率。

d 段为蠕变的第3阶段，为加速蠕变阶段。此时材料因产生颈缩或裂纹而很快于 d 点断裂。蠕变断裂时间、总变形量分别为 t_r 及 ε_r。

第2阶段的蠕变速率 $\dot{\varepsilon}$、持久断裂时间 t_r、持久断裂塑性 ε_r，是材料高温力学性能的重要指标。

在工程中具有重要意义的是恒速蠕变阶段。由蠕变应变速率 $\dot{\varepsilon}$ 可以计算出材料在高温下长期使用时的变形量及其蠕变极限。显然在应力增大或温度升高时，$\dot{\varepsilon}$ 会增大，如图7-3所示。

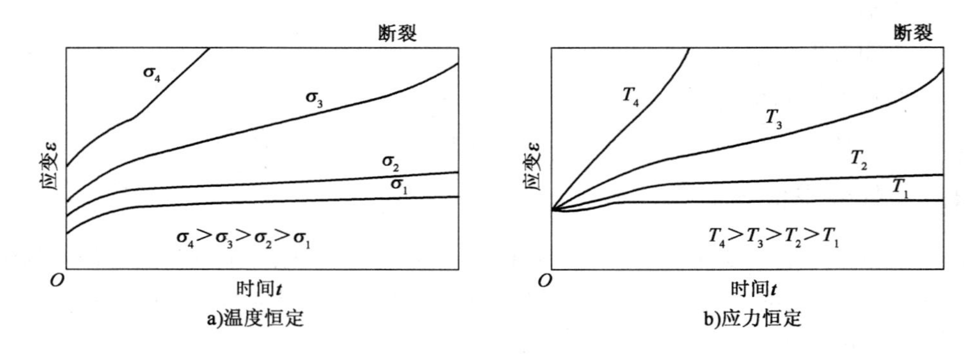

图7-3　应力及温度对蠕变曲线的影响

有人综合各种金属材料的试验结果，对高温低应力蠕变速度有

$$\dot{\varepsilon} = c\sigma^{m}\exp(-Q/KT) \tag{7-4}$$

式中：c、m——材料决定的常数；

Q——蠕变激活能，与材料的自扩散激活能相等。

7.1.2　蠕变过程的形变和断裂

关于蠕变过程的形变机制一般认为，第1阶段和第3阶段的变形是滑移为主，此时温度的影响是由于温度升高使扩散加速、发生回复而消除形变硬化，从而促使蠕变速度加大。而第2阶段的变形，形变速度很小，其形变机制除滑移外，还有由于原子扩散而发生的流变。在高温低应力蠕变时，变形机制以后者为主。在高温低应力蠕变条件下，Nabarro 及 Herring 认为其控制过程因素为应力导致的扩散（空位从受拉伸晶界向受压缩晶界流动，而原子或离子则反

向流动），而 Coble 则认为是原子沿晶界的扩散。从蠕变速度和晶粒度的关系来看，Coble 模型更符合试验结果。对 0.5Tm 附近高应力的蠕变，一般认为是由位错运动所控制的扩散过程。这些扩散过程导致晶界迁移及晶粒的逐步变形（拉长）。蠕变过程还伴随晶界的滑动，晶界的形变在高温时很显著，甚至能占总蠕变变形量的一半，晶界的滑动是通过晶界的滑移和晶界的迁移来进行的，如图 7-4 所示，*A*—*B*、*B*—*C*、*A*—*C* 晶界发生晶滑移、晶界迁移，三晶粒的交点由 1 点移至 2 点，再移至 3 点。

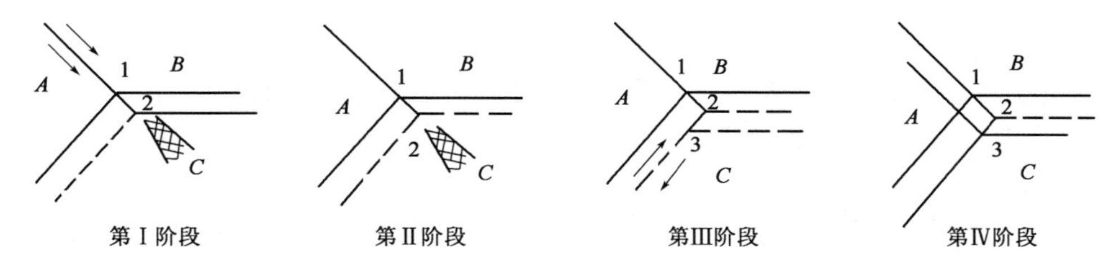

图 7-4　晶界滑移及晶界迁移示意图

在蠕变过程中，因环境温度和外加应力的不同，控制蠕变过程的机制也不同。为了研究工作和工程使用方便，用变形机制图表示不同蠕变机理对蠕变过程起主导作用的温度和应力范围。银的变形机制图如图 7-5 所示。这类图形是根据一些蠕变的数学模型建立起来的。工程实际中，可依据材料的高温服役环境、高温试验的具体温度和应力范围，在变形机制图上确定对蠕变过程起主导作用的机制，以及温度和应力的变化引起的蠕变机制相应变化，并据此寻求提高材料蠕变抗力的措施。

蠕变裂纹都是由晶界滑移而生核和扩展，晶界迁移则阻碍裂纹的形成与扩展。蠕变裂纹主要分为其楔型（W 型）且洞型（R 型）两类。低温、高应力及高蠕变速度时易形成楔型裂纹。

楔型裂纹通常在三角晶界处形核，然后沿晶界扩展。图 7-6 表示楔型裂纹的形核与发展。当发生晶界滑移时，若晶内的变形或晶界迁移与之不协调，在三角晶界处会发生应力集中，当应力超过晶界结合力，则形成一个楔型裂纹核，在外力的继续作用下，裂纹端点会由于应力集中而扩展。

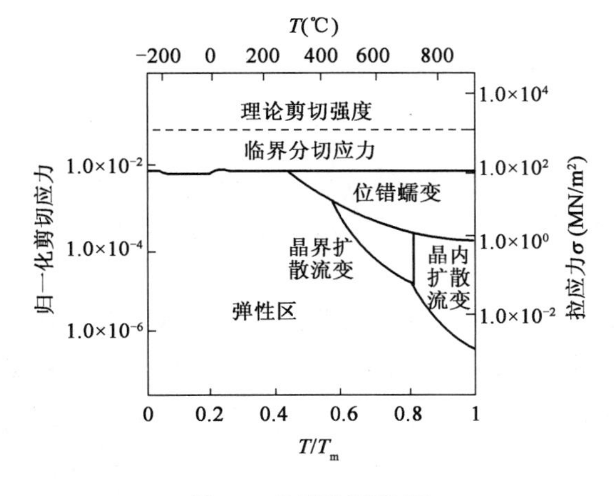

图 7-5　银的形变机制图

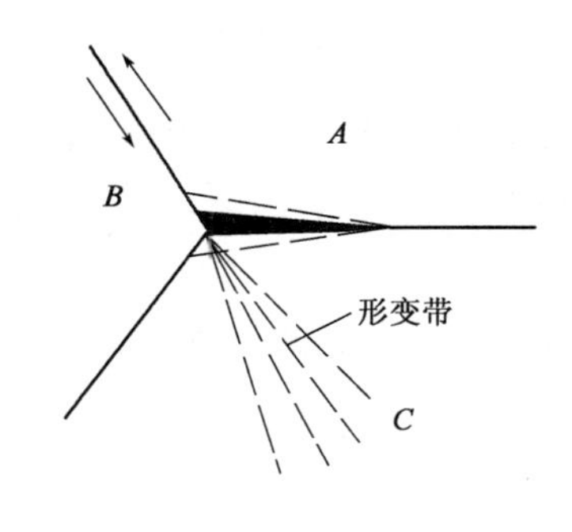

图 7-6　楔型裂纹生核示意图

洞型裂纹由于晶界滑移产生晶界突出或台阶而形核，图 7-7a）示出在晶界突出处形成洞穴的情况。洞穴的长大机制一般认为是原子从空穴表面向晶界迁移，即晶界扩散。

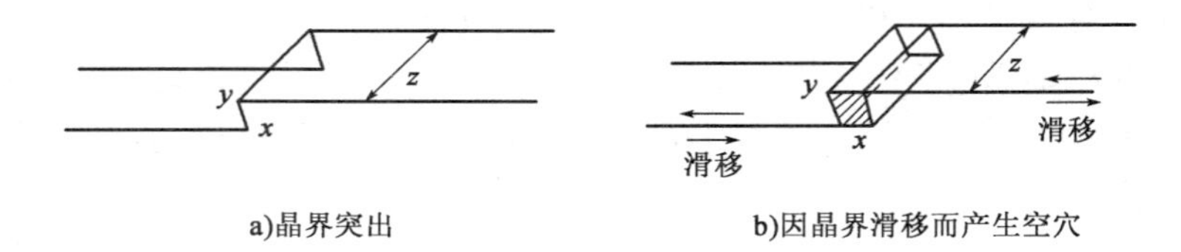

图 7-7 晶界突出处形成洞型裂纹核示意图

裂纹核在外力继续作用下沿与外力垂直的晶界长大，相互连接而最终造成整体零部件材料的断裂（图 7-8），蠕变裂纹的走向如上所述，往往是沿晶界进行的。蠕变断口由于氧化，观察较困难。

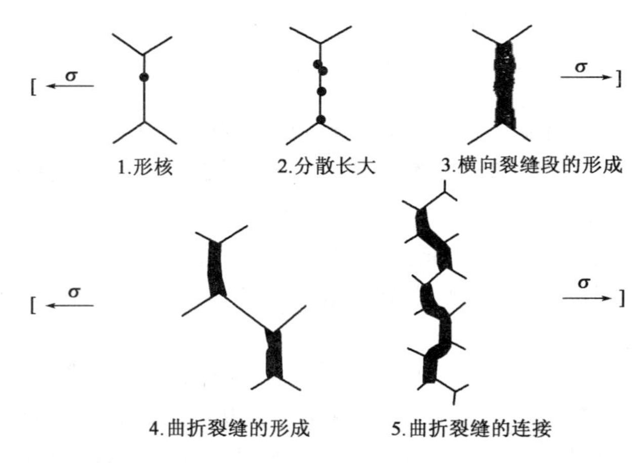

图 7-8 蠕变时晶界断裂发展过程的模型示意图

7.2 金属高温力学性能指标

7.2.1 蠕变极限

为保证在高温长期载荷作用下的机件不致产生过量变形，要求金属材料具有一定的蠕变极限。和常温下的屈服强度 $\sigma_{0.2}$ 相似，蠕变极限是高温长期载荷作用下材料的塑性变形抗力指标。

蠕变极限一般有两种表示方式：一种是在给定温度（T）下，使试样产生规定蠕变速率的应力值，以符号 $\sigma_{\dot{\varepsilon}}^{\mathrm{T}}$（MPa）表示（其中 $\dot{\varepsilon}$ 为第二阶段蠕变速率，%/h）。在电站锅炉、汽轮机和燃气轮机制造中，规定的蠕变速率大多为 1×10^{-5}%/h 或 1×10^{-4}%/h。例如，$\sigma_{1\times10^{-5}}^{600}=600$MPa，表示温度在 600℃的条件下，蠕变速率为 1×10^{-5}%/h 的蠕变极限为 600MPa。另一种是在给定温度（T）下和在规定的试验时间 t（h）内，使试样产生一定蠕变伸长率（δ，%）的应力值,以符号 $\sigma_{\delta/t}^{T}$(MPa)表示。例如 $\sigma_{1/10^5}^{600}=100\text{MPa}$,就表示材料在600℃温度下,10万h后伸长率为1%的蠕变极限为100MPa。试验时间及蠕变伸长率的具体数值是根据零件的工作条件来规定的。

以上两种蠕变极限都需要试验到蠕变第2阶段若干时间后才能确定。这两种蠕变极限与伸长率之间有一定的关系。例如,以蠕变速率确定蠕变极限时,恒定蠕变速度为 $1\times10^{-5}\%/\text{h}$,就相当于100000h的伸长率为1%。这与以伸长率确定蠕变极限时的100000h的伸长率为1%相比,仅相差 $\varepsilon_0-\varepsilon$,其差值很小,可忽略不计。因此,就可认为两者所确定的伸长率相等。同样,蠕变速率为 $1\times10^{-4}\%/\text{h}$,就相当于10000h的伸长率为1%。使用时选用哪种表示方法应视蠕变速率与服役时间而定。若蠕变速率大服役时间短,则选择前1种表示方法($\sigma_{\dot{\varepsilon}}^{T}$);反之,服役时间长,则选择后一种表示方法($\sigma_{\delta/t}^{T}$)。

测定金属材料蠕变极限所采用的试验装置,如图7-9所示。试样装卡在夹头上,然后置于电炉内加热。试样温度用捆在试样上的热电偶测定,炉温用铂电阻控制。通过杠杆且砝码对试样加载,使之承受一定大小的应力。试样的蠕变伸长则用安装于炉外的测长仪器测量。

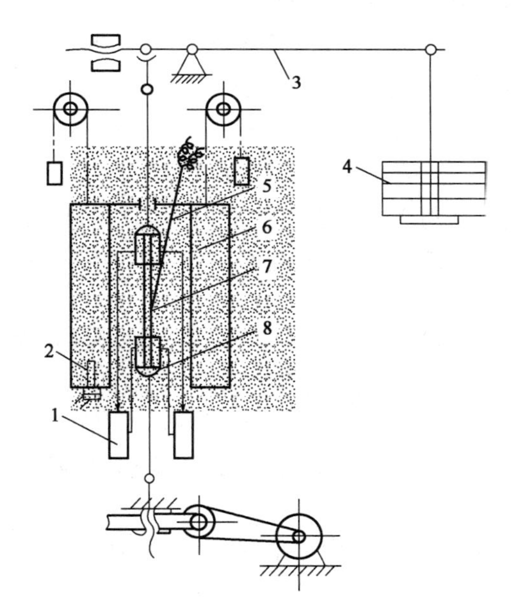

图7-9　蠕变试验装置简图

1-测长仪器;2-铂电阻;3-杠杆;4-砝码;5-热电偶;6-电炉;7-试样;8-夹头

现以第2阶段蠕变速率所定义的蠕变极限为例,说明其测定的方法。

(1)在温度恒定和不同应力试件下进行蠕变试验,每个试样的试验持续时间不少于2000~3000h。根据所测定的伸长率与时间的关系,作出一组蠕变曲线,如图7-3a)所示。每一条蠕变曲线上直线部分的斜率,就是第2阶段的恒定蠕变速率。

(2)根据获得的不同应力条件下的恒定蠕变速率 $\dot{\varepsilon}_1$、$\dot{\varepsilon}_2$、$\dot{\varepsilon}_3$ 在应力与蠕变速率的对数坐标上作出 σ-ε 关系曲线。图7-10即为12CrlMoV钢在580℃时的应力-蠕变速率(σ-ε)曲线。

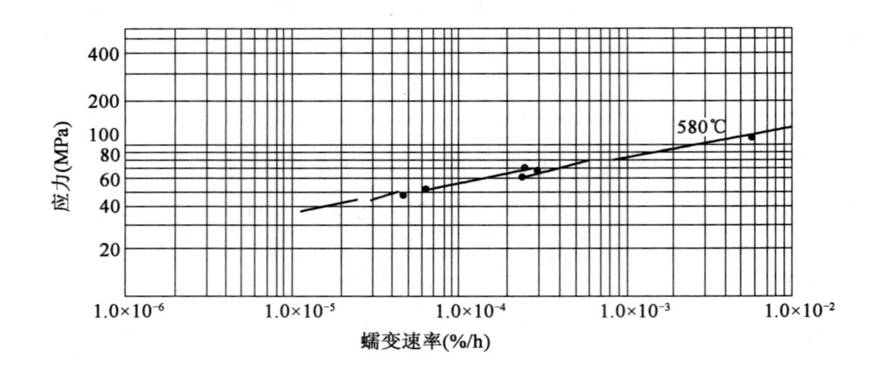

图 7-10　12CrlMoV 钢在 580℃时的应力-蠕变速率(σ-ε) 曲线

(3)试验表明,在同温度下进行蠕变试验,其应力与蠕变速率的对数值($\lg\alpha$-$\lg\varepsilon$)之间呈线性关系。因此,可以用较大的应力,以较短的试验时间作出几条蠕变曲线,根据所测定的蠕变速度,用内插法或外推法求出规定蠕变速率的应力值,即得到蠕变极限。

对于应以蠕变试验结果为基础进行强度计算的机件,若取 σ_1 为蠕变极限,则 σ_1 除以安全系数 n 便得到许用应力,应保证机件所承受的应力不大于许用应力。

7.2.2　持久强度

与常温下的情况一样,金属材料在高温下的变形抗力与断裂抗力也是两种不同的性能指标。因此,对于高温材料除测定蠕变极限外,还必须测定其在高温长时载荷作用下抵抗断裂的能力,即持久强度。

金属材料的持久强度,是在给定温度(T)下,恰好使材料经过规定的时间(t)发生断裂的应力值,以 σ_t^{T}(MPa)表示。这里所指的规定时间是以机组的设计寿命为依据的。例如,对于锅炉、汽轮机等,机组的设计寿命为数万以至数十万小时,而航空喷气发动机则为 1000h 或几百小时。某材料在 700℃承受 30MPa 的应力作用,经 1000h 后断裂,则称这种材料在 700℃、1000h 的下持久强度为 30MPa 。

对于某些在高温运转过程中不考虑变形量的大小,而只考虑在承受给定应力下使用寿命的机件来说,金属材料的持久强度是极其重要的性能指标。

金属材料的持久强度是通过做持久试验测定的。持久试验与蠕变试验相似,但较为简单,一般不需要在试验过程中测定试样的伸长量,只要测定试样在给定温度和一定应力作用下的断裂时间即可。

对于设计寿命为数百至数千小时的机件,其材料的持久强度可以直接用同样时间的试验来确定。但是对于设计寿命为数万乃至数十万小时的机件,要进行这么长时间的试验是比较困难的。因此,和蠕变试验相似, 一般作出应力较大、断裂时间较短(数百至数千小时)的试验数据,画在 $\lg t$-$\lg\sigma$ 坐标图上,连成直线,用外推法求出数万以至数十万小时的持久强度。图 7-11 为 12Cr1MoV 钢在 580℃及 800℃时的持久强度曲线。由图可见,试验最佳时间为几千小时(实线部分) ,但用外推法(虚线部分)可得到 $1.0\times10^4\sim1.0\times10^5$h 的持久强度值。

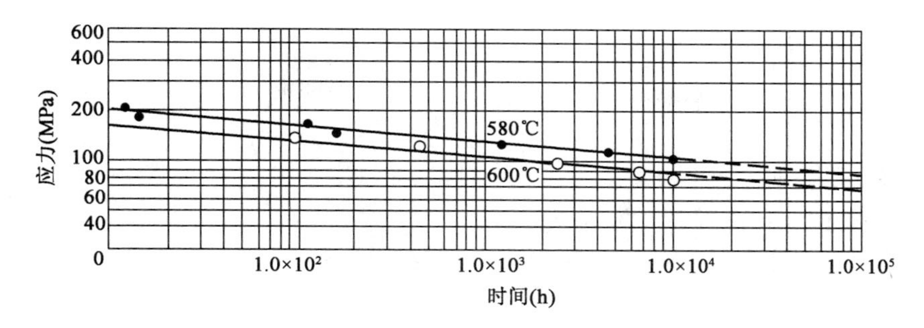

图 7-11 12Cr1MoV 钢在 580℃及 800℃时的持久强度曲线

高温长时试验表明，在 $\lg t$-$\lg\sigma$ 双对数坐标中，各试验数据并不真正符合线性关系，一般均存在折点，如图 7-12 所示。其折点的位置和曲线的形状随材料在高温下的组织稳定性和试验温度高低等而不同。因此，最好是测出折点后，再根据时间与应力的对数值的线性关系进行外推。一般还限制外推时间不超过一个数量级，以使外推的结果不致误差太大。

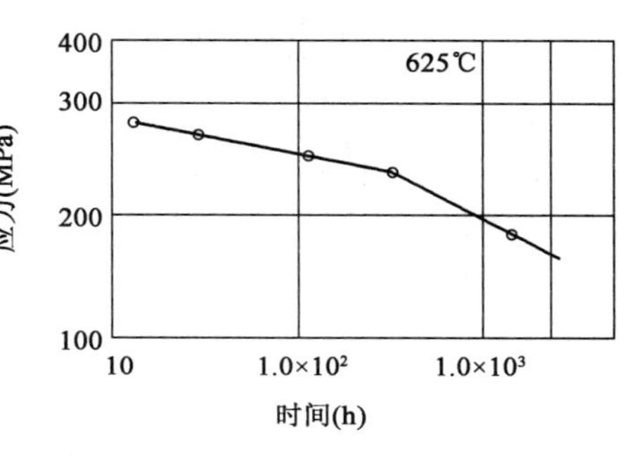

图 7-12 某种钢的持久强度曲线的转折现象

通过持久强度试验，测量试样在断裂后的伸长率及断面收缩率，还能反映出材料在高温下的持久塑性。许多钢种在短时试验时其塑性可能很高，但经高温长时加载后塑性有显著降低的趋势，有的持久塑性仅为 1% 左右，呈现蠕变脆性现象。持久强度试验一般是用光滑试样在单向应力状态下确定的，但许多在高温条件下工作的机件往往带有各种缺口，引起应力集中，从而使钢的持久强度降低，为了考虑应力集中对持久强度的影响，有时需做缺口持久强度试验。试验表明，钢的持久缺口敏感性与持久塑性密切相关，随着持久塑性的降低，钢的持久缺口敏感性增加。因此，对于高温合金材料，为了降低其缺口敏感性，不得不牺牲一些强度以提高持久塑性。对于高温合金材料持久塑性指标的要求，目前还没有统一规定。

7.2.3 松弛稳定性

金属材料抵抗应力松弛的性能称为松弛稳定性，这可通过松弛试验测定的松弛曲线来评定。金属的松弛曲线是在给定温度 T 和总变形量不变的条件下应力随时间而降低的曲线，如图 7-13 所示。经验证明，在单时数坐标（$\lg\sigma$-t）上，用各种方法所得到的应力松弛曲线，都具有明显的两个阶段：第 1 阶段持续时间较短，应力随时间急剧降低，第二阶段持续时间很长，应力下降逐渐缓慢，并趋于恒定。

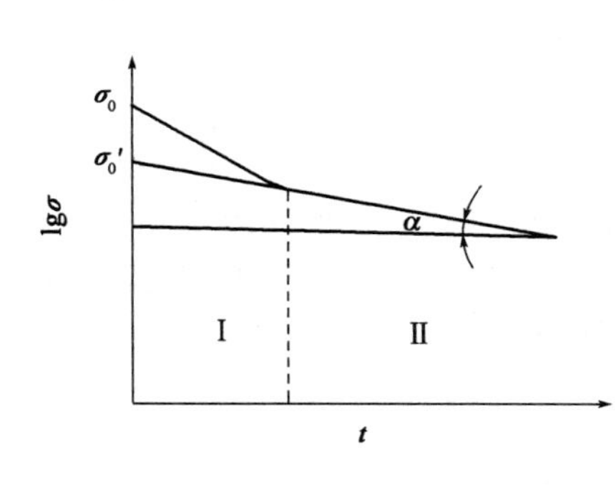

图 7-13 松弛曲线

一般认为，应力松弛第 1 阶段主要发生在晶粒间界，第二阶段主要发生在晶粒内部。因此，松弛稳定性指标有两种表示方法。第一种是用松弛曲线第 1 阶段的晶间

稳定系数 S_0 表示

$$S_0 = \frac{\sigma'_0}{\sigma_0} \tag{7-5}$$

式中：σ_0——初应力；

σ'_0——松弛曲线第二阶段的初应力。

第二种是用松弛曲线第2阶段的晶内稳定系数 t_0 表示

$$t_0 = \frac{1}{\tan\alpha} \tag{7-6}$$

式中：α——松弛曲线上直线部分与横坐标轴的夹角。

S_0与 t_0 分别表示晶粒间界和晶粒内部抗应力松弛的能力。其值越大，表明材料抗松弛性能越好。

此外，还常用金属材料在一定温度 T 和一定初应力 σ_0 作用下，经规定时间 t 后的残余应力 σ 的大小作为松弛稳定性的指标。对不同材料，在相同试验温度和初应力下，经时间 t 后，如残余应力值越高，说明该种材料有较好的松弛稳定性。图7-14为制造汽轮机、燃气轮机固件用的两种钢材(20CdMo1VNbB及25Cr2MoV)分别经不同热处理后的松弛曲线。由图7-14可见20CdMolVNbB钢的松弛稳定性比25Cr2MoV钢好。

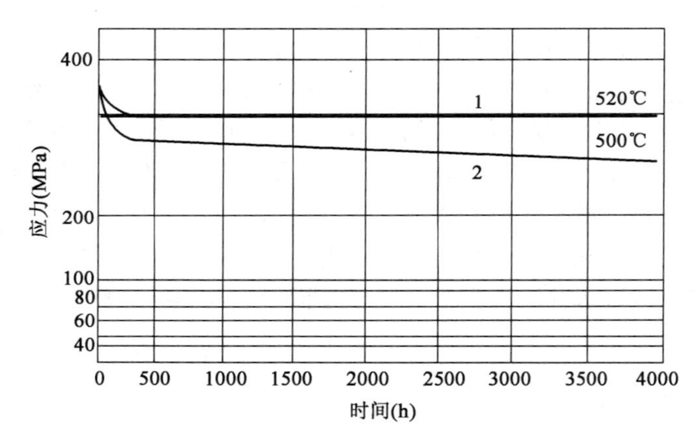

图7-14 两种钢的松弛曲线对比

1-20CdMo1VNbB；2-25Cr2MoV

7.2.4 影响蠕变极限相持久强度的主要因素

由蠕变变形和断裂机理可知，要降低蠕变速率提高蠕变极限，必须控制位错攀移的速率；要提高断裂抗力，即提高持久强度，必须抑制晶界的滑动和空位扩散，也就是说要控制晶内和晶界的扩散过程。这种扩散过程主要取决于合金的化学成分，但也与冶炼工艺、热处理工艺等因素密切相关。

1)合金化学成分的影响

耐热钢及合金的基体材料一般选用熔点高、自扩散激活能大或层错能低的金属及合金。

这是因为在一定温度下，熔点越高的金属自扩散激活能越大，因而自扩散越慢；如果熔点相同但晶体结构不同，则自扩散激活能越高者，扩散越慢，堆叠层错能越低者越易产生扩展位错，使位错难以产生割阶、交滑移及攀移。这些均有利于降低蠕变速度。大多数面心立方结构金属的高温强度比体心立方结构的高，这是一个重要原因。

在基体金属中加入铬、钼、钨等合金元素形成单相固溶体，除产生固溶强化作用外，还因为合金元素使层错能降低，易形成扩展位错，以及溶质原子与溶剂原子的结合力较强，增大扩散激活能，从而提高蠕变极限。一般来说，固溶元素的熔点越高，其原子半径与溶剂相差越大，对热强性提高越有利。

合金中如果含有弥散相，由于它能强烈阻碍位错的滑移，因而是提高高温强度更高效的方法。弥散相粒子硬度高、弥散度大、稳定性高，则强化作用越大。对于时效强化合金，通常在基体中加入相同原子百分数的含金元素的情况下，多种元素要比单一元素的效果好。

在合金中添加能增加晶界扩散激活键的元素（如硼及稀土等），则既能阻碍晶界滑动，又增大晶界裂纹的表面能，因而对提高蠕变极限，特别是持久强度是很有效的。

2）冶炼工艺的影响

各种耐热钢及其合金的冶炼工艺要求较高，因为钢中的夹杂物和某些冶金缺陷会使材料的持久强度降低。高温合金对杂质元素和气体含量要求更加严格，常存杂质除硫、磷外，还有铅、锡等，即使其含量只有十万分之几，当杂质在晶界偏聚后，会导致晶界严重弱化，而使热强性急剧降低，持久塑性变弱。

由于高温合金在使用中通常在垂直于应力方向的横向晶界上易产生裂纹，因此，采用定向凝固工艺使柱状晶沿受力方向生长，减少横向晶界，可以大大提高持久寿命。例如，在一种镍基合金采用定向凝固工艺后，在760℃、645MPa应力作用下的断裂寿命可提高4～5倍。

3）热处理工艺的影响

珠光体耐热钢一般采用正火加高温回火工艺。正火温度应较高，以促使碳化物较充分而均匀地溶于奥氏体中。回火温度应高于使用温度100～150℃以上，以提高其在使用温度下的组织稳定性。

奥氏体耐热铜或合金一般进行固溶处理和时效，使之得到适当的晶粒度，并改善强化相的分布状态。有的合金在固溶处理后再进行一次中间处理（二次固溶处理或中间时效），使碳化物沿晶界呈断续链状析出，可使持久强度和持久塑性进一步提高。

4）晶粒度的影响

晶粒大小对金属材料高温性能的影响很大。当使用温度低于等强温度时，细晶粒钢有较高的强度；当使用温度高于等强温度时，粗晶粒铜及合金有较高的蠕变抗力与持久强度。但是晶粒太大会使持久塑性和冲击韧性降低。为此，热处理时应考虑用适当的加热温度，以满足晶粒度的要求。对于耐热钢及合金来说，随合金成分及工作条件不同有一最佳晶粒度范围。例如，奥氏体耐热钢，一般以2～4级晶粒度较好。

在耐热钢及合金中晶粒度不均匀会显著降低其高温性能。这是由于在大小晶粒交界处出现应力集中，裂纹易于在此产生而引起过早的断裂。

7.3 聚合物的黏弹性与蠕变

7.3.1 温度对聚合物力学性能的影响

非晶聚合物随温度变化可出现三种力学状态即玻璃态、高弹态和黏流态,如图 7-15 所示。

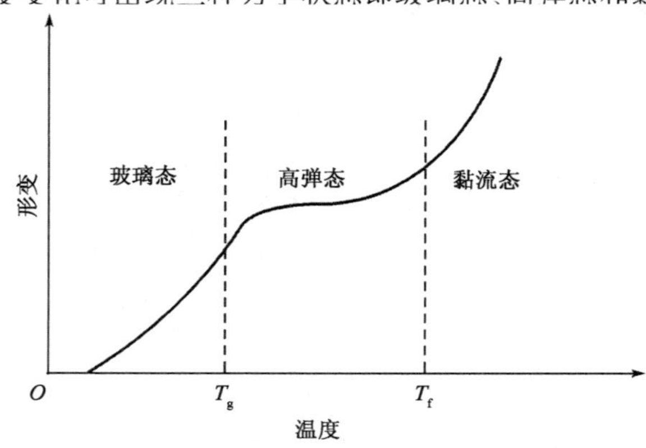

图 7-15 非晶态聚合物的温度-形变曲线示意图

(1)玻璃态。

非晶态聚合物在低温下(玻璃态转化温度 T_g 以下),分子热运动能量低,不易激发分子链的运动,分子链处于“冻结”状态。在外力使用下,变形主要形式为分子主链伸长、键角的变化、应变与应力成正比,外力去除,变形立即消失。

(2)高弹态。

随温度升高,分子热运动加剧,分子链运动受到激发,在外力作用下,通过分子链运动,分子构象发生变化,分子链沿外力方向被拉长,发生很大形变。外力去除后,分子链能够逐渐部分或完全回缩到原来的卷曲状态,恢复的程度取决于应力大小和温度。

(3)黏流态。

当温度进一步升高(黏流温度 T_f 以上),分子链作为整体可以相对滑动时,在外力作用下,便呈现黏性流动,此时,形变便不可逆了。

热塑性塑料和热固性塑料的温度-形变曲线见图 7-16 。在相同载荷下,热固性塑料的高弹性形变小,同时它没有黏流温度 ,继续加热时,始终维持高弹平台,直到热分解破坏。

随温度变化,聚合物的力学性能,出现重大变化。图 7-17 为典型非晶态聚合物——有机玻璃(PMMA) 在不同温度下的 σ-ε 曲线。有机玻璃(PMMA)的 T_g 为 105℃,在 -40℃、68℃和 86℃时,它的曲线表现为线弹性。在 104℃拉伸时出现屈服,随试验温度升高,屈服现象变得越来越明显,但与金属不同,即使在很大塑性变形的情况下,仍不发生应变硬化。在 T_g 附近出现明显的塑脆转化。

7.3.2 聚合物的力学松弛——黏弹性

聚合物材料常被称为黏弹性材料,也是聚合物材料重要特性之一。它介于理想弹性体和理想黏性体之间(图7-18)。聚合物的力学性质随时间的变化统称为力学松弛,其中最基本的形式有蠕变和应力松弛。下面分别加以讨论。

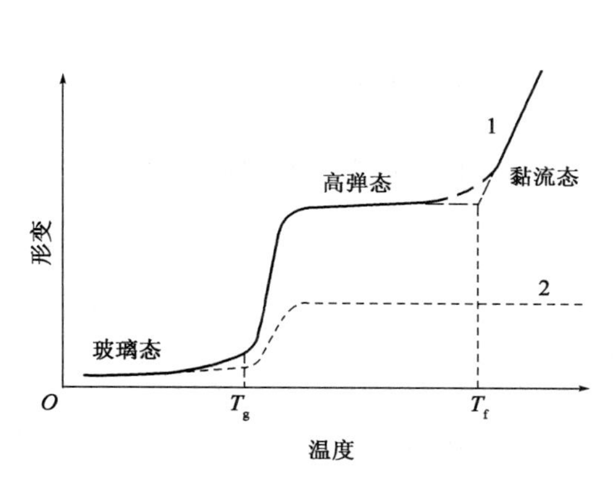

图7-16 热塑性塑料和热固性塑料的温度-形变曲线
1-热塑性塑料;2-热固性塑料

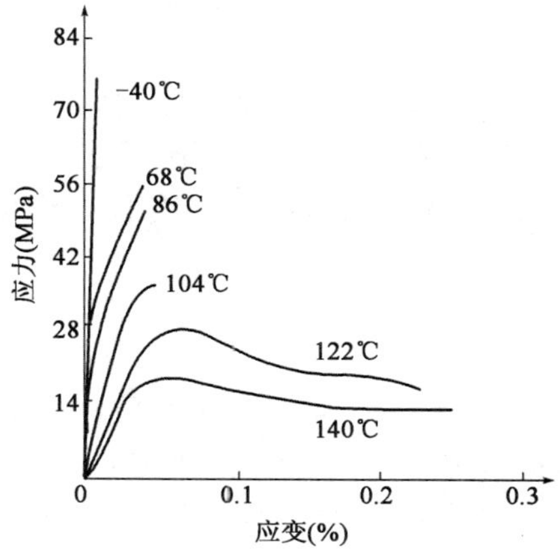

图7-17　不同温度下有机玻璃(PMMA)的 σ-ε 曲线(拉伸)

1)蠕变

所谓蠕变,是指在一定的温度和较小的恒定外力作用下,材料的形变随时间的增加而逐渐增大的现象。例如,软聚氯乙烯丝(含增塑剂)钩着一定质量的砝码,就会慢慢地伸长,卸载后,软聚氯乙烯丝会慢慢缩回去。图7-19描述了这一蠕变过程,其中 t_1 是开始加荷时间,t_2 是开始释荷时间。

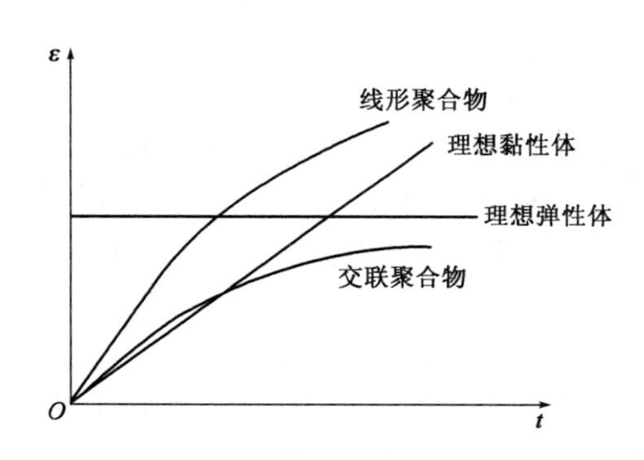

图7-18　不同材料在恒应力下形变与时间的关系

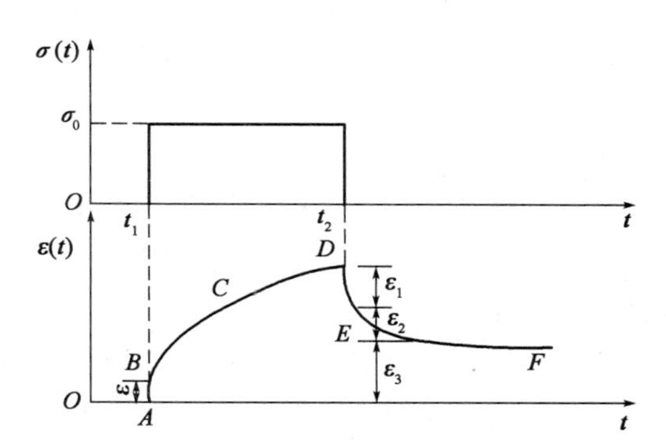

图7-19　黏弹性高分子材料的蠕变曲线

从分子运动和变化的角度来看,蠕变过程包括下面三种形变。当聚合物材料受到外力作用时,分子链内部键长和键角立刻发生变化,这种形变量很小,是普弹形变,卸载后恢复原状,即

$$\varepsilon_1 = \frac{\sigma}{E_1} \tag{7-7}$$

式中:σ——应力;

E_1——普弹形变模量。

高弹形变是分子链通过链段运动逐渐伸展的过程,形变量比普弹形变要大得多,但形变与

时间呈指数关系

$$\varepsilon_2 = \frac{\sigma}{E_2}(1 - e^{-\frac{t}{\tau}}) \tag{7-8}$$

式中：ε_2——高弹形变；

τ——松弛时间（或称推迟时间），它与链段运动的黏度 η_2 和高弹模量 E_2 有关。

外力除去后，高弹形变逐渐回复。

对分子间没有化学交联的线形高聚物，则还会产生分子间的相对滑动，称之为黏性流动，用 ε_3 表示

$$\varepsilon_3 = \frac{\sigma}{\eta_3}t \tag{7-9}$$

式中：η_3——本体黏度，外力去除后黏性流动不能回复。

因此普弹形变 ε_1 和高弹形变 ε_2 是可逆形变，而黏性流动 ε_3 被称为不可逆形变。

聚合物受到外力作用时，以上三种形变一起发生，材料总形变为

$$\varepsilon(t) = \varepsilon_1 + \varepsilon_2 + \varepsilon_3 \tag{7-10}$$

三种形变的相对比例根据具体条件而有所不同。

在玻璃化温度以下链段运动的松弛时间很长，所以 ε_2 很小，分子之间的内摩擦阻力很大（η_3 很大），所以 ε_3 也很小，主要是 ε_1，因此形变很小。在玻璃化温度以上，τ随温度的升高而变小，所以 ε_2相当大，主要是 ε_1和 ε_3，而 ε_3比较小；温度再升高到黏流温度以上，不但τ变小，而且体系黏度也减小，ε_1、ε_2、ε_3 都比较显著。由于黏性不能回复，外力去除后便产生永久变形。

蠕变与温度高低和外力大小有关。温度过低、外力太小，蠕变很小，速度很慢。温度过高、外力过大，形变发展过快，也看不出蠕变现象；在适当的外力作用下，温度在 T_g 以上时，分子链在外力作用下可以运动，但运动时受到的内摩擦力又较大，只能缓慢运动，可观察到明显的蠕变现象。

图 7-20 为管道用的聚氯乙烯在室温下的拉伸蠕变。工程上聚合物的蠕变抗力以蠕变模量这一指标来度量。蠕变模量被定义为在给定的温度与时间 t 下的施加应力与蠕变应变量之比。这样，即使同一材料，如给定的时间或温度不同，蠕变模量也不同，该材料的 E_c 随着时间或温度的增加而减小。

蠕变断裂在未增强的聚氯乙烯的水管管道中以及聚乙烯的天然气管道中是一个必须考虑的问题。设计者须考虑管壁在压力作用下在设计寿命范围内不发生破裂，这一要求就相当于金属材料的持久强度指标。一般管道的设计寿命为 50 年，照此要求，一般的低密度和高密度聚乙烯都不适合作天然气管道材料。现发展出现中密度聚乙烯，它控制了枝化，降低了结晶程度，提高了韧性，与高密度聚乙烯相比有更好的蠕变抗力，因而被选作天然气管道材料。

2）应力松弛

所谓应力松弛是指在恒定温度和形变保持不变，聚合物内部的应力随时间增加而逐渐衰减的现象。此时，应力与时间也呈指数关系

$$\sigma = \sigma_0 e^{-\frac{t}{\tau}} \tag{7-11}$$

式中：σ——起始应力；

τ——松弛时间。

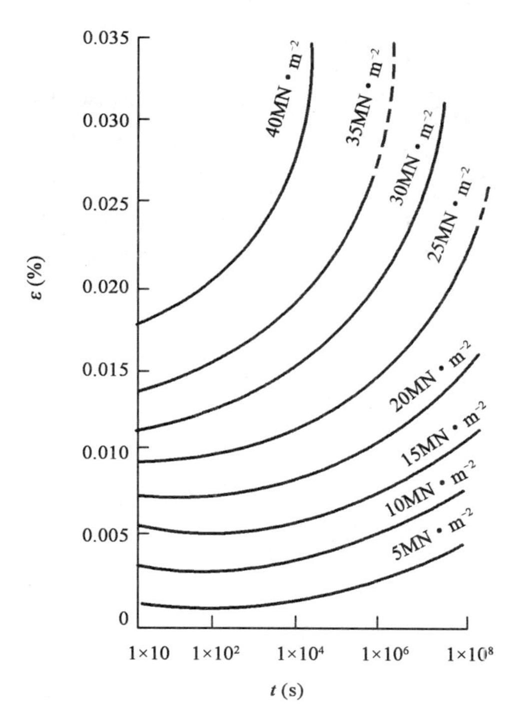

图 7-20　管道用的聚氯乙烯在室温下的拉伸蠕变

聚合物应力松弛的本质和蠕变也是一样的，都反映聚合物内部分子运动的三种情况。当聚合物一开始被拉长时，其中分子处于不平衡构象，要逐渐过渡到平衡的构象，即分子链沿外力方向运动以消除或减小内应力；如果温度很高，大大超过 T_g，分子链段运动时内摩擦力很小，应力很快松弛；如果温度过低，由于内摩擦力很大链段运动困难，应力松弛很慢。只有在 T_g 附近几十度范围内，应力松弛现象比较明显。

本章习题

1. 和常温下力学性能相比，金属材料在高温下的力学行为有哪些特点？造成这种差别的原因何在？

2. 简述金属材料在高温下的变形机制与断裂机制。其与常温比较有何不同？

3. 讨论稳态蠕变阶段的变形机制以及温度和应力的影响。

4. 蠕变极限和持久强度如何定义？试验上如何确定？

5. 什么是聚合物的黏弹性？为什么多数聚合物在室温下就会产生明显的蠕变？聚合物的蠕变抗力怎样度量？

本章参考文献

[1] 时海芳,任鑫.材料力学性能[M].北京:北京大学出版社,2010.
[2] 石德科,金志浩.材料力学性能[M].西安:西安交通大学出版社,1998.
[3] 刘瑞堂,刘文博,刘锦云.工程材料的力学性能[M].哈尔滨:哈尔滨工业大学出版社,2013.
[4] 张俊善.材料的高温变形与断裂[M].北京:科学出版社,2007.
[5] [美]迈克尔·卡斯纳.金属与合金蠕变的基本原理(影印版)[M].3版.长沙:中南大学出版社,2017.

第 8 章　材料的摩擦与磨损

磨损是除腐蚀、断裂外造成机械零件破坏的三大形式之一。据统计，约 80% 的零件失效是由磨损引起的。另外，摩擦、磨损也消耗了大量能源，其消耗的能量约占总能源的 30%。由此可见，提高材料的耐磨性对于提升产品质量、降低能耗至关重要。国内外将摩擦、磨损和润滑构成了一门独立的边缘学科，称之为摩擦学。三者之间摩擦是根源，磨损是结果，而润滑是减少磨损有效的手段。研究磨损规律，提高机件耐磨性，对节约能源、减少材料消耗、延长机件寿命具有重要的理论和现实意义。

本章重点论述常见的磨损形式、机理及其影响因素，并从材料科学角度论述提高材料耐磨性的主要途径，最后介绍常用的金属耐磨性测试方法。

8.1　摩擦与磨损的基本概念

8.1.1　摩擦

1）摩擦的定义

当物体与另一物体沿接触面的切线方向运动或有相对运动的趋势时，在两物体的接触面之间有阻碍它们相对运动的作用力，称之为摩擦力；其方向与引起相对运动的切向力方向相反，接触面之间的这种现象或特性称为摩擦。

摩擦有利也有害，例如，机器运转时的摩擦造成能量的损耗和机器寿命的缩短，并可降低机械效率。因此常使用各种方法来减少摩擦，如在机器中加润滑油等。但摩擦又是不可缺少的，例如，人的行走、汽车的行驶都必须依靠地面与脚和车轮的摩擦，在泥泞的道路上，因摩擦太小走路就很困难且易滑倒，汽车的车轮也会出现空转，即车轮转动而车厢并不前进，所以，在某些情况下必须设法增大摩擦，如在光滑的路上撒上一些炉灰或砂土，车轮上加挂防滑链等；另外有许多机械的设计也都利用摩擦来传递动力，例如汽车内的飞轮利用皮带和轮槽间的摩擦来传动，用于驱动风扇、发电机等，为避免打滑，这些皮带的内面还铸成齿状，以增强摩擦。

两个相互接触的物体，当其接触表面之间有相对滑动的趋势，但尚保持相对静止时，彼此作用着阻碍相对滑动的阻力，这种阻力称为静滑动摩擦力，简称静摩擦力。静摩擦力 F_s 与施加在摩擦面上的垂直载荷 N 之比称为静摩擦因数（也称为静摩擦系数，以下类同），用 μ_s 表示，即

$$\mu_s = \frac{F_s}{N} \tag{8-1}$$

一旦开始滑动后，其摩擦力稍有降低，此时的摩擦因数称为动摩擦因数 μ_k，μ_k 可写成如下

形式

$$\mu_k = \frac{F_k}{N} \tag{8-2}$$

式中：F_k——动摩擦力。

动摩擦因数 μ_k 小于静摩擦因数 μ_s。

2)摩擦的分类

根据分类方式的不同,摩擦有多种分类方法,除上述按摩擦副的运动状态分为静摩擦和动摩擦外,按照摩擦表面的接触情况及润滑剂的工作情况分为干摩擦、边界摩擦、流体摩擦及混合摩擦四类。

(1)干摩擦。

当摩擦副表面间不加任何润滑剂时,将出现固体表面直接接触的摩擦,工程上称为干摩擦。此时,两摩擦表面间的相对运动将消耗大量的能量并造成严重的表面磨损。由于任何零件的表面都会因为氧化而形成氧化膜或被润滑油所湿润,所以在工程实际中一般并不存在真正的干摩擦。

(2)边界摩擦。

当摩擦副表面间有润滑油存在时,由于润滑油与金属表面间的物理吸附作用和化学吸附作用,润滑油会在金属表面上形成极薄的边界膜。边界膜的厚度非常小,通常只有几个分子到十几个分子厚,不足以将微观不平的两金属表面分隔开,所以相互运动时,金属表面的微凸出部分将发生接触,这种状态称为边界摩擦。当摩擦副表面覆盖一层边界膜后,虽然表面磨损不能消除,但可以起着减小摩擦与减轻磨损的作用。与干摩擦状态相比,边界摩擦状态时的摩擦系数要小得多。

在机器工作时,零件的工作温度、速度和载荷大小等因素都会对边界膜产生影响,甚至造成边界膜破裂。因此,在边界摩擦状态下,保持边界膜不破裂十分重要。在工程中,经常通过合理设计摩擦副的形状,选择合适的摩擦副材料与润滑剂,降低表面粗糙度,在润滑剂中采用加入适当的油性添加剂和极压添加剂等措施来提高边界膜的强度。

(3)流体摩擦。

当摩擦副表面间形成的油膜厚度达到足以将两个表面的微凸出部分完全分开时,摩擦副之间的摩擦就转变为油膜之间的摩擦,称之为流体摩擦。形成流体摩擦的方式有两种:一是通过液压系统向摩擦面之间供给压力油,强制形成压力油膜隔开摩擦表面,这称为流体静压摩擦;二是通过两摩擦表面在满足一定的条件下,相对运动时产生的压力油膜隔开摩擦表面,这称为流体动压摩擦。流体摩擦是在流体内部的分子间进行的,所以摩擦系数极小。

(4)混合摩擦。

当摩擦副表面间处在边界摩擦与流体摩擦的混合状态时,称为混合摩擦。在一般机器中,摩擦表面多处于混合摩擦状态。混合摩擦时,表面间的微凸出部分仍有直接接触,磨损仍然存在。但是,由于混合摩擦时的流体膜厚度要比边界摩擦时的厚,减小了微凸出部分的接触数量,同时增加了流体膜承载的比例,所以混合摩擦状态时的摩擦系数要比边界摩擦时小得多。

另外,按机械摩擦副的运动形式分类,可分为滑动摩擦和滚动摩擦。两个相互接触的物体,在外力作用下,沿接触表面相对滑动(或具有相对滑动趋势)时,存在于接触分界面的摩擦,称为滑动摩擦。如导轨面间的滑动,滑动轴承间的转动以及活塞在汽缸中的往复运动。两接触物体沿接触表面滚动时的摩擦称为滚动摩擦。滚动摩擦时,其接触处常常表现为点与点(如球形滚动轴承)或线与线(如圆柱滚子轴承)的摩擦。

3)摩擦的机理

实际上,关于摩擦力的本质,目前尚未有定论,仍在深入探讨之中。目前关于摩擦的本质有以下几种观点:

凹凸啮合说:15~18世纪,科学家们提出了凹凸啮合说的摩擦理论,认为摩擦是由于互相接触的物体表面粗糙不平产生的;两个物体接触挤压时,接触面上很多凹凸部分就相互啮合,如果一个物体沿接触面滑动,两个接触面的凸起部分相碰,产生断裂、磨损,就产生了对运动的阻碍。

黏附说:这是继凹凸啮合说之后的一种关于摩擦本质的理论,最早由英国学者德萨左利厄斯于1734年提出,他认为两个表面抛得很光的金属,摩擦会增大,可以用两个物体的表面充分接触时它们的分子引力将增大来解释。

20世纪以来,随着工业和技术的发展,对摩擦理论的研究进一步深入,到20世纪中期,诞生了新的摩擦黏附说。

新的摩擦黏附说认为,两个互相接触的表面,无论做得多么光滑,从原子尺度看还是粗糙的,有许多微小的凸起,把这样的两个表面放在一起,微凸起的顶部发生接触,微凸起之外的部分接触面间仍有很大的间隙,这样,接触的微凸起的顶部承受了接触面上的法向压力。如果这个压力很小,微凸起的顶部发生弹性形变;如果法向压力较大,超过某一数值,超过材料的弹性限度,微凸起的顶部便发生塑性形变,被压成平顶,这时互相接触的两个物体之间距离变小到分子、原子的尺寸,引力发生作用的范围,于是,两个紧压着的接触面上产生了原子性黏合。这时要使两个彼此接触的表面发生相对滑动,必须对其中的一个表面施加一个切向力,来克服分子、原子间的引力,剪断实际接触区生成的接点,这就产生了摩擦。

人们通过不断试验和分析计算,发现上述两种理论提出的机理都能产生摩擦,其中黏附说提出的机理比啮合说更普遍。但在不同的材料上,两种机理的表现有所偏向,对金属材料,产生的摩擦以黏附作用为主;而对木材,产生的摩擦以啮合作用为主。

8.1.2　磨损

1)磨损的定义及分类

机件表面相接触并做相对运动时,表面逐渐有微小颗粒分离出来形成磨屑,松散的尺寸与形状均不相同的碎屑,使表面材料逐渐流失,导致机件尺寸变化和质量损失,造成表面损伤的现象即为磨损。磨损主要由力学作用引起,但磨损并非单一力学过程,引起磨损的原因既有力学作用,也有物理和化学作用。因此,摩擦副材料、润滑条件、加载方式和大小、相对运动特性(方式和速度)及工作温度等诸多因素均影响磨损量的大小,因此,磨损是一个复杂的系统过程。

现在,磨损还没有统一的分类方法,通常按磨损机理进行分类,磨损类型有黏着磨损、磨粒磨损、冲蚀磨损、疲劳磨损、接触疲劳、腐蚀磨损和微动磨损。据估计,在工业领域各类磨损造成的经济损失中,以磨粒磨损所占比例最高,达50%,黏着磨损占15%,冲蚀磨损和微动磨损各占 8% 和 5%，腐蚀磨损占 5%。这些比例上的差别显然是和各类磨损产生的条件和环境相关联的，在实际磨损现象中，通常是几种形式的磨损同时存在，而且，一种磨损发生后往往诱发其他形式的磨损。例如，疲劳磨损的磨屑会导致磨料磨损，而磨料磨损所形成的新净表面又将引起腐蚀或黏着磨损。磨损形式还随工况条件的变化而转化，如钢对钢的磨损，当载荷一定、低速滑动时，摩擦是在表面氧化膜之间进行，为氧化磨损，磨损较小；随滑动速度增大，表面出现金属光泽，且变粗糙，为黏着磨损，磨损变大；当温度升高，表面重新生成氧化膜，又转化为氧化磨损，若速度继续增高，再次转化为黏着磨损，磨损剧烈进而导致材料失效。

在磨损过程中，磨屑的形成也是一个变形和断裂的过程，静强度中的基本理论和概念也可用来分析磨损过程，但前几章中所述变形和断裂是指机件整体变形和断裂机制，而磨损是发生在机件表面的过程，两者是有区别的。在整体加载时，塑性变形集中在材料一定体积内，在这些部位产生应力集中并导致裂纹形成，而在表面加载时，塑性变形和断裂发生在表面，由于接触区应力分布比较复杂，沿接触表面上任何一点都有可能参加塑性变形和断裂，反而使应力集中降低。在磨损过程中，塑性变形和断裂是反复进行的，一旦磨屑形成后又开始下一循环，所以过程具有动态特征，这种动态特征标志着表层组织变化也具有动态特征，即经过每次循环的材料总要转变到新的状态，加上磨损本身的一些特点，所以普通力学性能试验所得到的材料力学性能数据不一定能反映材料耐磨性的优劣。

机件正常运行的磨损过程一般分为三个阶段，如图 8-1 所示。

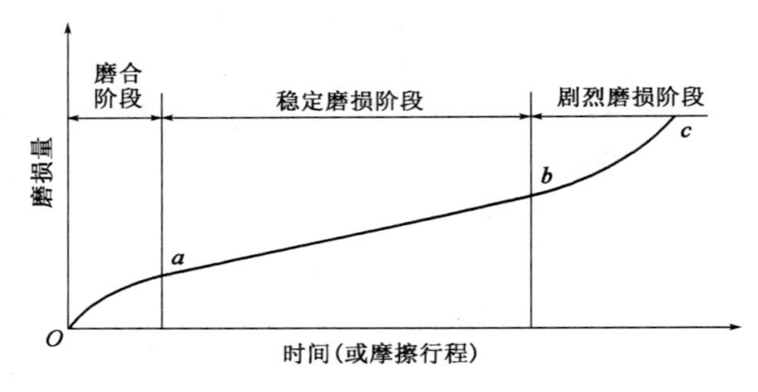

图 8-1　磨损量与时间的关系(磨损曲线)

(1)磨合阶段：图 8-1 中的 Oa 线段表示为磨合阶段，新的摩擦副由于机加工造成的表面粗糙度，使开始时的接触面积较小，磨合阶段使表面磨得平滑，软表面发生塑性流动，真实接触面积逐渐增大，最终达到平衡尺寸，如果两表面都是硬的，则高的凸点被磨去，表面变为平坦，总之，使磨损速率减缓，进入稳定阶段，磨合阶段磨损速率减小还与表面应变硬化及表面形成牢固的氧化膜有关，电子衍射证实，铸铁活塞环和汽缸的磨合表面有氧化层存在。

(2)稳定磨损阶段：图 8-1 中的 ab 线段表示为稳定磨损阶段，这是磨损速率稳定的阶段，线段的斜率就是磨损速率，接触面积增大，金属材料因塑性变形而发生加工硬化及形成表面氧化膜，使表面耐磨性提高，是零件正常运转阶段，大多数机器零件均在此阶段内服役，实验室磨损试验也需要进行到这一阶段，通常根据这一阶段的时间、磨损速率或磨损量来评定不同材料或不同工艺的耐磨性能，在磨合阶段磨合得越好，稳定磨损阶段的磨损速率就越低。

(3)剧烈磨损阶段：图 8-1 中的 bc 段表示为剧烈磨损阶段，随着机器工作时间增加，摩擦副接触表面之间的间隙增大，机件表面质量下降，润滑膜被破坏，引起剧烈震动，磨损剧烈增加，机械效率急降，精度丧失，出现震动和噪声，温升增加，最终将导致零件失效。

上述磨损曲线因工况条件不同可能有很大差异，如摩擦条件恶劣、磨合不良，则在磨合过程中就产生强烈黏着，而使机件无法正常运行，此时只有剧烈磨损阶段；反之，如磨合很好，则稳定磨损期很长，且磨损量也比较小。

2）耐磨性

不同材料的磨损特性通常用耐磨性来表示，耐磨性是材料抵抗磨损的性能，这是一个系统性质，迄今为止，还没有一个统一的意义明确的耐磨性指标，通常是用磨损量来表示材料的耐磨性，磨损量越小，耐磨性越高。磨损量既可用试样摩擦表面法线方向的尺寸减小来表示，也可用试样体积或质量损失来表示。前者称为线磨损，后者称为体积磨损或质量磨损，若测量单位摩擦距离、单位压力下的磨损量等，则称为比磨损量。以失重法为例，磨损量的单位是 $mg/(cm^2 \cdot 1000m)$，它表示在每 1000m 磨损行程上每 cm^2 面积的失重 mg 数，为了与通常概念一致，有时还用磨损量的倒数来表征材料的耐磨性，此外，还广泛使用相对耐磨性的概念，相对耐磨性用下式表示

$$\varepsilon = \frac{\text{标准试样的磨损量}}{\text{被测试样的磨损量}} \tag{8-3}$$

8.2　磨损模型

8.2.1　黏着磨损

1）定义与分类

黏着磨损又称为咬合磨损，即使是宏观表面光滑的摩擦偶件，在微观上仍是高低不平的，当接触时，总是只有局部的接触，此时，即使施加较小的载荷，在真实接触面上的局部应力就足以引起塑性变形，使这部分表面上的氧化膜等被挤破，两个物体的金属面直接接触，两接触面的原子就会因原子的键合作用而产生黏着、冷焊。在随后的继续滑动中，黏着点被剪断并转移到一方金属表面，脱落下来便形成磨屑，造成零件表面材料的损失，这就是黏着磨损，如图 8-2 所示。

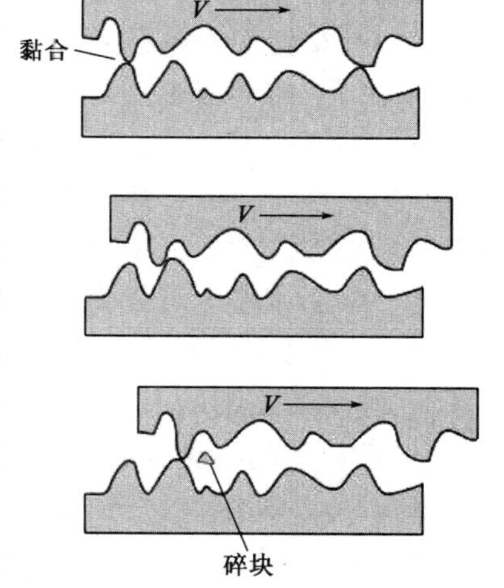

图 8-2　黏着磨损示意图

黏着磨损是在滑动摩擦条件下，当摩擦副相对滑动速度较小（钢小于 1m/s）时发生的，它是因缺乏润滑油，摩擦副表面无氧化膜，且单位法向载荷很大，以致接触应力超过实际接触点处屈服强度而产生的一种磨损，其表面形貌如图 8-2 所示，因为黏着磨损过程中有材料转移，所以摩擦副一方金属表面常黏附一层很薄的转移膜，并伴有化学成分变化，这是判断黏着磨损的重要特征。

刀具、模具、齿轮、凸轮以及各种轴承等许多机件的磨损失效都与黏着磨损有关，活塞环和汽缸套就是典型的易于发

生黏着磨损的摩擦副。

按照黏着结点的强度和破坏位置不同,黏着磨损有不同的形式:

(1)轻微黏着磨损:当黏结点的强度低于摩擦副两材料的强度时,剪切发生在界面上,此时虽然摩擦因数增大,但磨损却很小,材料转移也不显著,通常在金属表面有氧化膜、硫化膜或其他涂层时发生这种黏着磨损。

(2)一般黏着磨损:当黏结点的强度高于摩擦副中较软材料的剪切强度时,破坏将发生在离结合面不远的软材料表层内,因而软材料转移到硬材料表面上,这种磨损的摩擦因数与轻微黏着磨损的差不多,但磨损程度加重。

(3)擦伤磨损:当黏结点的强度高于两对磨材料的强度时,剪切破坏主要发生在软材料的表层内,有时也发生在硬材料表层内,转移硬材料上的黏着物又使软材料表面出现划痕,所以擦伤主要发生在软材料表面。

(4)胶合磨损:如果黏结点的强度比两对磨材料的剪切强度高得多,而且黏结点面积较大时,剪切破坏发生在对磨材料的基体内,此时,两表面出现严重磨损,甚至使摩擦副之间咬死而不能相对滑动。

2)黏着磨损模型

阿查德(Archard)提出黏着磨损模型,即两个名义平滑的表面相遇时,实际在高的微峰上发生接触,由于局部应力集中,在接触后使表面产生塑性流动,接触面积增大,而摩擦副之间的表面间隙小,结果造成更多的微峰接触,通过计算可得出黏着磨损率的表达式,也称为阿查德公式,即

$$V = K\frac{Pl}{3H} \tag{8-4}$$

式中:K——黏着磨损系数;

P——总的载荷;

l——滑动行程;

H——软材料的硬度。

阿查德公式说明,黏着磨损所造成的体积磨损量和载荷及滑动行程成正比,与材料的硬度成反比,与接触面积大小无关。式(8-4)中 K 称为黏着磨损系数,取决于摩擦条件和摩擦副材料,当压力不超过钢的硬度的1/3时,试验证明这一公式所表示的规律是正确的,磨损与载荷成正比,K/H 保持不变,增加载荷、增加滑动距离、提高接触表面温度、增加滑动速度,使润滑条件恶化,都将使黏着磨损加剧,磨损量增大,动力消耗大而使零部件失效;但超过钢的屈服强度时,K 值急剧增大,磨损也急剧增大,结果造成大面积的焊合和咬死,此时整个表面发生塑性变形,接触面积不再与载荷成正比。

3)黏着磨损影响因素

影响黏着磨损的因素主要有如下几点:

脆性材料的抗黏着磨损能力比塑性材料高,塑性材料的黏着破坏发生在距表面一定深度处,磨屑较大,而脆性材料的黏着破坏主要形式是剥落,磨屑深度浅也易脱落。根据强度理论,脆性材料破坏由正应力引起,而塑性材料破坏取决于剪应力,最大正应力作用在表面,最大剪应力却出现在离表面一定深度;材料的塑性越好,加工硬化越强烈,最后剪断的位置距黏着结

合点越远,表现出的黏着磨损越严重。因此,生产上要注意一对摩擦副的配对,不要用淬硬钢与软钢配对,不要用软金属与软金属配对,选用两个高硬度的淬火钢配对,或淬硬钢与灰铸铁配对会取得良好的效果。

金属性质越是相近,其构成摩擦副时黏着磨损也越严重;反之,金属间互溶程度越小,晶体结构不同,原子尺寸差别较大,形成化合物倾向较大的金属,构成摩擦副时黏着磨损就较轻微。滑动轴承就是这样的例子,选用淬火钢轴与锡基或铝基轴瓦配对、金属与高分子材料配对、表面易形成化合物的材料配对、金属与非金属材料配对,都能减小黏着磨损。

采用表面化学热处理改变材料表面状态,可有效减轻黏着磨损,如果沿接触面上产生黏着磨损,可进行渗硫、磷化、氮碳共渗处理或涂覆镍磷合金等,表面化学热处理在金属表面形成一层化合物层或非金属层,既避免摩擦副直接接触,又减小摩擦因数,故可防止黏着。如果黏着磨损发生在较软一方材料机件内部,则采用渗碳、渗氮、碳氮共渗及碳氮硼三元共渗等工艺都有一定效果。

黏着磨损严重时表现为胶合,出现胶合时,原光滑表面粗糙程度剧烈增加,磨痕很深,达0.2mm左右,摩擦表面温度很高,摩擦因数也急剧升高,胶合磨损出现在高速重载和润滑不良的情况下,在齿轮、蜗轮蜗杆、滚动和滑动轴承中都可见到这种失效形式。现对齿轮的胶合研究最多,例如Almen曾对美国通用汽车公司生产的汽车后桥圆锥齿轮的胶合失效情况进行统计,提出防止胶合磨损的经验公式,即

$$p_0 v_s \leqslant C \tag{8-5}$$

式中:p_0——最大接触应力;

v_s——相对滑动速度;

C——试验常数。

这就是说,当接触压应力和滑动速度乘积小于某一数值时,可不发生胶合,因此,为避免胶合,生产上多采用限制表面压力和滑动速度的办法。改善润滑条件,提高表面氧化膜与基体金属的结合能力,以增强氧化膜的稳定性,阻止金属之间直接接触,以及降低表面粗糙度等也都可以减轻黏着磨损。

4)黏着磨损失效举例

内燃机中的活塞环和缸套衬这一运动的摩擦副,如不考虑燃气介质的腐蚀性,主要表现为黏着磨损,通常情况下摩擦表面只有轻微的擦伤,但如灰铸铁的活塞环在运行时由于润滑失效,活塞环局部横向开裂,进而形成很硬的磨粒,造成表面胶合,也称之为拉伤,其后果是活塞环密封作用破坏,出现漏气和功率不足,影响机器的正常运转,当活塞的运动速度增加和缸套衬内孔的镗孔精度和光洁度减小时会加剧胶合的产生。

正常情况下轴在滑动轴承中运转,是一流体润滑情况,轴颈和轴承间被一楔形油膜隔开,这时其摩擦和磨损很小。但当机器启动或停车,换向以及载荷运转不稳定时,或者润滑条件不好,几何结构参数不恰当而不能建立起可靠的油膜时,轴和轴承之间就不可避免地发生局部的直接接触,处于边界摩擦或干摩擦的工作状态,这时轴承就要考虑黏着磨损。而当轴在轴承中正常运转时,虽然没有直接接触的磨损,但油膜不均匀,油膜压力在变化,会引起疲劳磨损,所以严格地说,一对摩擦副不是处于单一的磨损形式之中,有时表现为一种形式的磨损,有时表现为另一种形式磨损。为减小黏着磨损,曲轴轴颈常采用感应加热淬火,使表面硬度达

HRC55 左右，而轴承表面采用锡基或铅基的软合金，它们主要用于负荷不大、速度不高的场合，铅基合金的优点是成本低，但耐蚀性和导热性不如锡基合金，在高速、大功率的发动机上，轴瓦材料通常由两层或三层构成，衬里为厚度 0.03mm 的铅锡合金，中间层为 0.5mm 较硬的铝锡或铜铅合金，最后才是钢背，轴承的承载能力由钢背决定，而软金属承受剪切应力，起减摩作用，要是软的铅锡合金衬里被磨去，中间层还可用作轴承软金属，不会损伤轴颈。

8.2.2 磨料磨损

1）定义与分类

磨料磨损又称为磨粒磨损，是当摩擦副一方表面存在坚硬的细微突起，或者在接触面之间存在着硬质粒子时所产生的一种磨损，前者又可称为两体磨料磨损，如锉削过程，后者又可称为三体磨料磨损，如抛光。两种不同情况的磨料磨损如图 8-3 所示，硬质粒子可以是由磨损产生而脱落在摩擦副表面间的金属磨屑，也可以是自表面脱落下来的氧化物或其他沙尘、灰尘等。

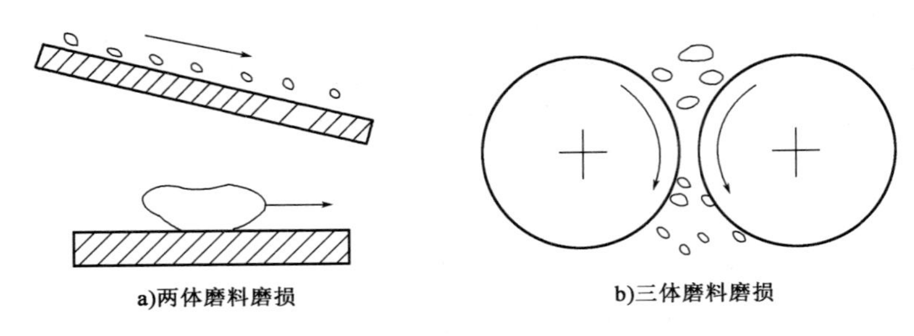

图 8-3　两体和三体磨料磨损

磨料磨损的分类方法很多，常见的有以下几种。

（1）按接触条件分类。

两体磨料磨损：磨料与一个零件表面接触，磨料、零件表面各为一物体，如犁铧。

三体磨料磨损：磨料介于两零件表面之间，磨料为一物体，两零件为两物体，磨料可以在两表面间滑动，也可以滚动，如滑动轴承、活塞与汽缸、齿轮间落入磨料。

（2）按力的作用特点分类。

低应力划伤式磨料磨损：磨料作用于表面的应力不超过磨料的压碎强度，材料表面为轻微划伤，如犁铧。

高应力碾碎式磨料磨损：磨料与零件表面接触处的最大压应力大于磨料的压碎强度，磨料不断被碾碎，如球磨机衬板与磨球。

凿削式磨料磨损：磨料对材料表面有高应力冲击式的运动，从材料表面上凿下较大颗粒的磨屑，如挖掘机斗齿、破碎机锤头。

（3）按相对硬度分类。

软磨料磨损：材料硬度与磨料硬度之比大于 0.8。

硬磨料磨损：材料硬度与磨料硬度之比小于 0.8。

（4）按工作环境分类。

普通型磨料磨损：一般正常条件下的磨料磨损。

腐蚀磨料磨损：在腐蚀介质中的磨料磨损，腐蚀加速了磨损的速度，如在含硫介质中工作的煤矿机械等。

高温磨料磨损：在高温下的磨料磨损，高温和氧化加速了磨损，如燃烧炉中的炉箅、沸腾炉中的管壁等。

在工业领域中，磨料磨损是最重要的一种磨损类型，约占50%。对冶金、电力、建材、煤炭和农机五个行业所进行的不完全统计，我国每年因磨料磨损所消耗的钢材达百万吨以上，磨料磨损的主要特征是摩擦面上有明显犁皱形成的沟槽，如图8-4所示。

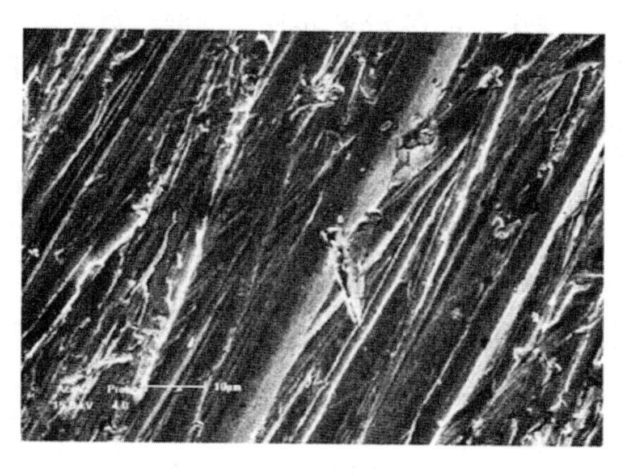

图8-4　磨料磨损表面SEM形貌

2）磨料磨损微观机制

磨料磨损失效的微观机制有如下几类：

（1）微观切削机制。

磨料颗粒作用在材料表面，颗粒上所承受的载荷分为切向分力和法向分力，在法向分力作用下，磨料刺入材料表面，在切向分力的作用下，磨料沿平面向前滑动，带有锐利棱角的磨料对材料表面进行切削，材料就像被车刀车削一样从磨料前方被去除，而形成切屑，并在磨损表面留下明显的切痕，特别是在固定的磨料磨损和凿削式磨损中，这是材料表面磨损的主要机理。但这种直接因切削作用而造成材料脱落成磨屑在很多情况下并不多见，如果磨料棱角不锐利，或磨料和被磨材料表面之间的夹角太小，或表面材料塑性很好时，往往磨料在表面滑过后，只犁出一条沟来，把材料推向前方或两旁，而不能切削出切屑，特别是松散的磨料，大概有90%磨料发生滚动接触，只能压出压痕来，而形成犁沟的概率只有10%。

（2）微观变形机制。

在磨料磨损中，当磨料滑过表面时，除了切削外，大部分把材料推向两边或前缘，这些材料受到很大的塑性变形，却没有脱离母体。有时，当压力很小或磨料不硬时，甚至不产生切屑，这种情况就称为犁皱。无论是形成犁皱或犁沟，被推向两旁的材料及沟槽中的材料当受到随后的磨料作用时，可能把堆积起的材料重新压平，如此反复塑性变形，导致材料的加工硬化，直到应力超过材料的强度极限后形成扁平状磨屑脱落。此类磨损多发生在球磨机的磨球和衬板、颚式破碎机及锥式破碎机的齿板和破碎壁表面。

（3）微观断裂机制。

硬而脆的材料遇到磨料磨损时，由于磨料不易刺入材料使材料发生塑性变形，更不易被切削，材料表面因受到磨料的压入而形成裂纹，这时材料常常是以脆性断裂、微观剥落的机制发生迁移，当裂纹互相交叉或扩展到表面上就剥落出磨屑，断裂机制造成的材料损失率最大。

综上所述，磨料磨损过程可能是磨料对摩擦表面产生的切削作用、塑性变形和脆性断裂的结果，还可能是它们综合作用的反映；而以某一机制为主，当工作条件发生变化时，磨损机制也随之变化。

3）磨料磨损简化模型

在许多著作中都采用拉宾诺维奇在1966年提出的磨料磨损简化模型，如图8-5所示，并导出定量计算公式，该模型假定单颗圆锥形磨料在接触压力 P 作用下，压入较软的材料中，压入深度为 x 圆锥面与软材料平面间夹角为 θ，并在切向力的作用下滑动了 l 长的距离，犁出了一条沟槽。

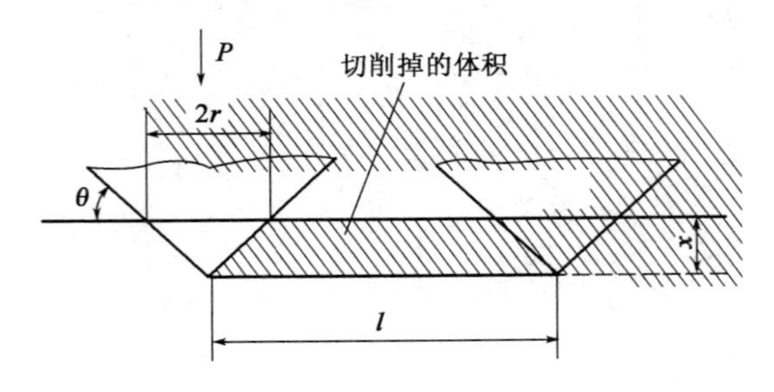

图8-5　磨料磨损的简化模型

若从沟槽中排出的材料全部成为磨屑，则磨损掉的材料体积为

$$V = \frac{1}{2} \cdot 2r \cdot x \cdot l = r \cdot x \cdot l = r^2 \cdot l \cdot \tan\theta \tag{8-6}$$

若软材料的努氏硬度HK等于载荷与压痕投影面积之比，即

$$\mathrm{HK} = \frac{P}{\pi r^2} \tag{8-7}$$

则

$$V = \frac{Pl\tan\theta}{\pi \mathrm{HK}} \tag{8-8}$$

当用维氏硬度表示时

$$V = K\frac{Pl\tan\theta}{\mathrm{HV}} \tag{8-9}$$

式中：K——系数。

可见，磨损掉的体积与接触压力、滑动距离成正比，与材料的硬度成反比，同时与磨粒的形状有关。

此模型是以两体磨料磨损中只存在微观切削机制时的理想化模型，实际磨料磨损过程中，磨损机制复杂得多，系数 K 应考虑到这些因素的影响。

图8-5所示是理想化的磨粒磨损模型，实际上，由于磨料的棱面相对摩擦表面的取向不同，只有一部分磨料才能切削表面产生磨屑，大部分磨料嵌入较软材料中，并使之产生塑性变形，即使是脆性材料也会产生少量塑性变形，造成擦伤或形成沟槽，而形成的沟槽并不包含直

接去除摩擦副表面的材料。堆积在沟槽两侧的材料，在摩擦副随后相对运动过程中只有一部分能形成磨屑。此外，实际的磨料的形状并不一定是圆锥形的，因此，式(8-9)中的系数 K 的取值应该考虑到这些因素的影响。

4)磨料磨损影响因素

(1)硬度。

磨料硬度 H_a 与被磨材料硬度 H 之间的相对值会影响磨料磨损的特性，如图 8-6 所示。当 $H_a<(0.7-1)H$ 时，将不会产生磨料磨损或产生轻微磨损；当 $H_a>H$ 以后，磨损量随 H_a 值的增大而增大，呈线性关系；若 H_a 增大时，将产生严重磨损，但磨损量不再随 H_a 的增大而变化。

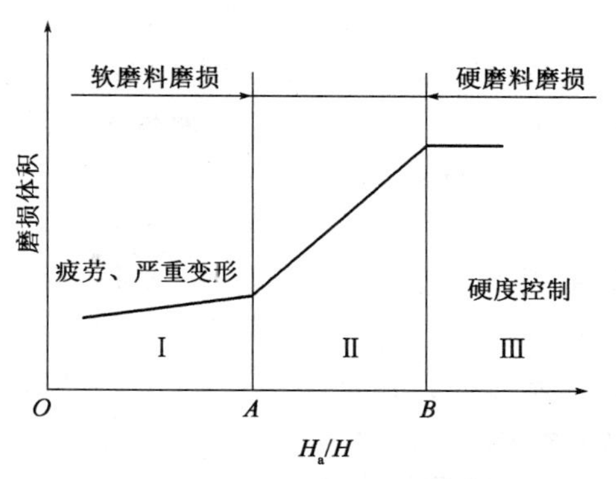

图 8-6 磨损体积与硬度比(磨料硬度与材料硬度比)的关系

图 8-7 所示是赫罗绍夫等对金属的相对耐磨性的研究结果。

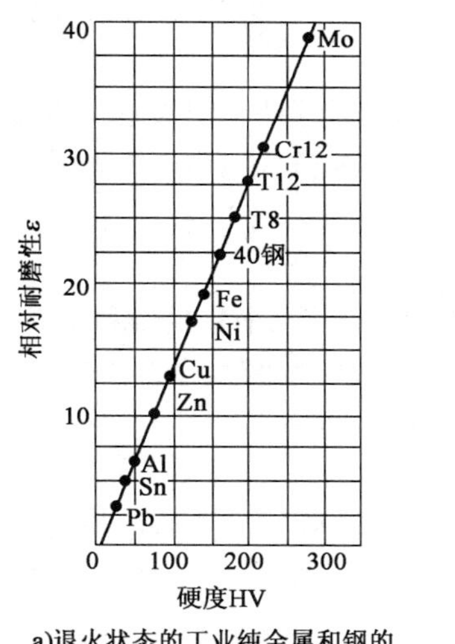

a)退火状态的工业纯金属和钢的硬度与相对耐磨性的关系

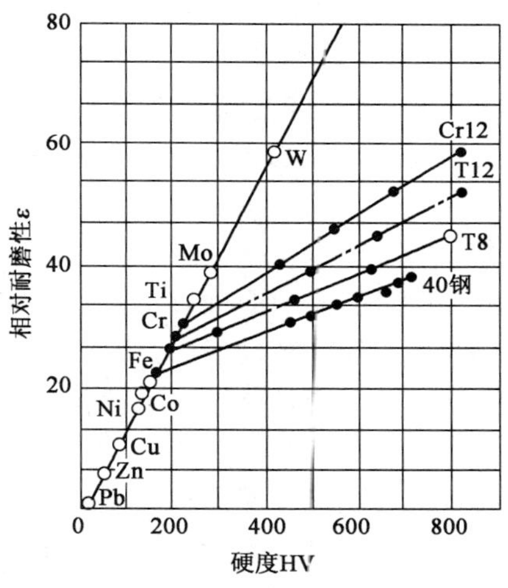

b)经热处理所获得的不同硬度和相对耐磨性的关系

图 8-7 磨料磨损相对耐磨性与材料硬度的关系

图 8-7a)可以说明，纯金属及未经热处理的钢，其相对耐磨性与该材料的硬度成正比；图 8-7b)表明，经热处理的钢，其相对耐磨性随热处理硬度的增大而线性增大，但比未经热处理的钢要增大得慢一些，从图 8-7b)还可发现，钢的含碳量及碳化物生成元素，如锰、铬、钼的含量越高，其相对耐磨性越大，碳化物这种第二相对耐磨性的影响，与其对磨料的硬度比有关：若碳化物比磨料软，材料的耐磨性随碳化物硬度的提高而提高；当磨料比碳化物软时，则耐磨性随碳化物尺寸增加而提高。碳化物体积分数大和碳化物与基体之间界面能低都有利于提高材料的耐磨性。

奥勃尔试验表明，材料硬度增大时其磨损减轻，而材料弹性模量减小时其磨损也减轻。他认为，这是因为弹性模量减小时，摩擦副对偶表面的贴合情况有所改善而使接触应力降低，同时当表面间有磨粒时会因弹性变形而允许其通过，因此可减轻磨损。如用于船舶螺旋桨中的水润滑橡胶轴承,在含泥砂的水中工作时,比弹性模量较大的材料(如青铜)制成的轴承具有更高的抗磨粒磨损能力。通常可用材料硬度与弹性模量的比值 H/E 的大小来估计其相对耐磨性的高低,即材料的 H/E 值越大,其相对耐磨性也越高。

(2)磨料尺寸。

试验表明,一般金属的磨损率随磨料平均尺寸的增大而增大,但磨料到一定临界尺寸后,其磨损率不再增,磨料的临界尺寸随金属材料的性能不同而异,同时它还与工作元件的结构和精度等有关。有人试验得出,柴油机液压泵柱塞摩擦副在磨料尺寸为 3 ~ 6μm 时,磨损最大,而活塞对缸套的磨损是在磨料尺寸 20μm 左右时最大。因此,当采用过滤装置来防止杂质侵入摩擦副对偶表面间以提高相对耐磨性时,应考虑最佳效果。

(3)载荷和滑动距离。

试验表明,磨损量与表面平均压力成正比,但有一转折点,当表面平均压力达到并超过临界压力 P_c 时,线磨损量随表面平均压力的增加变化缓慢,对于不同材料,其转折点也不同。此外,载荷越高,滑动距离越长,磨损就越严重,在一般情况下都呈线性关系,若为脆性材料,因存在一临界压入深度,超过此深度后,则裂纹容易形成与扩展,使磨损量增大,此时,载荷与磨损量就不一定呈线性关系。

滑动速度在 0.1m/s 以下时,随滑速的增加磨损率略有降低,当滑速为 0.1 ~ 0.5m/s 时,滑速的影响很小;当滑速大于 0.5m/s 时,随滑速增大,磨损先略有增加,达到一定值后,其影响又减小。

(4)材料组织。

材料的显微组织不同,对耐磨性有不同的影响,以钢为例,钢中的显微组织对材料抗磨料磨损能力也有影响,马氏体耐磨性最好,铁素体因硬度太低,耐磨性最差。

球墨铸铁的试验证明,因基体组织不同,其耐磨性也不同:基体为马氏体与回火马氏体者,其耐磨性最好。

在相同硬度下,下贝氏体比回火马氏体具有更高的耐磨性,贝氏体中保留一定数量残留奥氏体对于提高耐磨性是有利的,因为经加工硬化或残留奥氏体转变为马氏体后,基体硬度比完全为贝氏体组织者高。

钢中碳化物也是影响耐磨性的重要因素之一,在软基体中碳化物数量增加,弥散度增加,耐磨性也提高。但在硬基体(基体硬度与碳化物硬度相近)中,碳化物反而损害材料的耐磨性,因为此时碳化物如同内缺口一样,极易使裂纹扩展,致使表面材料通过切削过程而被除去,如马氏体中分布的 M_3C 型碳化物。

除了上述提到的因素以外,加工硬化、断裂韧性和抗拉强度等对磨料磨损均有影响,这里不一一赘述。

8.2.3 冲蚀磨损

1)定义及分类

冲蚀磨损又称为侵蚀磨损,它是指流体或固体以松散的小颗粒按一定的速度和角度对材料表面进行冲击所造成的磨损;松散粒子尺寸一般小于 100μm,冲击速度在 550m/s 以内,超过这个范围出现的破坏通常称为外来物损伤,不属于冲蚀磨损讨论内容。

冲蚀磨损已经成为许多工业部门中材料破坏的原因之一。如空气中的尘埃和砂粒如果进入到直列式发动机内,可降低其寿命 90%,火力发电厂粉煤锅炉燃烧的尾气对换热管路的冲蚀而造成破坏大约占管路破坏的 1/3,其最低寿命只有 16000h,以上是气流携带固体粒子冲击固体表面产生冲蚀的例子。而液体介质携带固体粒子冲击材料表面造成的冲蚀现象也很多,如水轮机叶片在多泥砂河流中受到的冲蚀,建筑行业、石油勘探、煤矿开采和冶金选矿厂中使用的泥浆泵和杂质泵的过流部件都会受到严重冲蚀。因此,根据颗粒及其携带介质的不同,冲蚀磨损可以分为气固冲蚀磨损、流体冲蚀磨损、液滴冲蚀磨损和气蚀磨损等,见表 8-1。

冲蚀磨损的分类　　表 8-1

冲蚀类型	介　质	第二相	破坏实例
气固冲蚀磨损	气体	固体粒子	燃气轮机、锅炉管道
液滴冲蚀磨损	气体	液滴(雨滴、水滴)	高速飞行器、汽轮机叶片
流体冲蚀磨损	液体	固体粒子	水轮机叶片、泥浆泵轮
气蚀磨损	液体	气泡	水轮机叶片、高压阀门密封面

2)冲蚀机理

固体粒子以一定速度冲击材料表面造成冲蚀,它的实质是携带固体粒子的介质可以是高速气流,也可以是液流,在冲蚀磨损过程中,表面材料流失主要是机械力引起的,在高速粒子不断冲击下,塑性材料表面逐渐出现短程沟槽和鱼鳞状小凹坑、冲蚀坑,且变形层有微小裂纹。图 8-8 为三种典型冲蚀坑示意图,图 8-8a)为球形粒子犁削材料表面形成的冲蚀坑,可见材料表面被冲蚀产生的变形;图 8-8b)、c)为立方体粒子冲击材料表面通过切削方式形成的冲蚀坑,切削型冲蚀坑有较大的唇片隆起,这部分材料在随后的冲击时极易脱落,形成磨屑。

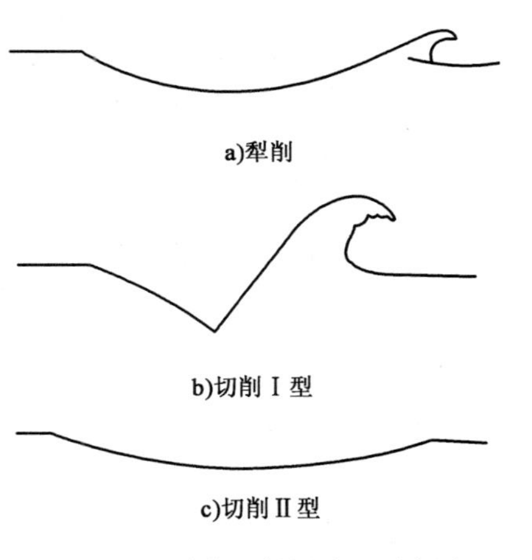

图 8-8　三种典型冲蚀坑侧面示意图

芬尼(Finie)认为,塑性材料如铝、低碳钢、表面受粒子冲击形成冲蚀坑并导致材料流失是短程微切削作用所致,他在几个假定的条件下给出下列估算冲蚀磨损量的公式。

当冲击角为 $0 < \alpha < \alpha_0$ 时

$$V = \frac{Mv_0}{2}\frac{1}{\sigma_S}\left(\frac{\sin 2\alpha - 3\sin^2\alpha}{2}\right) \tag{8-10}$$

当冲击角为 $\alpha_0 < \alpha < 90°$时

$$V = \frac{Mv_0}{2}\frac{1}{\sigma_S}\left(\frac{\cos^2\alpha}{6}\right) \tag{8-11}$$

式中:V——冲蚀磨损体积;

M——冲蚀粒子的总质量;

v_0——粒子入射初速度;

σ_S——材料屈服强度；

α——冲击角；

α_0——临界冲击角，等于18.43°。

由式(8-10)和式(8-11)可见，冲击角对冲蚀磨损量有重要影响，冲击角小于18.43°时，冲蚀磨损体积随冲击角增加明显增大，冲击角大于18.43°时，冲蚀磨损体积随冲击角增加逐渐降低。

实际上，塑性材料表面冲蚀坑是在短程微切削和塑性变形作用下形成的，在粒子反复冲击、材料反复塑性变形下形成磨屑，材料流失。

脆性材料(如陶瓷、玻璃)，冲蚀磨损是裂纹形成与快速扩展的过程，当用锐角粒子冲击脆性材料表面时，发现有两种形状的裂纹，一种是垂直于表面的初生径向裂纹，另一种是平行于表面的横向裂纹，如图8-9所示。在粒子冲击下，径向裂纹形成及其扩展降低材料强度，横向裂纹形成并扩展到表面，材料脱落变为磨屑而流失。

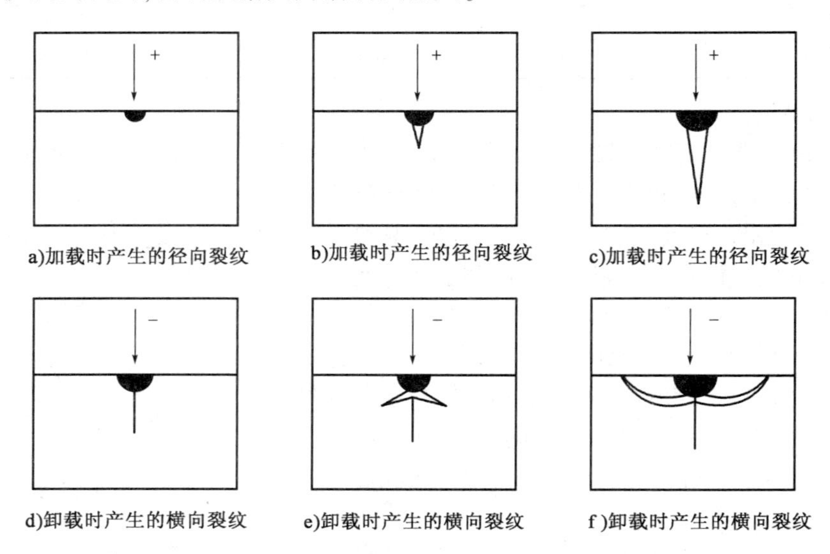

图8-9　锐角粒子冲击裂纹扩展示意图

注：+为加载；–为卸载。

3)冲蚀磨损的主要影响因素

(1)磨粒的影响。

磨粒的粒度对冲蚀磨损有明显影响，粒子尺寸为20～200μm，材料冲蚀率随粒子尺寸增大而上升，但粒子尺寸增大到某一临界值时，材料冲蚀率几乎不变或变化很缓慢，称为冲蚀的“尺寸效应”。

磨粒的形状也有很大影响，尖角形粒子与圆形粒子比较，在相同条件下，如45°冲击角时，尖角形粒子比圆形粒子造成的磨损大近4倍，甚至低硬度的尖角形粒子比高硬度的圆形粒子产生的磨损还要大。

磨粒硬度的影响更为突出。比如试验用磨粒尺寸为125～150μm，磨粒冲击速度为130m/s，材料各含11% Cr的钢，试验获得冲蚀磨损量与磨粒硬度之间关系为

$$\varepsilon = K \cdot H^{2.3} \tag{8-12}$$

在双对数坐标图上显示，材料冲蚀率随粒子硬度成线性增加。

(2)速度的影响。

粒子速度对材料冲蚀率的影响，主要是因为冲蚀磨损量与粒子动能有重要关系，将许多材料冲蚀磨损试验结果整理，得

$$\varepsilon = k \cdot v^n \tag{8-13}$$

式中：ε——冲蚀率；

k——常数；

v——粒子速度；

n——速度指数，通常为 2～3，对塑性材料取 2.3～2.4，对脆性材料取 2.2～6.5。

粒子速度对冲蚀磨损的影响通常都是在高速范围 60～400m/s，因为这时造成的冲蚀明显、易测，能在短时间获得试验数据。当速度小于 60m/s，一般不发生严重冲蚀磨损，如气流输送管道中，粒子速度一般为 25m/s 左右，冲蚀破坏很轻，若粒子速度继续降低，则可能出现产生冲蚀磨损的速度下限，即所谓门槛速度值，低于此速度值的粒子与材料表面之间只有单纯的弹性碰撞而观察不到破坏。例如，用直径 0.3mm 的球形铸铁丸冲击玻璃，门槛速度为 9.9m/s，而用直径 0.3mm 的石英砂冲击 $w_{Cr} = 11\%$ 的钢，门槛速度只有 2.7m/s。

(3)冲击角的影响。

冲击角(攻角或入射角)是指磨粒入射轨迹与材料表面的夹角。冲击角是影响材料冲蚀磨损量的重要因素，试验材料的冲蚀率与冲击角变化有关，而且与靶材也有很大关系，对塑性材料的冲蚀磨损开始时随冲击角的增大而增加，在 20°～30°时达到最大值，继续增大冲击角时，磨损反而减少，比如铜、铝合金等典型塑性材料最大冲蚀率出现在 30°，而陶瓷、玻璃等典型脆性材料最大冲蚀率出现在冲击角为 90°附近，一般工程材料最大冲蚀率介于脆性材料和塑性材料之间。

(4)冲击时间的影响。

冲蚀磨损与其他磨损具有不同的特点，冲蚀磨损存在一个较长的潜伏期或孕育期，即磨粒冲击靶面后先是使表面粗糙，产生加工硬化而不使材料产生流失，经过一段时间的损伤积累后才逐步产生冲蚀磨损。

材料性能对冲蚀磨损的影响比较复杂，提高塑性材料的屈服强度(或硬度)，对增加材料冲蚀磨损抗力有利，但对脆性材料，断裂韧度的影响比硬度大，提高断裂韧度，冲蚀磨损体积降低。

材料冲蚀磨损是一个复杂过程，实际冲蚀磨损发生时往往是多个因素共同作用的综合结果。

8.2.4　腐蚀磨损

两摩擦表面与周围介质发生化学或电化学反应，在表面上形成的腐蚀产物黏附不牢，在摩擦过程中被剥落下来，而新的表面又继续和介质发生反应，这种腐蚀和磨损的重复过程称为腐蚀磨损。腐蚀磨损因常与摩擦面之间的机械磨损(黏着磨损或磨料磨损)共存，故又称为腐蚀机械磨损。

按腐蚀介质的性质，腐蚀磨损可分为两类，即化学腐蚀磨损和电化学腐蚀磨损。

(1)化学腐蚀磨损:金属材料在气体介质或非电解质溶液中的磨损。

(2)电化学腐蚀磨损:金属材料在导电性电解质溶液中的磨损。

在化学腐蚀磨损中最主要的一种磨损就是氧化磨损。典型的腐蚀磨损主要有各类机械中普遍存在的氧化磨损,以及在化工机械中因特殊腐蚀气氛而产生的特殊介质腐蚀磨损两类。特殊介质腐蚀磨损在一般机械中比较少见,故不介绍。

任何存在于大气中的机件表面总有一层氧的吸附层,当摩擦副做相对运动时,由于表面凹凸不平,在凸起部位单位压力很大,导致产生塑性变形,塑性变形加速了氧向金属内部扩散,从而形成氧化膜。由于形成的氧化膜强度低,在摩擦副继续做相对运动时,氧化膜被摩擦副一方的凸起所磨去,裸露出新表面,从而又发生氧化,随后再被磨去,如此,氧化膜形成又除去,机件表面逐渐被磨损,这就是氧化磨损过程。氧化磨损的磨损速率最小,其值仅为0.1～0.5μm/h,属于正常类型的磨损。

氧化磨损的宏观特征是在摩擦面上沿滑动方向呈匀细磨痕,对钢铁件而言,其磨损产物或为红褐色的 Fe_2O_3,或为灰黑色 Fe_3O_4,也有 Fe 和 FeO。

氧化磨损速率主要取决于氧化膜的脆性程度和膜与基体的结合能力。致密而非脆性的氧化膜能显著提高磨损抗力,如生产中采用的发蓝、磷化、蒸汽处理、渗硫等,对于减低磨损速率都有良好效果。氧化膜与基体的结合能力主要取决于它们之间的硬度差,硬度差越小,结合力越强,提高基体表层的硬度,可以增加表层塑性变形抗力,从而减轻氧化磨损;另外,摩擦学参数,如接触压力、滑动速度、滑动距离、温度等也影响氧化磨损的磨损量。

奎因(T. F. J. Quinn)的研究指出,氧化磨损体积与接触压力、滑动距离、摩擦表面凸起相遇的距离成正比,而与氧化膜的临界厚度、氧化膜的密度、滑动速度、摩擦副的屈服强度(或硬度)以及滑动界面上的热力学温度成反比,由于这些因素有些是不确定的,因此氧化磨损定量估算比较困难。

氧化磨损不一定是有害的,如果氧化磨损先于其他类型磨损如黏着磨损发生和发展,则氧化磨损是有利的。若空气中含有少量的水汽,化学反应产物便由氧化物变为氢氧化物,使腐蚀加速;若空气中有少量的二氧化硫或二氧化碳,则腐蚀更快。

8.2.5 微动磨损

在机械设备中,常常由于机械振动引起一些紧密配合的零件接触表面间产生很小振幅的相对振动,其振幅约为 1.0×10^{-2}μm 数量级,由此而产生的磨损称为微动磨损(图8-10)。对于钢铁件,其特征是摩擦副接触区有大量红色 Fe_2O_3 磨损粉末,如果是铝件,则磨损产物为黑色的。产生微动磨损时在摩擦面上还常常见到因接触疲劳破坏而形成的麻点或蚀坑。

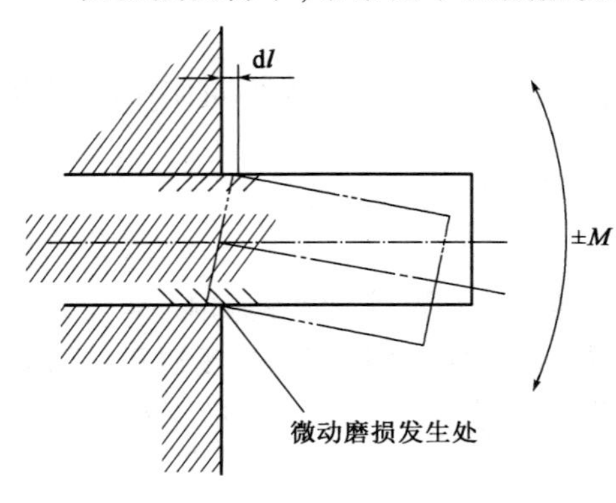

图8-10　微动磨损

微动磨损是一种复合磨损,兼有黏着磨损、氧化磨损和磨料磨损的作用,其过程有三个阶段。在第一阶段产生凸起塑性变形,并由此形成表面裂纹和扩展,或去除表面污物形成黏着和黏着点断裂;第二阶段是通过疲劳破坏或黏着点断裂形成磨屑，磨屑形成后随即被氧化；第三阶段是磨料磨损阶段，磨料磨损又反过来加速第一阶段。如此循环就构成了微动磨损。

在连续振动时，磨屑对于摩擦副表面产生交变接触压应力，在微动磨痕坑底部还可能萌生疲劳裂纹，在微动切向应力和交变疲劳应力的影响下，疲劳裂纹往往与表面呈45°倾斜扩展，发展到一定深度后，微动切向应力的影响可忽略，裂纹的扩展方向便转向垂直于疲劳应力方向，直至发生断裂。

在工程上，机械系统或机械部件，如搭接接头、键、推入配合的传动轮、金属静密封、发动机固定件及离合器（片式摩擦离合器内外摩擦片的结合面等），常产生微动磨损。在实验室进行疲劳试验时，有时在试样夹头处出现许多红色氧化物粉末，最后试样不在工作长度内而在夹头处产生疲劳断裂，这就是以微动磨损蚀坑为疲劳源的裂纹快速扩展结果。

影响微动磨损的主要因素有载荷、振幅、环境因素、材料性能及润滑剂等。

振幅不变时，平面的钢试样微动磨损量，随着法向载荷的增加而增加，继续增加载荷，则磨损量下降，以至于微动磨损完全消除。

微动磨损存在临界振幅，在临界振幅以上，磨损量随振幅增加而增加，在临界振幅以下，不会发生磨损，但临界振幅值随材料、载荷及实验装置的不同而不同，一般为20 ~ 100μm。

在空气中，微动磨损量随温度的升高而下降，在氩气中，室温下磨损量减少，但温度超过200℃时，磨损明显增加。此外微动磨损对大气的湿度很敏感，当大气湿度增加时，表面的磨损将减轻。

一般来说，金属材料摩擦副的抗微动磨损能力与抗黏着磨损能力相似，提高硬度和选择适当的配对材料都可以减小微动磨损，采用聚四氟乙烯涂层、表面硫化、磷化处理等，都能降低微动磨损。润滑剂能减少黏着力，也可减少微动磨损。

8.3　摩擦磨损性能测试方法

8.3.1　磨损试验的类型

磨损试验方法分为实物试验与实验室试验两类。实物试验具有与实际情况一致或接近一致的特点，因此，试验结果的可靠性高，但这种试验所需时间长，且受外界因素的影响而难以掌握和分析。实验室试验虽然具有试验时间短、成本低、易于控制各种因素的影响等优点，但试验结果常不能直接表明实际情况，因此，研究重要机件的耐磨性时，往往兼用这两种方法。

（1）实物试验：以实际零件在使用条件下进行磨损试验，所得到的数据真实性和可靠性较好，但试验周期长、费用较高，并且由于试验结果受多因素的综合影响，不易进行单因素考察。

（2）实验室试验：在实验室条件下和模拟使用条件下的磨损试验，周期短，费用低，影响试验的因素容易控制和选择，试验数据的重现性、可比性和规律性强，易于比较分析。实验室试验又可分为试样试验和台架试验。

①试样试验：试样试验将所需研究的摩擦件制成试样，在专用的摩擦磨损试验机上进行试验，广泛用于研究不同材料摩擦副的摩擦磨损过程，磨损机理及其控制因素的规律，以及耐磨

材料、工艺和润滑剂选择等方面,但必须注意试样与实物的差别、试验条件和工况条件的模拟性,否则试验数据的应用性较差。

②台架试验:台架试验是在相应的专门台架试验机上进行的。它在试样试验基础上,优选能基本满足摩擦磨损性能要求的材料,制成与实际结构尺寸相同或相似的摩擦件,模拟实际使用条件。这种试验较接近实际使用条件,可缩短试验周期,并可严格控制试验条件,以改善数据的分散性,增加可靠性。

8.3.2 试样试验常用的磨损试验机

磨损试样的形状有圆柱形、圆盘形、环形、球形、平面块状等,接触形式有点接触、线接触和面接触三种,运动形式有滑动、滚动、滚动+滑动、往复运动、冲击等。不同接触形式与不同运动形式的组合,可形成多种磨损试验方式。典型的实验室试验所用磨损试验机的试验原理如图 8-11 所示。

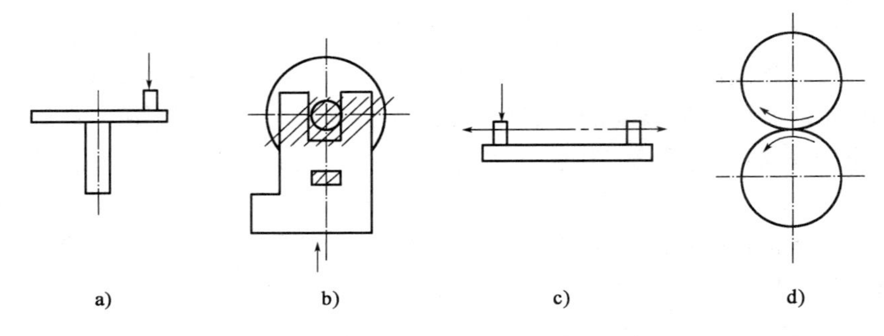

图 8-11 摩擦磨损试验原理图

图 8-11a)所示为销盘型试验机,国产型号为 ML-10,它是将试样加上试验力紧压在旋转圆盘上,试样可在半径方向往复运动,也可以是静止的,这类试验机可用来评定各种摩擦副及润滑材料的低温与高温摩擦和磨损性能,既可用作磨料磨损试验,也能用于黏着磨损规律的研究。图 8-11b)所示为环块型磨损试验机,国产型号为 MHK-500,这种试验机可以测定各种金属材料及非金属材料、尼龙、塑料等在滑动状态下的耐磨性能。环形试样(其材料一般是不变的)安装在主轴上,顺时针转动;块形试样安装在夹具上。通常试验后测量环形试样的失重和块形试样的磨痕宽度,分别计算体积磨损,以评定试验材料的耐磨性。图 8-11c)所示为往复运动型试验机,国产型号为 MS-3,试样在静止平面上做往复运动,可评定往复运动机件如导轨、缸套与活塞环等摩擦副的耐磨性,评定选用材料及工艺与润滑材料的摩擦及磨损性能等。图 8-11d)所示为滚子型磨损试验机,国产型号为 MM-200,该种试验机主要用来测定金属材料在滑动摩擦、滚动摩擦、滚动和滑动复合摩擦及间隙摩擦情况下的磨损量,用来比较各种材料的耐磨性能,在试验时所用试样有圆环形和碟形两种,当进行滚动、滚动与滑动复合摩擦磨损试验时,上、下试样均用圆环形试样,在进行滑动摩擦磨损试验时,上试样可为碟形试样,下试样为圆环形试样。

磨损试验时,应按摩擦副运动方式(往复、旋转)及摩擦方式(滚动或滑动)来确定试验方法及所用试样形状和尺寸,并应使速度、试验力和温度等因素尽可能接近实际服役条件。

试样加工应保证相同的精度及表面粗糙度,有色金属试样应尽量避免磨削及研磨,以防磨粒嵌入摩擦表面。

磨损试验结果分散性很大,所以试验试样数量要足够,一般试验需要4~5对摩擦副,数据分散度大时还应酌情增加。处理试验结果时,一般情况下取试验数据的平均值,分散度大时需用方均根值来处理。

必须指出,同一材料当用不同方法进行磨损试验时,结果往往不同,这种差别不仅表现在绝对值上,有时在相对关系上也不相同,甚至是颠倒的。因此,在引用文献资料以及比较试验结果时,应特别慎重。

8.3.3 材料耐磨性能的评定方法

评定材料耐磨性的指标有磨损量和相对耐磨性,耐磨性在前面已经提及,这里主要介绍一下磨损量的表示方法和测定方法。

磨损量可以用质量损失、体积损失或者尺寸损失来表示,比较常用的磨损量的表示方法有以下几种:

(1)线磨损量 U(mm 或 μm):或磨损表面法线方向的尺寸变化值。

(2)质量(重量)磨损量 W(g 或 mg):磨损试样的质量(重量)损失。

(3)体积磨损量 V(mm^3 或 μm^3):磨损试样的体积损失。

以上几种磨损量都是绝对值表示法,没有考虑磨程等因素的影响,目前应用较广泛的计算磨损的方法是磨损率,即单位磨程的磨损量(mg/m),单位时间的磨损量(mg/s),单位转数的磨损量(mg/r)。

磨损量的测定方法主要有失重法、尺寸变化法、形貌测定法、刻痕法等。

失重法通常用分析天平称量试样在试验前后的质量变化来确定磨损量,测量精度为0.1mg。称量前需对试样进行清洗和干燥,可将质量损失换算为体积损失来评定磨损结果,此方法简单常用。

尺寸变化法:采用测微卡尺或螺旋测微仪,测定零件某个部位磨损尺寸(长度、厚度和直径)的变化量来确定磨损量。

形貌测定法:利用触针式表面形貌测量仪可以测出磨损前后表面粗糙度的变化,主要用于测定磨损量非常小的超硬材料磨损或轻微磨损情况。

刻痕法:采用专门的金刚石压头在经受磨损的零件或试样表面上预先刻上压痕,测量磨损前后刻痕尺寸的变化来确定磨损量,并能测定不同部位磨损的分布。

以上方法的共同缺点是测量时必须将试样或零件拆下,不能方便地测定磨损量随时间的变化,而放射性同位素测定法和铁谱方法可用于磨损过程中磨屑的分析,用来定性和定量评定磨损率。

放射性同位素测定法:将摩擦表面经放射性同位素活化,定期测量落入润滑油中的磨屑的放射性强度,可换算出磨损量随时间的变化,该法灵敏度高,但具有放射性的样品的制备和试验时的防护很麻烦。

铁谱方法:利用高梯度磁场将润滑油中的磁性磨屑分离出来进行分析,可用来对机器运转状态进行监控。目前,国内已研制成功 FTP-1 型铁谱仪,并已成功用于对内燃机传动系统的磨损状态监控。

8.4 摩擦磨损的控制

研究摩擦磨损的最终目的在于控制摩擦、降低磨损,提高机械零件的耐磨性及耐久性。根据摩擦磨损理论,一般可通过在摩擦副间施加润滑剂、合理选择摩擦副材料及对摩擦副表面进行强化、改性等三种思路来控制机械零件的摩擦磨损。针对特定的磨损形式,提高耐磨性的方法也有所不同。本节从材料的磨损机制出发,主要介绍提高抗黏着磨损与磨料磨损耐磨性的途径。

8.4.1 减轻黏着磨损的主要措施

合理选择摩擦副材料,尽量选择互溶性少、黏着倾向小的材料配对,如非同种或晶格类型,电子密度、电化学性质相差甚远的多相或化合物材料,以及强度高不易塑变的材料。

避免或阻止两摩擦副间直接接触,增强氧化膜的稳定性,提高氧化膜与基体的结合力,降低接触表面粗糙度,改善表面润滑条件等。

为使磨屑多沿接触面剥落,以降低磨损量,可采用表面渗硫、渗磷、渗氮等表面处理工艺,在材料表面形成一层化合物层或非金属层,既降低接触层原子间结合力,减少摩擦因数,又避免直接接触;为使磨损发生在较软一方材料表层,可采用渗碳、渗氮共渗、碳氮硼三元共渗等工艺,以提高另一方的硬度。

8.4.2 改善磨料磨损耐磨性的措施

对于以切削作用为主要机理的磨料磨损应增加材料硬度,这是提高耐磨性的最有效措施,如用含碳较高的钢淬火获得马氏体组织,即可得到高硬度和高耐磨性材料,如果能使材料硬度与磨料硬度之比达到 0.9 ~ 1.4(见图 8-6A 点的示值),可使磨损量减得很小,但如果磨料磨损机理是塑性变形,或塑性变形后疲劳破坏、低周疲劳、脆性断裂,则提高材料韧性对改善耐磨性是有益的。此时,用等温淬火获得下贝氏体,消除基体中初生碳化物,并使二次碳化物均匀弥散分布,以及含适量残留奥氏体等都能改善抗磨料磨损能力。

根据机件服役条件,合理选择耐磨材料,如在高应力冲击载荷下,颚式破碎机粉碎难破碎矿石时,要选用高锰 Mn13,利用其高韧性和高的加工硬化能力,可得到经过二次硬化处理的基体钢,提高其抗磨料磨损性能,在冲击载荷不大的低应力磨损场合,如水泥球磨机衬板、拖拉机履带板等,用中碳低合金钢并经淬火回火处理,可以得到适中的耐磨料磨损性能。

采用渗碳、碳氮共渗等化学热处理能提高表面硬度,也能有效提高磨料磨损耐磨性。

另外,经常注意机件防尘和清洗,防止大于 1μm 磨料进入接触面,这也是改善耐磨性的有效措施。

本章习题

1. 磨损有哪几种类型？举例说明其载荷特征、磨损过程及表面损伤形貌。
2. 黏着磨损是如何产生的，如何提高材料或零件抗黏着磨损能力？
3. 磨料磨损有哪几种类型，各举一例并说明提高抗磨损能力的措施。
4. 何为微动磨损？其基本特征是什么，是如何发生的？如何提高微动磨损抗力？

本章参考文献

[1] 时海芳，任鑫. 材料力学性能[M]. 北京：北京大学出版社，2010.
[2] 王吉会，郑俊平，刘家臣，等. 材料力学性能[M]. 天津：天津大学出版社，2006.
[3] 石德科，金志浩. 材料力学性能[M]. 西安：西安交通大学出版社，1998.
[4] 刘瑞堂，刘文博，刘锦云. 工程材料的力学性能[M]. 哈尔滨：哈尔滨工业大学出版社，2013.
[5] 王振廷，孟君晟. 摩擦磨损与耐磨材料[M]. 哈尔滨：哈尔滨工业大学出版社，2013.
[6] 何奖爱，王玉玮. 材料磨损与耐磨材料[M]. 沈阳：东北大学出版社，2001.
[7] 侯文英. 摩擦磨损与润滑[M]. 北京：机械工业出版社，2012.
[8] 刘家浚. 材料磨损原理及其耐磨性[M]. 北京：清华大学出版社，1993.